U0255951

CHINESE CHILDREN'S AUDIO-VISUAL ENCYCLOPEDIA

中国儿童视听百科

SPACE FLIGHT

飞向太空

中国大百科全书出版社

图书在版编目（CIP）数据

飞向太空 /《飞向太空》编委会编著. --2版. --
北京 ：中国大百科全书出版社，2018.3
（中国儿童视听百科）
ISBN 978-7-5202-0181-0

Ⅰ. ①飞… Ⅱ. ①飞… Ⅲ. ①宇宙－儿童读物 Ⅳ.
①P159-49

中国版本图书馆CIP数据核字（2017）第255836号

中国儿童视听百科

CHINESE CHILDREN'S AUDIO-VISUAL ENCYCLOPEDIA

飞向太空

SPACE FLIGHT

中国大百科全书出版社出版发行
（地址：北京阜成门北大街17号　电话：010-88390316　邮政编码：100037）
http://www.ecph.com.cn
北京瑞禾彩色印刷有限公司印刷
新华书店经销
开本：635毫米×965毫米　1/8　印张：30
2018年3月第2版　2024年11月第15次印刷
印数：128001～138000
ISBN 978-7-5202-0181-0
定价：158.00元

致小读者

每当夜幕笼罩着大地
星星就闯进了你我的视线
似乎近在眼前
却又远在天边

不知那捣药的玉兔是否依然在忙碌
不知那外星的生命是否徘徊在空间
那看似空空荡荡的天宇
充满了诱人的谜团

从余音袅袅的宇宙大爆炸
到不期而遇的小行星撞击地面
从远古的飞天幻想
到现代的登月梦圆
那看似风平浪静的苍穹
一直有神话故事在上演

浩渺太空
施展着神秘的自然法力
伟大人类
抒写着壮美的探索诗篇

今天翻开这部“天书”
踏进那触手可及的深邃世界
明天的你也许将飞往外星
与那里的居民进行一场友好谈判

欧阳自远

超级视听
完美享读

亲爱的小读者，首先要祝贺你选择了这本与众不同的书。

它将带给你前所未有的阅读体验！

“视听百科”，顾名思义，就是看得见影像、听得到声音的百科宝库。

在平面的纸页上，这是怎样做到的呢？

“码上”看影片

这本书的许多页面都点缀着“二维码”，
只要用智能手机扫一扫，宇宙中的种种奇观与桩桩趣事，
将通过精彩视频一一展现。
无限遥远的太空，就这样近在眼前，任你流连！

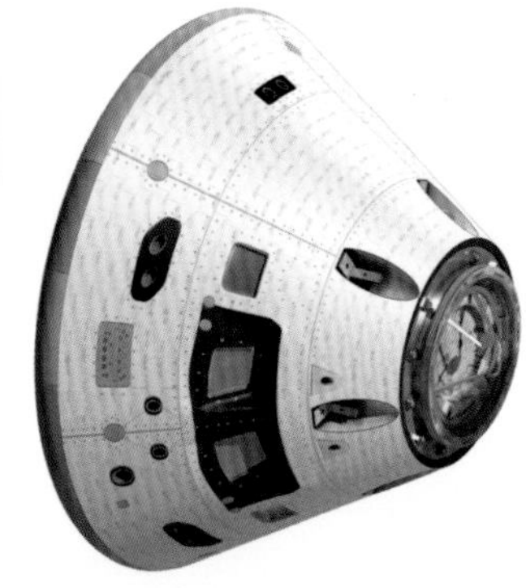

1

浩瀚的宇宙

THE VASTNESS OF THE UNIVERSE

2

奇妙的星空

THE WONDER OF STARS

3

太阳系掠影

VIEWS OF THE SOLAR SYSTEM

4

太阳、地球和月球

SUN, EARTH AND MOON

CONTENTS 目录

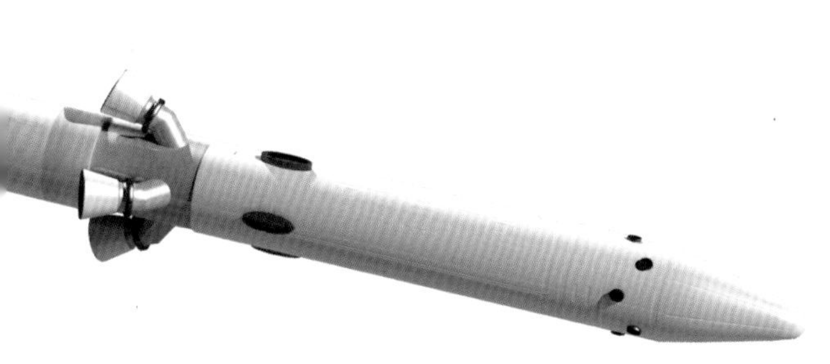

5 眺望宇宙的眼睛

LOOK INTO THE UNIVERSE

6 飞向太空

SPACE FLIGHT HISTORY

7 中国航天

SPACE FLIGHT OF CHINA

浩瀚的宇宙

THE VASTNESS OF THE UNIVERSE

英国物理学家、天文学家霍金曾说：“我们看到的从很远星系来的光是在几百万年之前发出的，在我们看到的最远的物体的情况下，光是在 80 亿年前发出的。这样当我们看宇宙时，我们是在看它的过去。”

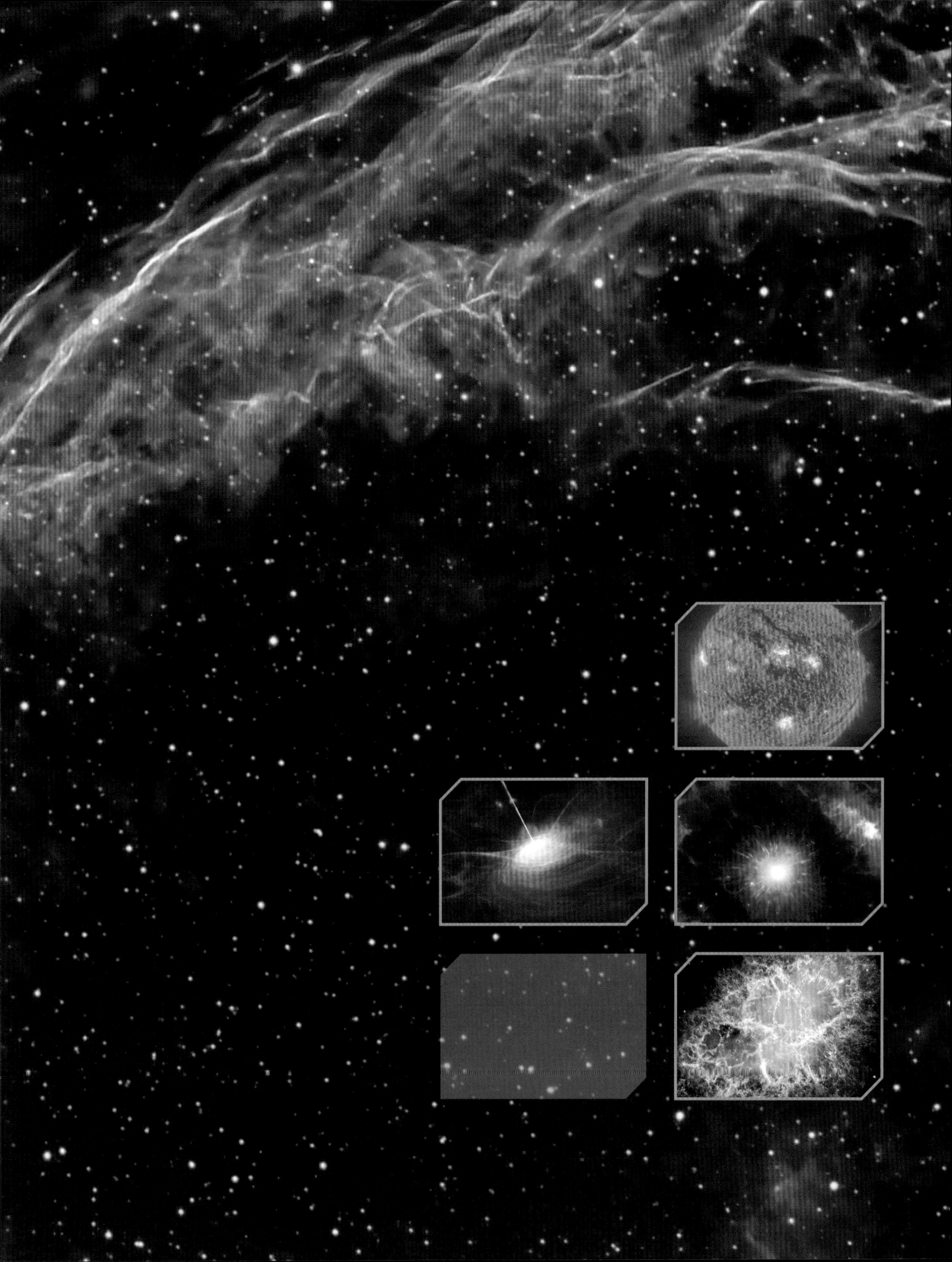

古人的宇宙观

仰望夜空，古人很早就开始了思考和想象：这个宇宙的构造究竟是什么样的？满天星辰的东升西落，其中是否有什么规律可循？经过长期观察与思考，人们提出了种种不同的见解。在古代中国，就有盖天说、浑天说和宣夜说等多种学说，而在世界其他国家，地心说、日心说的争辩延续了数百年。科学发展到今天，古人的这些观点看起来有很大的局限性；但古人的思考和大胆设想，以及他们面对神秘自然的探索精神，推动了早期科学的发展。

盖天说

盖天说是一个非常古老的学说，早在《周髀算经》里就提到“天象盖笠，地法覆槃”，形象地阐述了古人想象中的世界景象。盖天说的基本观点是：天是一个大圆盖，呈半球形，而大地则是一个正方形的大“棋盘”，在“棋盘”的四周，有八根柱子支撑着整个大圆盖，天地之间的距离正好是八万里；天和地的形状合在一起，就好像是一个凉亭。盖天说认为，北极位于大圆盖的中央，日月星辰都围绕着北极，在圆盖上按照各自的轨迹运转。

盖天说认为，日月星辰的出没，并非真的出没，而只是离得远我们就看不见它们，离得近就能看见它们发出的光。

浑天说

浑天说最早起源于战国时期，后人不断予以完善，东汉的张衡对浑天说的发展有较大的贡献。浑天说认为，地球整体浮在半空中，好像鸡蛋里的蛋黄一样；而最外层则有一个“天球”包裹着，犹如鸡蛋的外壳，日月星辰等都分布在这个“天球上”，各自运转。

浑天说的代表作《张衡浑仪注》中说：“浑天如鸡子。天体圆如弹丸，地如鸡子中黄，孤居于天内，天大而地小。天表里有水，天之包地，犹壳之裹黄。天地各乘气而立，载水而浮。”

地心说

地心说又称天动说，最早起源于古希腊，由欧多克斯提出，经过亚里士多德完善，而后在托勒密的努力下，进一步形成一套完整的理论。地心说认为，宇宙是一个有限的球体，分为天和地两层。从“以人为本”的理念出发，他们认为地球当然就是宇宙的中心，而日月行星围绕地球运行，地球之外有9个等距离的“天层”，依次排列着月球天层、水星天层、金星天层、太阳天层、火星天层、木星天层、土星天层、恒星天层和原动力天层，此外空无一物。由于缺乏足够的观测数据，在公元16世纪日心说提出之前，地心说一直在西方世界占据着统治地位。

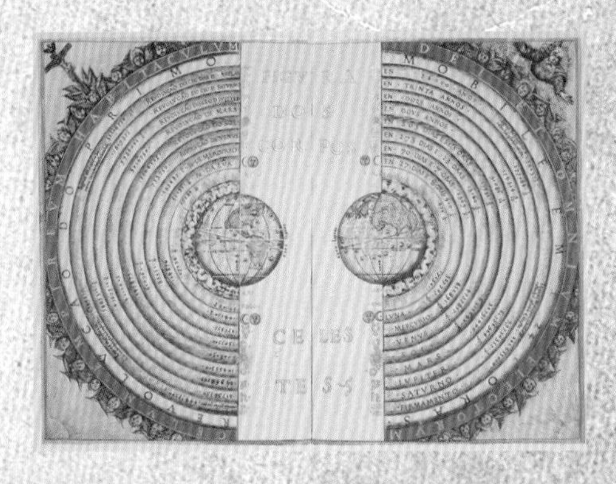

1568年，葡萄牙制图师绘制的托勒密地心说模型图。

宣夜说

与盖天说、浑天说类似，宣夜说也是中国古人提出的一种解释宇宙的学说，其历史渊源可上溯到中国古代的战国时期。《庄子》中提到：“天之苍苍，其正色邪？其远而无所至极邪？”其意为“天看起来是蓝色的，这究竟是它本来的颜色呢，还是因为天离我们太远，而看不到尽头呢”，这可以说是对宇宙最早最朴素的思考之一了。而后至《晋书·天文志》和《隋书·天文志》中，郄萌进一步提出，宇宙是无限的，天上的日月星辰都飘浮在虚空之中，互相远离，受“气”的推动而运行，前后进退，有规律地运行。这个学说不认同天有某种固定形状，没有“天球”的说法。宣夜说进一步发展，认为日月星辰也由“气”组成，只不过是发光的气。从这一点看来，宣夜说倒是与现代恒星的构成和演化的理论有一些相似之处。

星名片

尼古拉·哥白尼

Nicolaus Copernicus

1473年～1543年

国籍：波兰

领域：数学、天文学

成就：创立日心地动说，推翻了西方千余年来的宇宙观，使天文学从宗教神学的束缚中解放出来。

著作：《天体运行论》

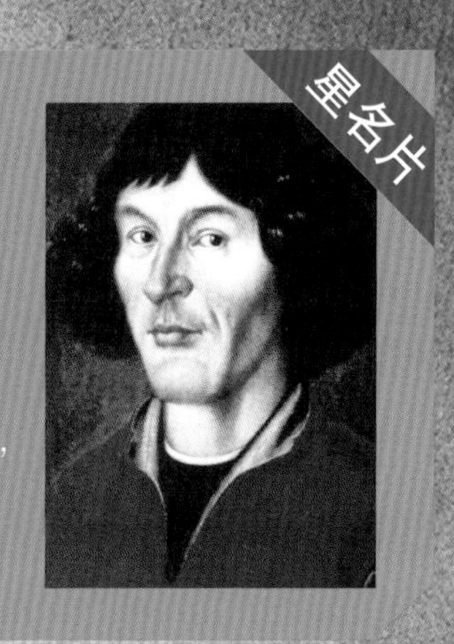

日心说

2000多年前，古希腊天文学家阿里斯塔克斯认为，太阳才是宇宙的中心，地球围绕太阳运动。1543年，波兰天文学家哥白尼发表了著名的《天体运行论》，提出了完整的日心说宇宙模型。哥白尼认为，地球是球形的，并且每24个小时自转一周；太阳是不动的，而且在宇宙的中心，地球和其他行星都一起围绕太阳做圆周运动，只有月亮环绕地球运动。现在看来，哥白尼的理论很接近真实情况，但在当时，脚下坚实的大地在不停地转动、运动这种说法，确实不太容易让人接受。而当时对于太阳、月亮和行星的观测数据，能够与地心说的体系相吻合，因此更多的人愿意选择相信地心说。再加上宗教势力的推波助澜，在很长一段时间内，日心说都没有受到太多的关注。直到后来伽利略发明了天文望远镜，并得到更多、更细致的观测数据，经过更严谨的论证和辩论，日心说才逐步被人们接受。

哥白尼的学说保留了恒星天的概念，也就是说，他相信镶嵌着其他恒星的天球，就是宇宙的外壳。

仰望星空

在天气良好的夜晚，我们来到郊外，仰望夜空，会发现满天的星星。很多人会觉得，这些闪着光的亮点，除了明暗、颜色和大小有些区别外，应该是差不多的东西吧。其实夜空中的点点繁星，有的可能是一颗行星，其本身并不能发光，只能反射太阳光；有的可能是恒星，虽然看起来只有暗暗的一点，可实际上比太阳还要大，还要亮；有的就更不得了，通过科学家研制的高性能望远镜，我们发现它其实有可能是一个双星系统或一个星云，还有可能是一个星系，也许比银河系还要大。这满天的星光中，蕴藏着无数奇妙的世界。

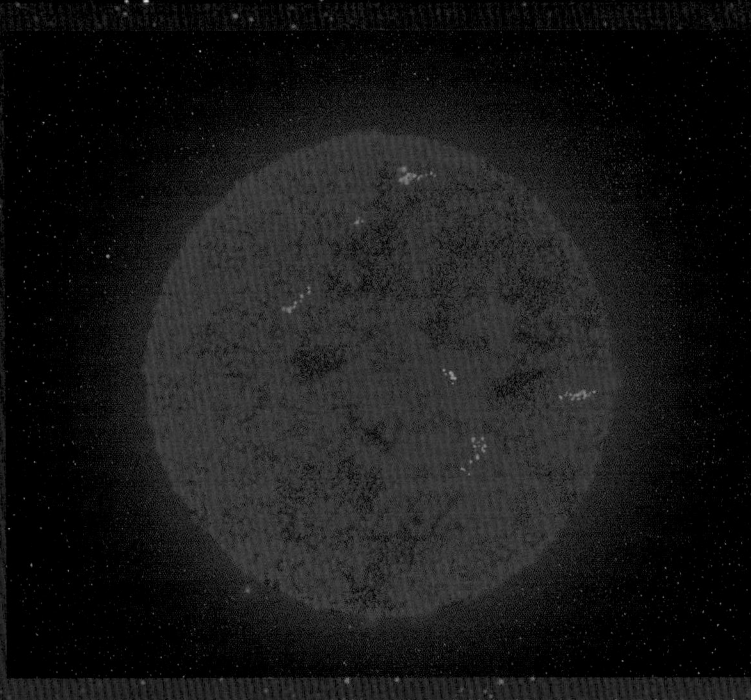

造父四又称仙王座 μ 星，是一颗位于仙王座的红超巨星，也是银河系中已知最巨大与最明亮的恒星之一。

恒星

早期人们在观察夜空的时候，发现很多星星在夜空中的相对位置是固定的，于是称它们为恒星。随着科技的进步，科学家们借助更先进的望远镜和计算机，发现恒星也在不停地运动，只不过距离我们太远，难以用肉眼分辨。恒星通过自身的热核反应，产生巨大的能量，并向外散发着光和热，就像茫茫宇宙中悬浮着的一盏盏明灯，指引着人类去探索、发现。

行星

远在古代人们就注意到，夜空中有些星星不断地穿行于众多星辰之间，这样的星被人们称为行星。后来，天文学家对于行星有了更严格的定义，这就是：行星是围绕恒星运转的天体，它本身应该有足够大的质量和接近球形的外形，需要独占一条运转的轨道。地球就是一颗行星，围绕恒星太阳旋转。

星名片

阿尔伯特·爱因斯坦

Albert Einstein

1879 年 ~ 1955 年

国籍：美国

领域：科学、物理学

成就：提出光量子假说，解决了光电效应问题，创立了狭义相对论、广义相对论等。

著作：《广义相对论的基础》《非欧几里德几何和物理学》《统一场论》《我的世界观》等

荣誉：1921 年因光电效应研究获诺贝尔物理学奖

时间和空间

一般来说，时间用来描述物体的运动或事件发生的顺序；而空间用来描述物体的大小、形状、位置等一系列性质，也就是我们熟悉的三维空间。在经典力学中，时间和空间是两个各自独立的概念，物体所处的位置、本身的物理状态与时间没有直接的关系；而在爱因斯坦的相对论看来，三维空间加上时间一共四个量，组成四维时空，构成宇宙的基本结构。时间和空间整合在一起，物质与时空必须并存，没有物质存在，时间和空间的描述也就失去了意义。

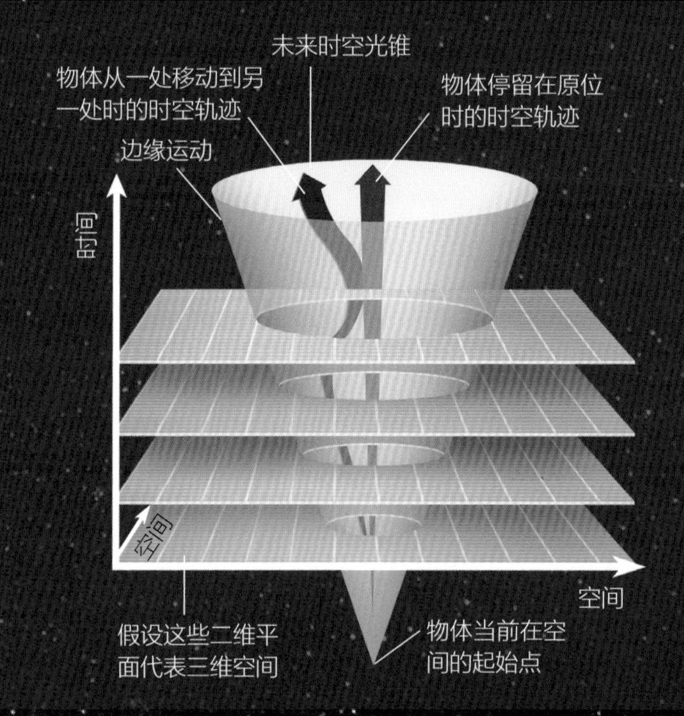

浩瀚的宇宙

科学家们估计，仅仅在银河系中，就有超过1000亿颗恒星。由此可见，在浩瀚的宇宙中，恒星数量是一个非常庞大的数字。我们生活在地球上，地球位于太阳系中，太阳系是银河系的一部分，银河系只是星系团中的一个星系，许多星系团共同组成宇宙。我们的地球如此微小，在浩瀚的宇宙中只是沧海一粟。

光年

光年是用来描述长度的单位，指的是光在真空中一年时间内传播的距离。真空中的光速约 3.0×10^{8} 米/秒。光年与米的关系可以换算，1 光年约为 9.46×10^{12} 千米。光年这个单位一般用于天文学中，用来度量很长的距离，如比邻星距离地球约 4.2 光年，天狼星距离地球约 8.6 光年；我们所处的银河系直径约 16 万光年。

恒星的一生

恒星是最常见的天体，仰望夜空，人类肉眼可见的星大多数都是恒星。恒星自己能够发光，因为它们是由等离子体组成的球体，其内部在不断地进行核聚变反应，在消耗自身的同时，也在向外不停地发光和发热。天文学家们通过观测恒星的光谱、光度和在空间中的运动状况，来确定恒星的质量、年龄、元素含量和其他的物理及化学性质。离我们最近的恒星是太阳。

这幅由“哈勃”空间望远镜在1995年拍摄的照片非常具有代表性。这张照片以前所未有的精度首次揭示了以前未知的恒星形成过程。这些壮丽的气体和尘埃柱长度可达数光年，是鹰状星云的一部分。

星云

星云是由星际空间中的气体、尘埃和其他小颗粒结合在一起形成的云团状天体。它们的密度非常低，有些地方甚至处于真空状态，但是体积却很大，有的星云宽度能够达到数十光年。研究显示，星云与恒星关系紧密。在恒星演化的末期，恒星内部发生剧烈的反应，抛出大量物质；这些物质在星际空间中逐渐形成星云；星云状的物质逐渐聚集，其中也可能慢慢地孕育新的恒星。

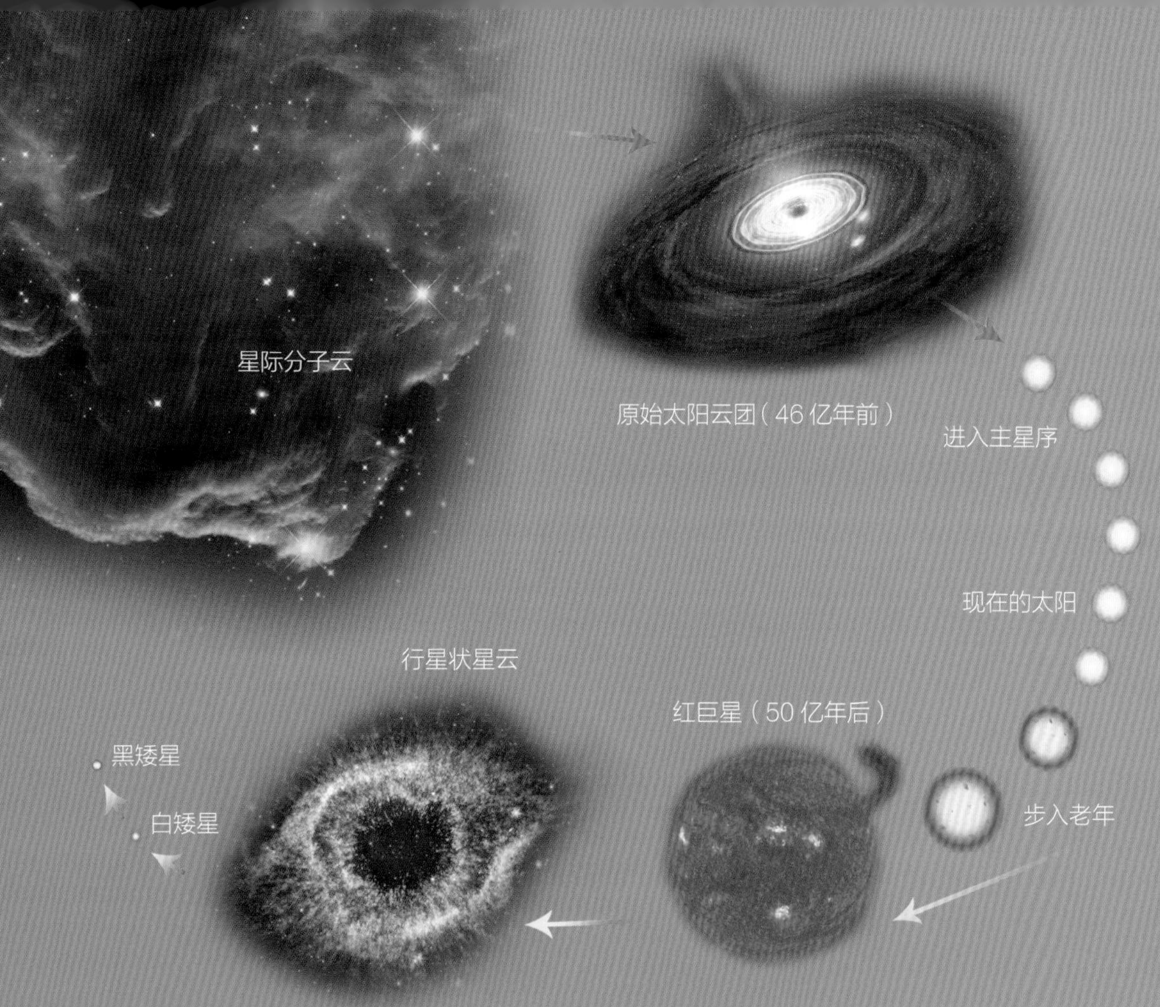

恒星的年龄

从诞生之日起，恒星内部的热核反应一直都在进行，并消耗着自身的燃料。随着自身燃料的逐步耗尽，恒星的演化也会逐渐停止，进入到自己生命的末年。研究发现，恒星的年龄与恒星的初始质量有很大的关系。一般来说，自身质量越大的恒星，自身燃烧的速度就越快，它的寿命就越短。多数恒星的寿命在 10 亿年至 100 亿年之间。科学家认为，太阳的寿命约 100 亿年。

白矮星

天狼星

如果不考虑白天的太阳，天空中最亮的恒星当数夜晚时出现的天狼星。天狼星位于大犬座，在冬夜往南方夜空寻找，很容易就能找到这颗亮星。天狼星的视星等达到 -1.47，但即便如此，与月球、金星、木星等行星相比，我们仍会觉得天狼星的亮度不如这些行星，有时候它甚至也不如水星和火星明亮。实际上，天狼星比太阳亮 25 倍。天狼星距离地球 8.6 光年，与明亮的太阳相比，它显得要暗淡许多。

比邻星

比邻星是距离太阳系最近的恒星，它的学名为半人马座 α 星 C，处于一个三合星系统中，半人马座 α 星的三颗恒星相互绕转，其中距我们最近的一颗恒星就是比邻星。比邻星是一颗橙红色的恒星，质量约为太阳的 1/8，离我们只有 4.2 光年，相当于 40 万亿千米。这个数字看起来很大，但是在茫茫宇宙中，这点距离就微不足道了。

多星系统

夜空中，很多星星用肉眼看起来是单独存在的一个亮点，但通过高倍率望远镜观测，科学家们发现它们往往并不是一颗恒星，而有可能是两颗、三颗或更多颗恒星，这样的天体就是多星系统。多星系统的恒星可能相互绕转，彼此有引力作用；也可能相距甚远，只不过恰巧在我们的视线方向上重叠在一起。双子座的北河二是一个六星系统，六颗恒星通过彼此的引力作用约束在一起。如果有许多恒星聚集，在相互间引力的作用下，便会形成星团。

这是一幅艺术家创作的太空画，这颗行星表面满是[illegible]的山川和平原。从这里远眺三合星系统，远处的半空中悬挂着三个“太阳”，几颗大小不同的行星正围绕这三颗恒星运转。那颗颜色偏黄的天体应该是红巨星，附近那颗较小的白矮星正与其相互绕转，大量的物质从红巨星源源不断地流向白矮星。

双星系统

我们在地球上，如果用望远镜仔细观察夜空，经常可以看到一些恒星成双成对地靠在一起；而以肉眼看起来，经常会误以为那个地方只有一颗恒星。这种现象被称为双星。有的时候，两颗恒星只是在地球的视角看来，相互离得很近，其实它们离得非常远；而有的时候，两颗恒星距离并不远，相互间还存在绕转运动。双星的发现和人类的观测能力关系紧密，随着望远镜观测能力的不断提高，更多的双星系统被陆续发现。天狼星、角宿一、心宿二等著名的亮星都是双星。在银河系里，近半数以上的恒星是由双星组成的。

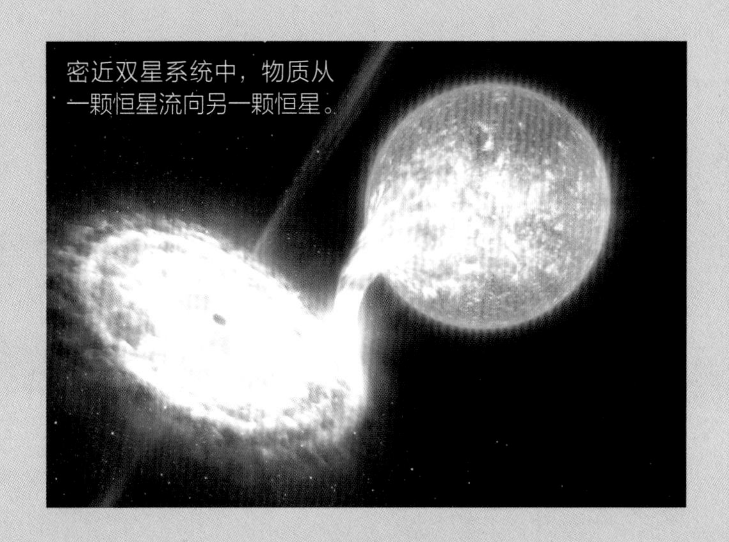
密近双星系统中，物质从一颗恒星流向另一颗恒星。

双星系统的分类

从距离上分类，两颗恒星只是看起来离得很近，但实际距离非常遥远，相互间没有影响，这两颗恒星称为几何双星；两颗恒星相互绕转，并且相互间有引力作用，这两颗恒星称为物理双星。从观测方式上分类，通过望远镜可以观测和分辨的双星，称为目视双星；只有通过分析光谱变化才能分辨的双星，称为分光双星。从相互关系上分类，有的双星相互间距离很近，而且有物质不断地从一颗恒星流向另一颗恒星，这样的双星被称为密近双星。科学家对双星进行分类，是为了对它们的形成、演化做深入的分析和研究。

奇思怪问

双星系统的两颗恒星会发生碰撞吗?

几何双星的“碰撞”没有意义，两颗恒星的实际距离很远，相互间没有发生作用，只是有时看起来像“撞”在一起而已。物理双星的两颗恒星相互绕转运行，存在多种情况：有的是一颗恒星大、一颗恒星小；有的是一颗恒星年轻、一颗恒星年老；有的是双星绕转的同时，相互间还有物质交换。因此，当双星演化到一定程度时，由于相互引力的作用，有可能发生碰撞。

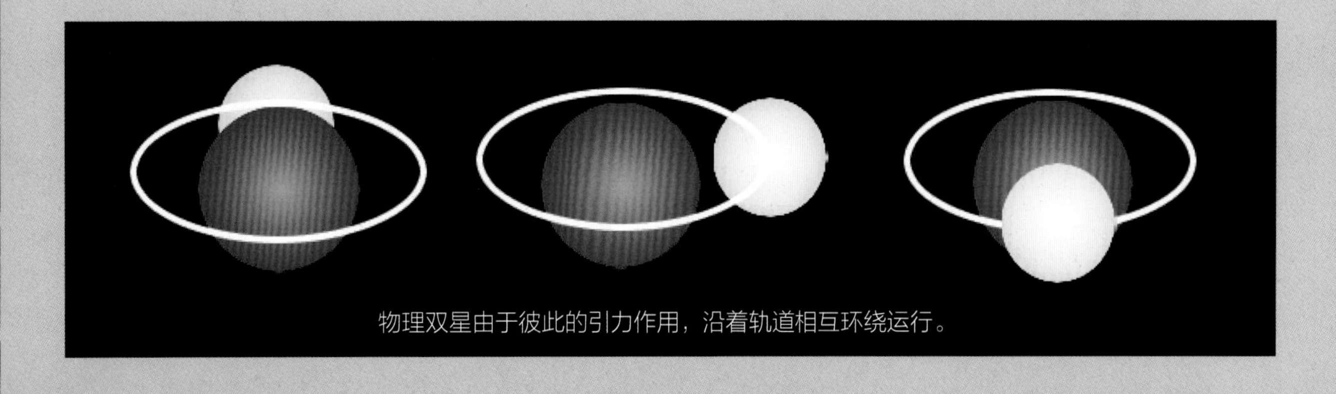
物理双星由于彼此的引力作用，沿着轨道相互环绕运行。

三星系统

与双星类似，宇宙中存在着数颗恒星聚合在一起的例子，如三颗恒星组成的三星系统、四颗恒星组成的四星系统等。英仙座的大陵五就是个三星系统。它是第一颗被发现的非新星变星，其视星等很规律地在一个大约 2 天 21 小时的周期内变化，所以最早人们以为它是一个双星系统，后来通过更精确的观测，人们才发现还有第三颗星的存在。

星团

与双星系统不同，科学家们把更多的恒星聚集在一起的情况，称为星团。通常星团包括的恒星有十几颗，有些大的星团有十几万颗恒星或更多，星团的大小和尺度千差万别。星团内的恒星相互间存在引力束缚，相互间形成一个整体。不同的星团内的恒星结构各异，形状也不规则。星团一般包括球状星团和疏散星团两种类型。

恒星的诞生

恒星的演化过程充满了分分合合。随着自身内部的剧烈热核反应或与其他天体的碰撞，恒星在不断向外抛射各种气体、尘埃和其他星际物质，形成漂亮壮观的星云。这些星云又给新生恒星的诞生和演化创造了条件。目前的观测和科学研究发现，新的恒星都是在星云中诞生的。星云内部的大部分地方的密度都很低，接近真空；有些地方的物质却非常密集。当然，星云的体积也异常庞大。星云内部的主要物质是氢和氦。从形态上划分，星云一般有弥漫星云、行星状星云、超新星遗迹等。

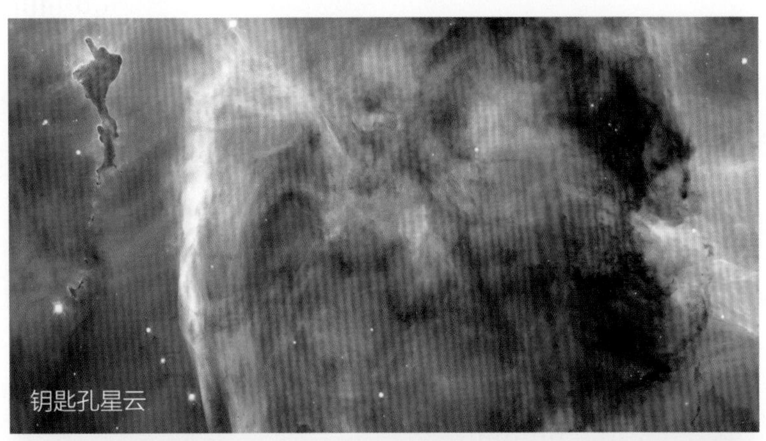
钥匙孔星云

早期的恒星

在星云内部某个不稳定部位，由于引力的作用，自身开始逐渐坍缩，于是其质量和密度开始持续增大，并使得温度也逐渐上升。收缩气体云的一部分在到达新的临界值之后，又会造成新的局部坍塌，如此往复，大块的气体云逐渐收缩为原始的恒星。这个坍塌和演化的过程可能需要持续一千多万年，甚至更长时间。

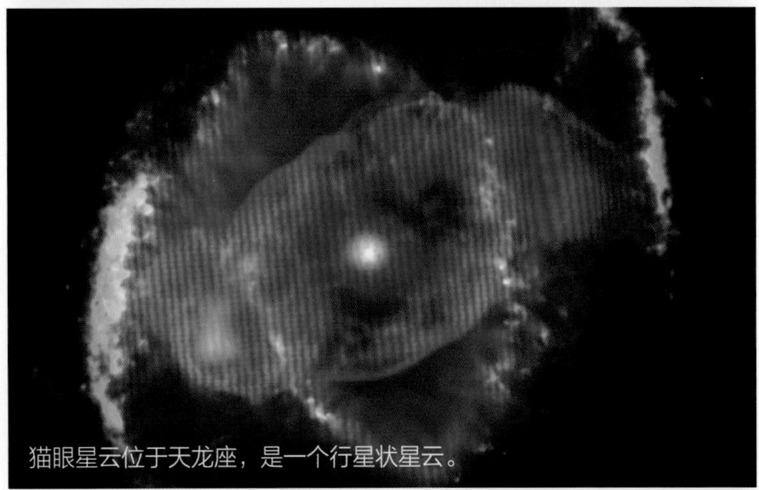
猫眼星云位于天龙座，是一个行星状星云。

行星状星云

行星状星云是小质量恒星向白矮星演化的过程中，向外喷发出大量的物质而形成的。1777 年，英国天文学家赫歇尔发现这类天体后，称其为行星状星云。行星状星云呈椭圆形，与行星有些相像，但实际上与行星没有关系。用大望远镜观察可发现，行星状星云有纤维、斑点、气流和小弧等复杂的结构。著名的行星状星云有天琴座环状星云等，仙女座星系中已发现 300 多个行星状星云，大麦哲伦星系中发现 400 多个行星状星云，小麦哲伦星系中发现 200 多个行星状星云。科学家们认为，太阳在寿命终结的时候，也将会形成行星状星云。

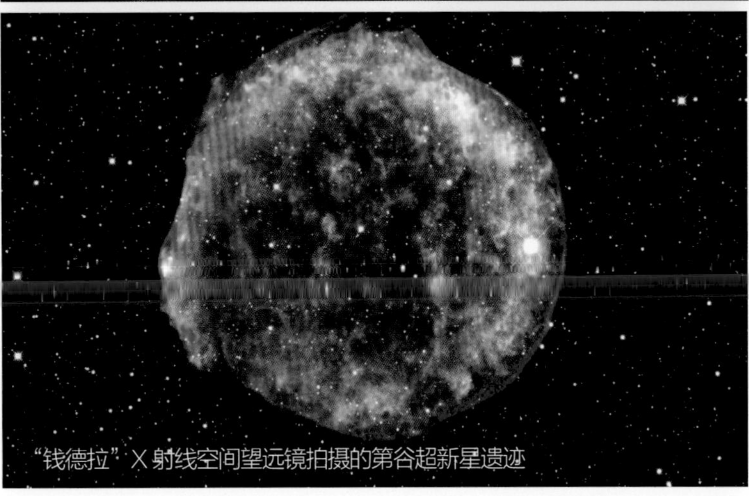
“钱德拉”X 射线空间望远镜拍摄的第谷超新星遗迹

超新星遗迹

更大质量的恒星，在它演化的末期会产生剧烈的爆发，其生命的末期会来一次更为猛烈的爆发。这种剧烈的爆发非常明亮，但是时间不会持续很长，这就是超新星爆发。超新星爆发后，爆炸的外层物质会形成扩展的气体云，恒星核心可能变成中子星或黑洞，这些遗留在宇宙空间中的残骸就是超新星遗迹。

猎户座大星云 M42 是全天最亮、最有魅力的星云，用一架小型天文望远镜，我们就能看出其飞鸟展翅般的形状，用照相的方法能将这个星云拍出鲜艳的红色。

弥漫星云

一般来说，弥漫星云的外形看起来都很不规则，也没有明显的边界，就像天空中飘浮的白云一样。多数星云都是弥漫星云，它们的直径很大，有可能达到几十光年；星云本身丝丝缕缕的结构密度非常低，甚至近乎于真空状态。根据弥漫星云自身发光的特点，可将其大致分为发射星云、反射星云和暗星云等。

恒星的演化

星云中诞生的恒星，主要成分是氢和少量的氦。恒星正常的演化，主要是在恒星内部高温和高压的状态下，氢进行核聚变反应产生氦，进而向前不断聚变，产生更重的元素，并不断向外散发光和热。在这个过程中，恒星不断地消耗着自身的质量。然而，由于形成阶段自身初始质量的不同，不同的恒星有着不同的演化方向，它们的亮度和对周围空间的影响也不一样，最终它们的归宿也不一样。

主序星

主序星是位于赫罗图主序带上的恒星。处在主序带上的恒星，是按照质量大小排列的。在赫罗图左上方，高温、高亮度的是质量比较大的恒星；而在右下方，低温、低亮度的则是小质量的恒星。恒星在主序带上所停留的时间，取决于其自身的燃料量和燃料消耗的速度。大质量的恒星燃料消耗的速度快，虽然质量更大，但是其生命周期反而更短。

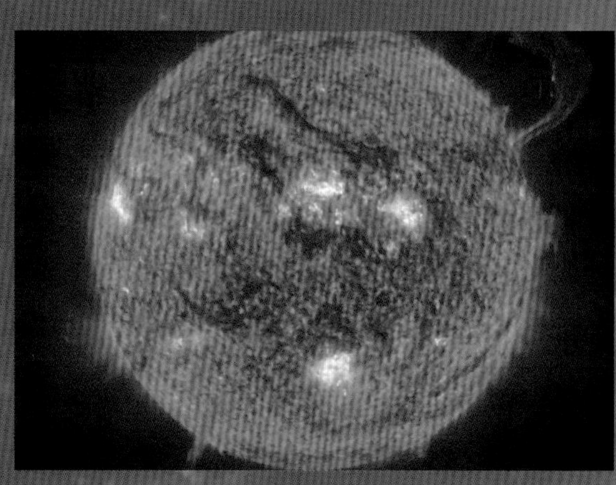

恒星质量越大，其生命周期越短。

受控核聚变

四个较轻的氢原子核在恒星中通过质子－质子等核聚变反应，逐步形成为一个较重的氦－4 原子核，同时释放出大量的能量，这就是目前在太阳内部每时都发生的核聚变过程。这个过程需要高温和高压的环境，一旦反应开始，能量的释放极其迅猛、剧烈，就像氢弹爆炸一样。科学家们希望找到一种方法，能够有效控制这个核聚变过程，让能量的释放变得缓慢、稳定，从而更容易被人类利用。中国在受控核聚变实验装置的研究领域内处于世界领先地位，但距离正式通过受控核聚变过程来发电，还有很长的路要走。

我们知道，物质由分子构成，分子由原子构成，原子中的原子核由质子和中子构成，原子核外包覆与质子数量相等的电子。同一元素的质子、电子数量相同，例如氢及氢同位素都有一个质子和一个电子。不同的是，氢同位素氘有一个中子，氢同位素氚有两个中子。

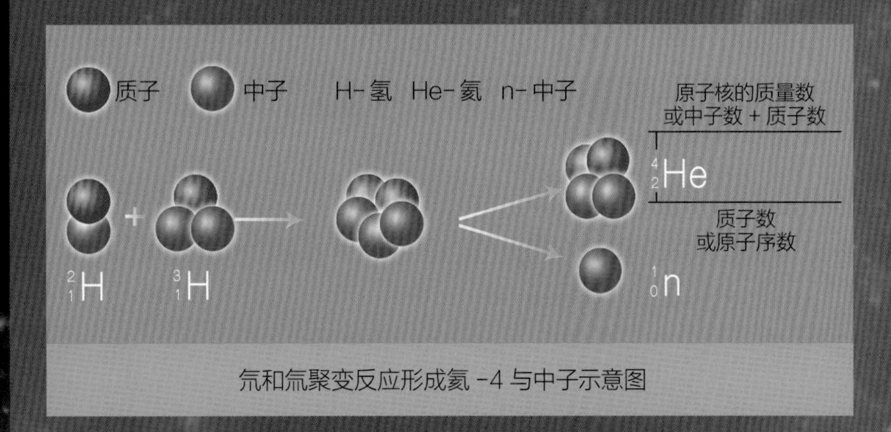

氘和氚聚变反应形成氦 -4 与中子示意图

受控核聚变发电的前奏——“人造小太阳”

50 多年来，科学家梦想向太阳学习，研制“人造小太阳”。受控核聚变发电将是人类社会未来的主体能源。20 世纪 80 年代初，中国实施大中型磁约束“氘＋氚”受控核聚变的发展计划。2018 年 11 月 12 日，中国科学院等离子体物理研究所发布消息称，EAST 核聚变装置首次实现加热功率超过 10 兆瓦，等离子体储能增加到 300 千焦，等离子体温度达 1 亿度以上，放电脉冲也延长到 100 秒以上，这标志着中国在稳态磁约束聚变研究方面继续处于国际前列。

中国科学院等离子体所（合肥）研制的“人造小太阳”

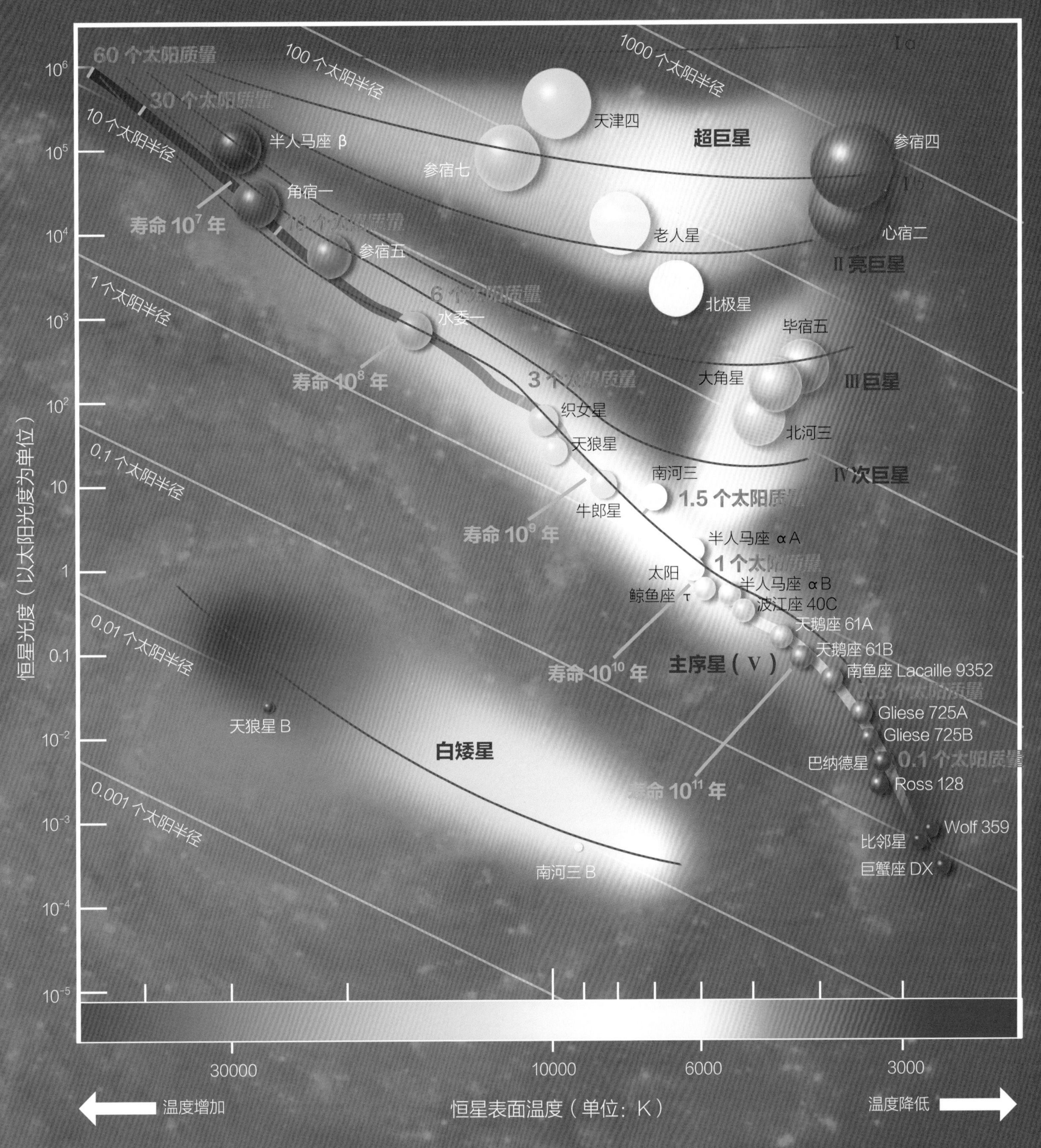

赫岁图

1911 年和 1913 年，丹麦天文学家赫茨普龙和美国天文学家罗素各自在研究过程中独立提出一个恒星演化的图表。后来的研究者发现，这幅图表是研究恒星演化的重要工具，并将这幅图称为赫罗图。在对恒星研究的过程中，恒星的光谱类型和光度是两个非常重要的研究参数。如果把这两个参数分别作为坐标系的两个轴，把观测到的恒星在坐标系中标记出来，这些恒星就在坐标系中呈现出一定的分布趋势。因此，赫罗图用于形象地描述不同恒星在光度和表面温度间的分布情况，通过研究恒星在坐标系上的分布，就可以研究恒星演化过程。根据观测数据，大约 90% 的恒星位于赫罗图左上角至右下角的一条带上，这条带称为主序带。

恒星的归宿

在日复一日的燃烧中，恒星内部的氢元素逐渐消耗殆尽，燃料耗尽意味着恒星走向了它演化的末期。科学家们认为，小质量的恒星将演化成为白矮星，最终慢慢冷却为黑矮星；而稍大质量的恒星在经历一次猛烈的超新星爆发之后，将变成一颗中子星，然后也会慢慢冷却、暗淡下来；更大质量的恒星则更可能最终演化成一个黑洞，连光线都无法从中逃脱。

中子星与脉冲星

大质量恒星在经历过超新星爆发后，会在很大一个范围内形成一片星云，而星云内部极有可能存在一个中子星，这将是这颗恒星的最终归宿。中子星是由中子组成的，其密度可高达 10^{15} 克 / 厘米 ^{3}。把地球压缩到一个排球那么大，才能让地球获得这么大的密度。有些高速旋转的中子星，其磁场旋转所产生的辐射会周期性地传播到地球，从而被科学仪器所接收，这种一明一暗的辐射闪烁，犹如夜空中有人在向地球打着一明一暗的信号灯，因此这种中子星又被称为脉冲星。

红巨星

大多数恒星在生命的后期，将首先演化成为一颗红巨星。红巨星是大多数恒星演化末期的一个较为不稳定的阶段，只有几百万年的时间。这与恒星自身几十亿年甚至上百亿年的生命周期相比，是非常短暂的。红巨星的表面温度相对主序星阶段而言并不高，但因为它体积较大，所以还是非常亮。

金牛座的毕宿五是一颗红巨星

参宿四即将爆炸

白矮星

中小质量的恒星在演化的末期，经历了红巨星的阶段后，将很有可能变成白矮星。白矮星内部不再进行核聚变反应，虽然在初期，它的表面温度很高，呈现为白色，但它会逐渐冷却，并最终变成黑矮星。白矮星的密度很大，能达到 10^4 克 / 厘米^3，这比地球 5.5 克 / 厘米^3 的密度大了太多。天狼星的伴星天狼星 B，是人类发现的第一颗白矮星。

距离地球 5000 光年的蛇夫座 RS 双星中的一颗星，就是白矮星，另一颗星则是红巨星。随着这两颗星的不断绕行，红巨星的物质会不断流向白矮星，最终引发白矮星的超新星爆发。图为艺术家想象的蛇夫座双星图。

与地球体积相同的白矮星，质量是地球的 1800 多倍。

超新星爆发

大质量恒星在演化的后期，经历过红超巨星的阶段后，自身巨大质量带来的不稳定性，会让它在一场巨大的爆炸中毁灭，进而释放出强烈的光和各种辐射，这被称为超新星爆发。一般超新星爆发只能持续几周时间，但会瞬间释放出巨大的能量，使夜空中看起来就像是暂时多了一颗明亮的恒星。超新星爆发后，一种可能是没有遗留物，整个恒星都炸裂飞向宇宙空间，向外喷发出的气体和尘埃等物质四散，许多漂亮的星云就是这样形成的。

神秘的黑洞

黑洞并非一个“洞”，而是根据牛顿力学所预言，在空间中存在的一种天体。濒临演化末期的恒星，如果质量足够大，当星体发生了超新星爆发，剩余的星体排斥的力量无法抵挡相互挤压的力量时，就会把中子星挤压成更为高密度的一种状态，最终形成黑洞。黑洞也是恒星演化的最后形态之一。黑洞有非常强的引力，任何靠近的物体都会被吸入其中，就连光线都无法逃脱。

黑洞无毛定理

科学家们经过严格的计算，证明无论什么样的黑洞，其质量、角动量、电荷三个物理量都是唯一确定的。也就是说，当一个黑洞形成后，其他的一切信息都丧失了，没有其他任何复杂的性质，对之前物质的多数信息没有继承。相比之下，能从地球上找到的很多陨石里，都仍然保留着太阳星云和太阳系起源与演化过程的物质组成、物理化学环境等信息。黑洞真算得上是化繁为简了。

大麦哲伦云面前的黑洞（中心）的模拟视图

我们无法直接观测到黑洞，只能以间接的方式得知其存在，初步判断它的质量，并观测它对周围事物的影响。

造黑洞实验

时间变慢

按照广义相对论，黑洞附近会有一个很有意思的现象，就是时间变慢。由于黑洞强大的引力，如果航天员有机会从母舰乘子舰飞到黑洞附近，然后再迅速飞出，对于这个航天员来说，只过去了几个小时而已；而对于留在太空船母舰上的航天员同事而言，却是过去了几十年。离黑洞越近，在外面的人看来，时间就会变得越慢。

星名片

斯蒂芬·威廉·霍金
Stephen William Hawking

1942 年～ 2018 年
国籍：英国
领域：天体物理学、理论物理学、数学
成就：发现霍金辐射，提出无边界条件猜想。
著作：《时间简史：大爆炸到黑洞》《果壳中的宇宙》《大设计》等
荣誉：获得 1978 年爱因斯坦奖章

黑洞能让我们到另外一个空间吗?

目前我们只了解到，黑洞的中心是一个奇点，包括光线在内的任何物质，在黑洞引力场的作用下，进入黑洞都不能出来。有一种假设认为，黑洞附近的超强引力场能够建立起连通另外一片空间的时空旋涡，经过附近或误入其中，将有可能在短时间内到达距离非常远的空间，甚至是更高维度的时空。在一些科幻影视作品中，也有更为直观的类似演绎。到目前为止，这还只是一种科学推论，没有得到直接的观测证据，也没有人有过类似的经历。

银河系中的超大质量黑洞

天文学家推算，银河系中应该有约 100 万个黑洞。银河系中央的超大质量黑洞位于人马座 A 方向。据科学家统计，银河系的中央隆起中包括了约一百亿颗恒星，跨度达数千光年左右，其周围存在一些尘埃团和气体结构，使得我们对银河系中央隆起的观测受到一定影响。人马座 A 包含三部分，其中一部分是超新星遗迹，另外一部分是螺旋状的星云结构，还有一部分是复杂而强烈的射电源。根据人马座 A 超新星遗迹的规模和射电源的辐射强度，以及对银河系中心天体质量的测算，科学家们推测银河系中心存在着一个超大质量黑洞，其质量约为太阳质量的 400 万倍。

人马座 A 位于银河系的中心，距离地球 2.7 万光年。

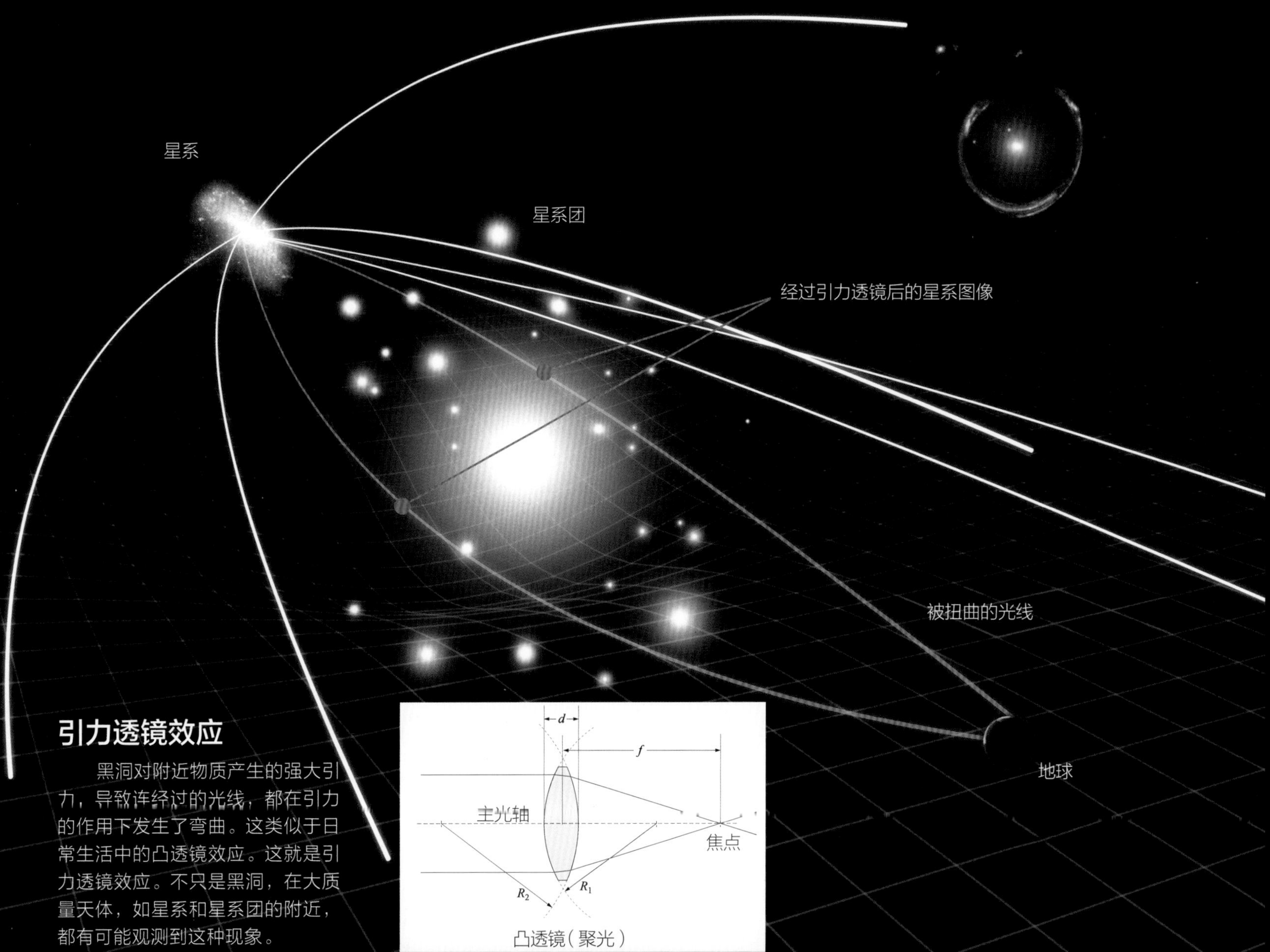

引力透镜效应

黑洞对附近物质产生的强大引力，导致许经过的光线，都在引力的作用下发生了弯曲。这类似于日常生活中的凸透镜效应。这就是引力透镜效应。不只是黑洞，在大质量天体，如星系和星系团的附近，都有可能观测到这种现象。

类星体

类星体是一类奇特的天体。它第一次被科学家们注意，是因为它自身在射电波段和光学波段都有着非常强的辐射，这点看起来与普通恒星有些相似。然而，通过进一步分析，科学家们发现类星体的光谱包括了非常宽的发射线，这点与我们所了解的恒星是不同的。这些发射线都向长波方向位移，被称为红移。这些天体看上去和恒星一样，因此被称为类星体。类星体的发现，与宇宙背景辐射、星际分子、脉冲星的发现，被称为 20 世纪 60 年代天文学的四大发现。2017 年 12 月，美国国家航空航天局官网报道，科学家在早期宇宙探索中有一个极为不可思议的发现——迄今为止已知的最遥远的超大质量黑洞。这个黑洞被称为 J1342+0928，科学家将其形容为宇宙巨兽，因为它的质量高达太阳的 8 亿倍。科学家认为，这个超大质量黑洞正在不断吞噬周围的物质，爆发出强烈闪光，成为所谓的类星体。根据各大望远镜测得的红移值，科学家可以对其距离做出判断。

类星体通常有很高的红移，这说明它们离地球很远；它们的光度也很高，甚至能够达到银河系的 100 倍以上。

类星体的发现

1960 年，美国天文学家桑德奇用一台直径 5 米的光学望远镜，找到了剑桥射电源第三星表上第 48 号天体（3C 48）的光学对应体。在这个光谱中，桑德奇发现了一些又宽又亮的发射线。1963 年，荷兰裔美国天文学家施密特也发现了一个类似的天体（3C 273），经过仔细研究，发现其光谱中无法认证的宽发射线，其实是氢和氧的电离谱线，并具有很高的红移，从而使“类星体”这类天体开始受到关注。

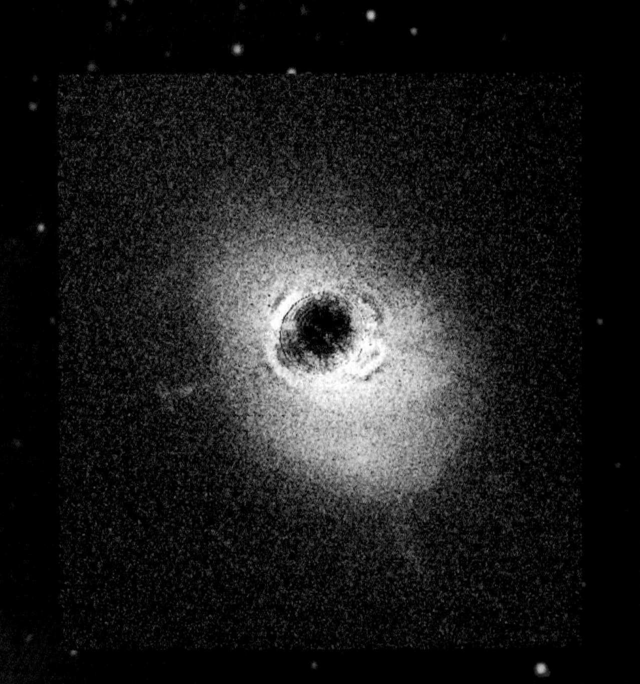

“哈勃”空间望远镜拍摄到类星体 3C 273 的可见光照片

类星体的特征

类星体看起来类似恒星，实际上却是距离银河系非常远、本身拥有很大能量的巨大天体，其中心有可能是超大质量黑洞。虽然黑洞本身没有光线发出，但是在吞噬周围物质的过程中，它却在不停地向外辐射出能量。科学家们发现，绝大多数类星体都有很大的红移值，也就意味着它们的距离非常遥远；同时，类星体的体积不会太大，远小于星系的尺度；另外，类星体在光学、紫外线、X 射线的各个波段，都存在着很强的辐射。

“钱德拉”X 射线空间望远镜观测到的类星体 PKS 1127-145 的 X 射线图像

活动星系核

随着观测技术的逐步提高，科学家们观测到了类星体所处的宿主星系。很多科学家认为，类星体实际上可能是一类活动星系核。也就是说，在星系的核心位置有一个非常大的黑洞，在强大的引力作用下，附近的尘埃、气体和其他星际物质围绕黑洞高速旋转，形成了一个巨大的吸积盘。一个可能的解释是，物质掉入黑洞内，就会伴随着巨大的能量喷射，形成物质喷流，沿着吸积盘垂直方向高速喷出。如果这些喷流正对着观测者，观测者将接收到很强的射电辐射信号。

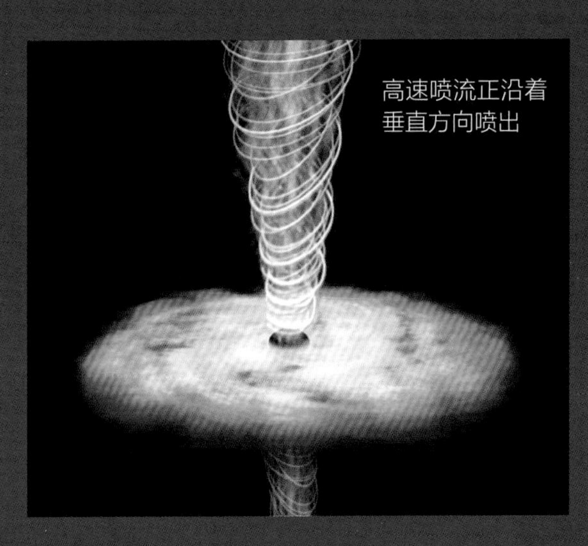

黑洞和吸积盘模型示意图

星系

与太阳系相比，星系是一个更为庞大的系统，它包括数以千亿计的恒星，以及各种绚丽的星际尘埃和星云，甚至还有肉眼看不见的成分，如暗物质和暗能量。星系内部的恒星彼此间存在着相互运动，整个星系也在围绕着其中心旋转，而星系作为一个整体，也在朝某个方向运动。从更大的尺度看，星系也呈现出不同的形状，包括旋涡星系、椭圆星系和不规则星系等。

旋涡星系

旋涡星系由恒星、气体和尘埃组成，是有旋臂结构的扁平状星系。从正面看，这种星系就像一个大旋涡一样。天文学家们观测旋涡星系时，发现它们的中心一般都存在凸起的结构，而越向外延伸，看上去整个星系就越薄。同时，还有从星系中心向外延伸出的旋臂结构围绕着中心转动。旋涡星系是目前观测到的最多的一种星系，其形状非常漂亮。

棒旋星系

棒旋星系是旋涡星系的一种。与普通的旋涡星系不同，在棒旋星系中，能明显观测到一种棒状的结构贯穿整个星系的核心部分。棒状结构的中心部分显得较为粗壮，旋臂则是从棒状结构的两端延伸出来，就像是一个纺锤以自身的中心点旋转，而旋臂就像是从纺锤两端甩出的无数根细纱一样。棒旋星系看起来非常壮观。

旋涡星系的中心有巨大的核心，有可能存在着黑洞。

NGC 1300 是一个典型的棒旋星系，它左右两端甩出的部分就是它的旋臂。旋臂上拥挤着密集的星星和气体尘埃。

仙女座大星系 M31 是距离我们地球最近的河外星系之一。它是一个旋涡星系，直径约为 22 万光年。最新的观测显示，仙女座星系中包含有近一兆（10^{12}）颗恒星，数量远比银河系多。仙女座大星系的质量约为银河系的两倍。在天气情况良好的时候，我们用肉眼就能发现仙女座大星系。

星系的命名

为了区别形形色色的星系，天文学家会给它们起名字。早期的星系名称通常与其特征有关，如草帽星系的得名，是因为它看着像草帽；而仙女座大星系的得名，是因为它位于仙女座内。我们又把仙女座大星系称为 M31，是因为在 18 世纪有个法国天文学家梅西耶，他首先发现并标定了 110 个天体，并予以命名，M31 就是其中的第 31 个。后来，随着观测技术的提高，科学家们汇总出一份新的星表，即 NGC 星表，其中的星云、星团达 1 万多个，都以 NGC+ 数字的方式来命名。于是，在这张表里 M31 的名字就变成了 NGC 224。

宇宙气泡

椭圆星系

椭圆星系的外形看起来呈现出圆形或椭圆形的形状，中心较为明亮，亮度从中心部分向外逐渐递减。在椭圆星系中，通常只有少量的星际物质和尘埃，年轻恒星的数目也不多，所以它被称为“老人国”星系。

不规则星系

除了旋涡星系和椭圆星系，宇宙中还有一类不规则星系。不规则星系没有特定的形状，核心部分难以辨认，也看不出旋臂。有些不规则星系看上去甚至像是被撕裂的好几个部分。不规则星系内部，往往有恒星在不断形成。

椭圆星系通常呈黄色或红色

在全天最亮的星系中，不规则星系大约只占 5%。

银河系

夏天，在野外没有遮挡的地方，我们很容易看到一条从南到北横亘天际的漂亮的光带，这就是银河。银河里的恒星非常密集，肉眼看起来根本无法一颗颗地分辨，这些恒星聚集在一起，就像一条银色的河流。我们看到的银河，其实就是银河系。银河系是我们太阳系所在的星系，属于旋涡星系。科学家们认为，银河系中包括有超过 1000 亿颗恒星，以及大量的星云、星团、星际气体和尘埃。太阳系处于银河系内部，因此我们直接看到的是银河系的侧面。

在地球上望银河

在北半球的夏夜，在地球上看到的是银河系中心方向的夜空，因此在夏季的夜空中，我们能看到的恒星特别多。在北半球的冬夜，我们只能看到银河系边缘方向的天空，因此，冬夜的恒星看起来比夏天就要少一些。

银河系的自转

天上的星星看似都停在那里不动，所以叫作恒星。其实，所有的恒星都在运动，它们围绕着银河系的中心旋转。1927 年，荷兰天文学家奥尔特仔细测量了太阳周围每一颗恒星的运动，准确地测量了银河系的自转速度。原来，我们的银河系是一个旋涡星系，不停地在那里自转着。太阳围绕银河系的运行速度达 220 千米 / 秒。太阳绕银河系一周的时间约 2.5 亿年，被称为宇宙年或银河年。旋转的银河系有几个旋臂。我们身处银河系之中，很难准确地测出所有的旋臂结构。

银河系的尺度和结构

银河系就像一个巨大的圆盘，它的直径超过 10 万光年。银河系内大多数的恒星都集中在中心一个扁球状的空间范围内，这个扁球状的核球半径达 7000 光年；核球的中心称为“银核”，四周称为“银盘”。在银盘外部延伸出一个更大的区域，那里分布的恒星相对较少，称为“银晕”。太阳系距离银河系的中心超过 2.6 万光年。

银核

银河系的旋臂主要有半人马臂、矩尺臂、船底臂、英仙臂等，我们所在的太阳系位于银河系的一个分支旋臂——猎户臂上。

为什么银河的英文是 Milky Way?

在中国古代，人们把银河视为天上的河流，还想象出牛郎织女鹊桥相会的神话故事。西方人则认为银河是天后喂养婴儿时流淌出来的乳汁。英文中的银河——“Milky Way”就是“牛奶之路”的意思。

太阳系

数以百万计的恒星组成的球状星团

核心

暗晕

银盘

更大尺度的宇宙

从我们的地球－月球系统，到太阳、行星、小行星等组成的太阳系，再到包含上千亿个恒星的银河系……随着观测手段的进步，科学家们所发现的天体集合的尺度越来越大。比如许多和银河系的尺度相当的星系，因为某种引力的作用聚合在一起，形成一种比星系更大的天体集合——星系团。在星系团之上，还有超星系团。

星系团

相比于星系的尺度，更多的星系由于引力的相互作用而束缚在一起，呈现出一个整体的状态，这就是星系团。星系团的尺度通常能够达到 1000 万光年，其中包含数百个或上千个星系。包含较少星系的星系团，科学家们也称之为星系群。距离我们最近的室女座星系团，包含超 2000 个星系。

本星系群中的三角座星系

本星系群

银河系所在的星系团称为本星系群，本星系群又属于范围更大的室女座超星系团。本星系群包含的星系数量较少，只有约 50 个星系，其中两个最大的成员是银河系和仙女座大星系。本星系群是一个典型的疏散星系团，没有明显的向中心聚集的趋势，其全部星系覆盖的区域直径约 1000 万光年。科学家们推测，数十亿年后，银河系和仙女座大星系将会合为一体，成为更巨大的星系。

超星系团

天文观测显示，星系团的分布是不均匀的，它们多数都聚合在一起，成为一个集团，构成一个比星系团更高一级的天体系统，这就是超星系团。一个超星系团内通常含有几个星系团，拥有超过几十个星系团的超星系团是不多的。同时，由于超星系团内部各星系团的引力相互作用较弱，因而也有科学家认为，超星系团是不稳定的系统。超星系团的质量一般能有 10^{15} ~ 10^{17} 个太阳质量那么大。

可观测的宇宙

人类能观测到的宇宙，只是宇宙中很小的一部分。宇宙学原理告诉我们，宇宙中的物质分布在大尺度上是均匀的和各向同性的。也就是说，各种各样的天体均匀地散落在宇宙空间中，而且没有方向性。我们站在宇宙中的任何一点，所看到的宇宙都是一样的，宇宙没有中心。宇宙从诞生至今，已经有 137 亿年，天文学家在不断地努力，试图观测到宇宙演化中的各个历史时期——最初是大爆炸，之后是宇宙背景辐射，最后到星系和恒星的诞生。

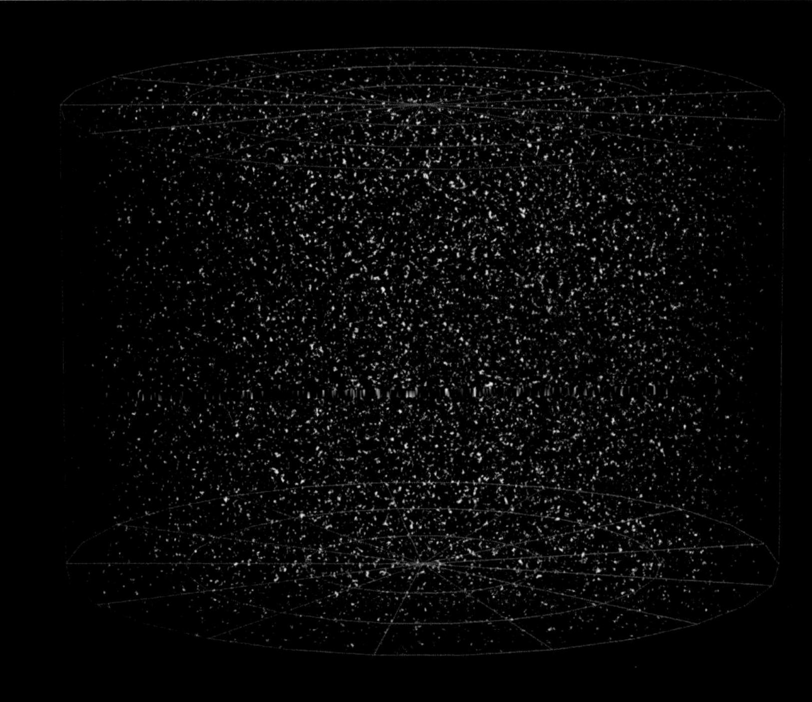

看不见的成分

人们曾经认为，宇宙的成分主要包括恒星、星云、星际物质和尘埃，至于行星和其他小天体，只是在其中非常细微的一部分。然而随着研究的深入，科学家们逐渐发现，通过望远镜观测到的天体，在总质量上似乎与计算所得到的质量相差非常大。于是科学家们引入了暗物质和暗能量两个概念。通过对引力所产生的效应进行研究，科学家们发现宇宙中有大量暗物质存在，这是现代宇宙学和粒子物理学的重要课题。

隐秘的暗物质

暗物质

暗物质是无法通过电磁波进行观测研究的物质，它自身不带电，也不与电磁力产生作用。也就是说，无论是在目视的光学波段，还是红外、射电等其他波段进行观测，都无法直接发现暗物质的存在。暗物质密度非常小，但是庞大的体积使得其总质量非常大。在现代天文学上，科学家们通常通过引力透镜、宇宙中大尺度结构的形成、微波背景辐射等方法和理论，来探测暗物质的存在。

引力透镜效应揭示可能存在的暗物质环

暗能量

暗能量是一种未知的能量存在形式。科学家们为了解释在宇宙膨胀过程中的加速趋势，引入了暗能量这个概念。也就是说，暗能量是一种充满宇宙空间，并在促进宇宙膨胀过程中起重要作用的能量形式。主流的观点认为，在可观测的宇宙中，暗能量占据了约 73% 的质量，暗物质则占据了其中的 23%，而普通的其他物质，如可以观测到的不计其数的恒星等，则只占据了约 4% 的质量。这是一个惊人的结论。

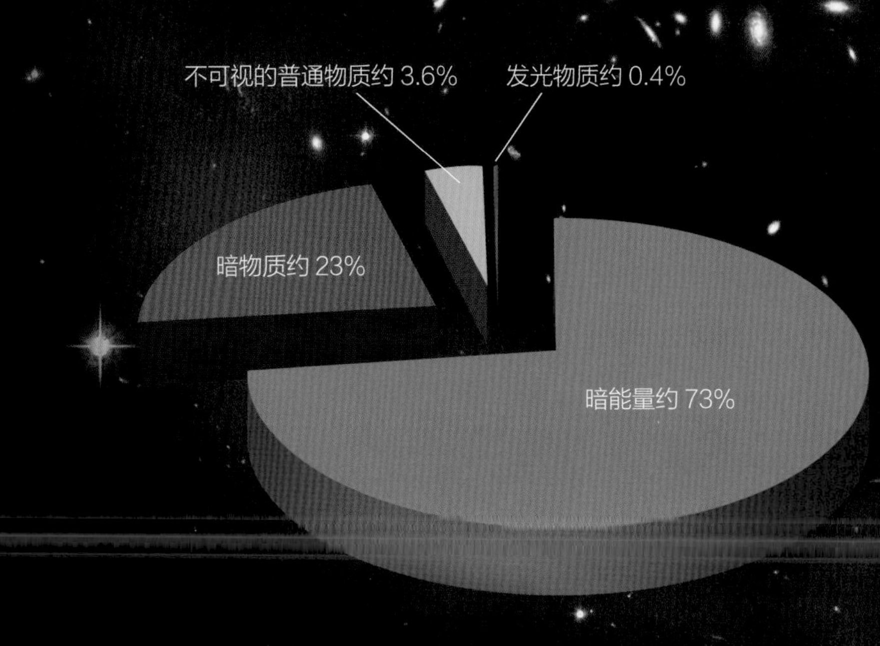

宇宙中的各种物质成分比例示意图

微波背景辐射

根据“大爆炸”宇宙学说，宇宙微波背景辐射是在大爆炸后遗留下来的热辐射，它是一种充满了整个宇宙的电磁辐射，特征与 2.725K 的黑体辐射相同，频率属于微波范围，又称为“3K 背景辐射”。用传统的光学望远镜观测，由于恒星和其他天体分布的原因，宇宙呈现出或亮或暗的不均匀性；然而科学家们使用灵敏度最高的射电望远镜扫描太空时，却发现微弱的背景辉光，在各个方向上几乎一模一样，与任何恒星、星系或其他天体都毫无关系。科学家们认为，这是我们宇宙中最古老的光。科学家们观测和研究微波背景辐射，对于研究宇宙的起源和演化有着重要的意义。

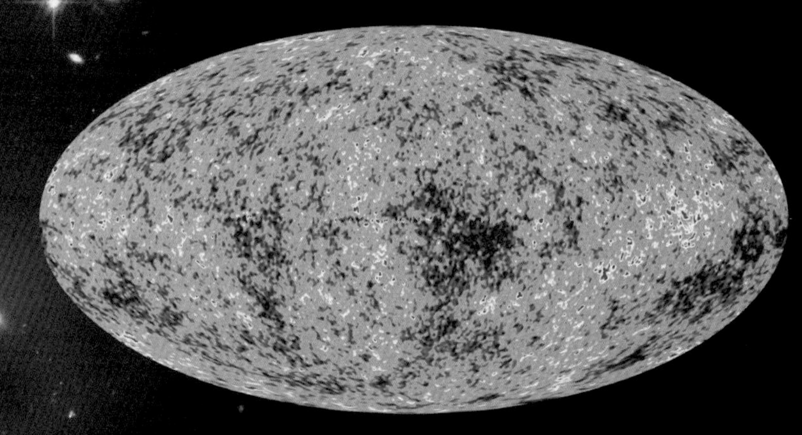

宇宙微波背景辐射全天图

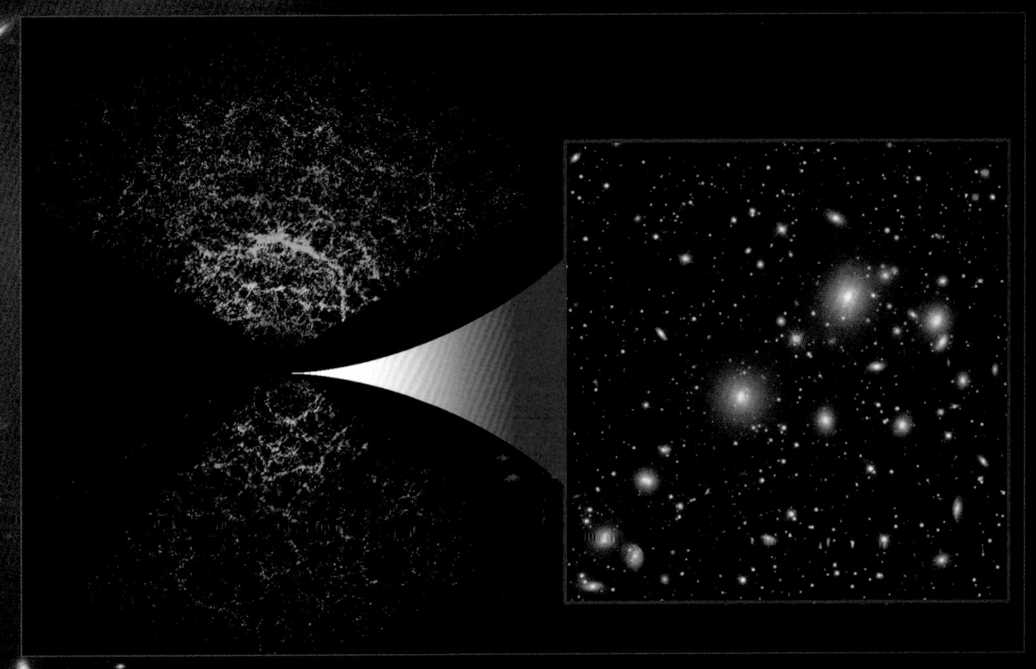

宇宙的最新地图再次表明，暗物质和暗能量主宰着我们的宇宙。

宇宙的诞生

“大爆炸”是科学家描述宇宙诞生初始条件以及后续演化的一个宇宙学模型理论。在当前的科学观测和研究过程中，这个观点得到了广泛的支持，后续的很多宇宙学研究都是基于大爆炸理论开展的。简单地说，大爆炸的观点认为：在过去有限的时间之前，存在一个密度极大、温度极高的状态，在经历了一次猛烈的大爆发之后，宇宙不断膨胀，进而达到今天的状态。

3 分钟

10^{32} 度

暴胀时期

10^{27} 度

10^{10} 度

6000 度

(Li)

(He)

(D)

宇宙的年龄

通过广义相对论，科学家们对宇宙的膨胀进行了反向推演，得出一个初步的结论，就是宇宙在过去有限的时间之内，曾经处在一个温度、密度都无限高的状态。这就被视为我们宇宙最初的诞生期。在这个推演过程中，科学家们通过观测超新星来测量宇宙的膨胀，通过测量宇宙微波背景辐射温度的涨落，最终计算出了这个有限的时间，也就是宇宙的年龄，大约为 137 亿年。

宇宙大爆炸

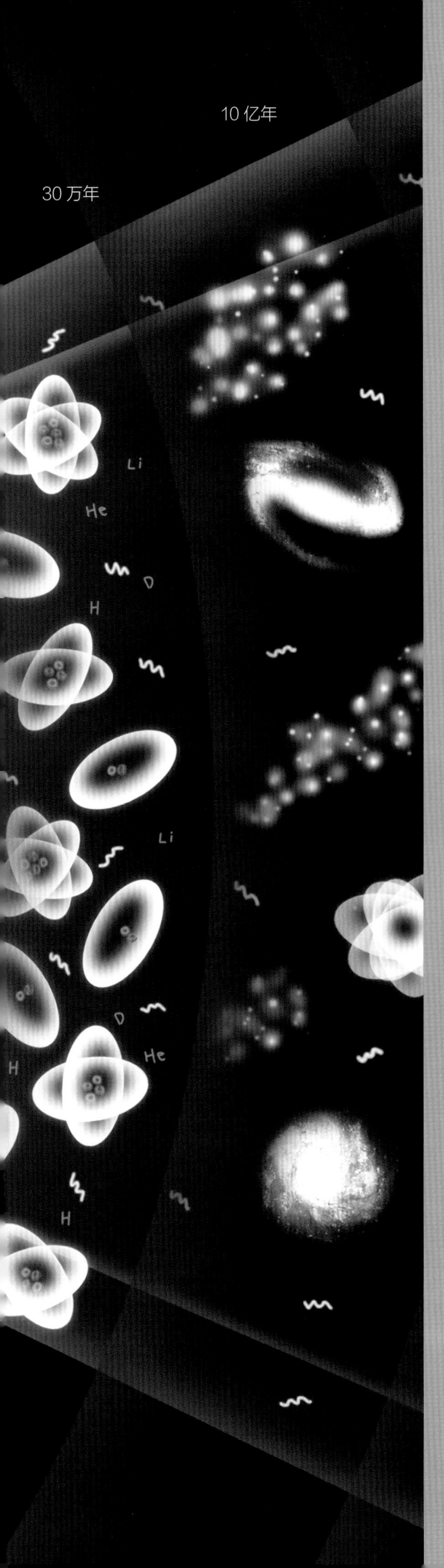

宇宙大爆炸

宇宙大爆炸学说是现代宇宙学中最有影响的一种学说，描述了宇宙由热到冷的演化过程。这个理论的基本思路是，宇宙诞生于一个密度极大、温度极高的状态，经过极短时间之内的快速膨胀，产生了组成当前宇宙的一些主要成分，如氢和氦，并继续膨胀，达到今天的状态。哈勃定律、微波背景辐射、元素丰度是支持宇宙大爆炸理论的重要证据。

基本假设

大爆炸理论建立在两个基本的假设上：物理定律的普适性和宇宙学原理。科学家们基于这两个假设推出了宇宙大爆炸学说。目前，科学家们依然在不断地对这两个基本假设进行验证。比如，对于第一个假设而言，科学家们通过对太阳系以及双星系统的观测，再加上较为精确的实验，验证了广义相对论的正确性；而宇宙学原理，指宇宙在大尺度上是均匀而且各向同性的，目前科学家们对宇宙微波背景辐射的观测已精确到 10^{-5} 量级，宇宙的均匀性、各向同性仍然成立。

宇宙视界

宇宙视界是指地球上能接收的宇宙电磁波传来的最大范围。根据大爆炸理论，在宇宙的演化过程中，会有视界存在。由于光速是有限的，并且宇宙的演化时间也是有限的，那么一定存在某些事件，我们无法通过观测来了解这些事件的相关信息。所以就存在这样一个极限，或称为过去视界，只有发生在这个极限距离内的事件才有可能被我们观测到。另外，由于宇宙空间仍然处于不断地膨胀过程中，并且离你越远，相互退行速度越快，因此有可能从地球发出的电磁波永远也无法到达那里，这个极限被称为未来视界，只有发生在这个极限范围内的事件，才有可能被我们所影响。

宇宙大爆炸始于约 137 亿年前

时间	温度	状态
大爆炸开始时	极高温度	极小体积，极高密度，称为奇点。
大爆炸后 10^{-43} 秒	约 10^{32} 度	宇宙从量子涨落背景出现。
大爆炸后 10^{-35} 秒	约 10^{27} 度	引力分离，夸克、玻色子、轻子形成。
大爆炸后 5^{-10} 秒	约 10^{15} 度	质子和中子形成。
大爆炸后 0.01 秒	约 1000 亿度	光子、电子、中微子为主，质子中子仅占 10 亿分之一，热平衡态，体系急剧膨胀，温度和密度不断下降。
大爆炸后 0.1 秒	约 300 亿度	中子质子比从 1.0 下降到 0.61。
大爆炸后 1 秒后	约 100 亿度	中微子向外逃逸，正负电子湮没反应出现，核力尚不足束缚中子和质子。
大爆炸后 13.8 秒	约 30 亿度	氢、氦类稳定原子核（化学元素）形成。
大爆炸后 3 分 45 秒	约 9 亿度	宇宙直径膨胀到约 1 光年，已有超过 1/3 的物质合成为氦。
大爆炸后 35 分钟	约 1 亿度	此时核反应趋于停止，各种粒子数目趋于稳定。

宇宙的膨胀

从大爆炸那刻起，宇宙就开始了自身的膨胀。按照一般对于爆炸物的想象，人们认为这个膨胀应该是有限度的。在达到某个平衡状态，比如相对分布均匀的状态后，由于相互间引力的作用，这个膨胀是否会逐渐减慢，甚至会停下来呢？最新的观测发现不是这样。宇宙目前仍然处于膨胀之中，甚至还有加速膨胀的趋势。这个观点的特点在于，无论你身处宇宙当中的哪个点，比如地球，或离我们最近的比邻星，或其他的河外星系，你都能观测到宇宙中的其他星系在远离自己。

我们想象一下，宇宙中的星系就好像画在气球表面的斑斑点点，随着气球不断被吹大，你会发现所有的斑点都在彼此相互远离，每一个身处任意斑点上的观测者，都能发现以自己为中心，其他的星系都在远离你而去。

红移

红移指的是当光源远离观测者运动时，观测者观察到光源所发出的电磁波会发生波长增加、频率降低的现象，这在可见光的波段，体现在谱线朝向红光端移动。这类似于声波因多普勒效应而造成的频率变化：大街上汽车疾驰而来，它鸣笛发出的声音越来越尖锐；随着汽车驶远，声音逐渐低沉。在火车道口附近也会有类似的体验。在天文学上，科学家们常用红移现象来测量天体的运动。

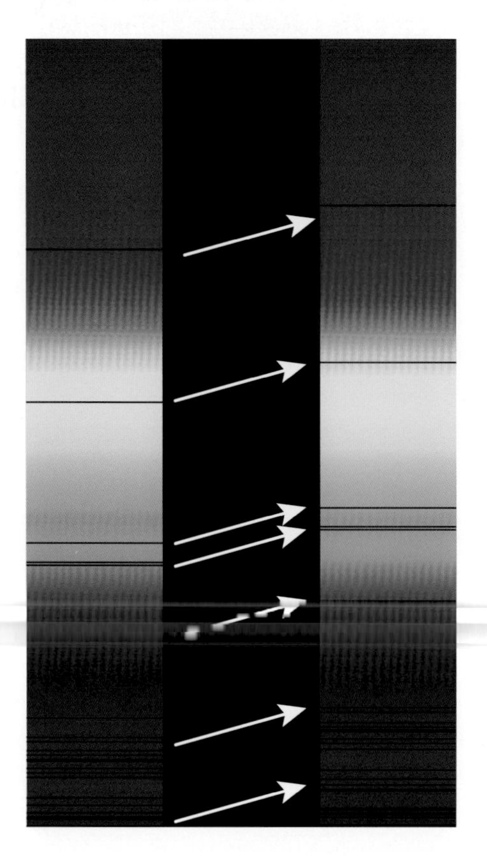

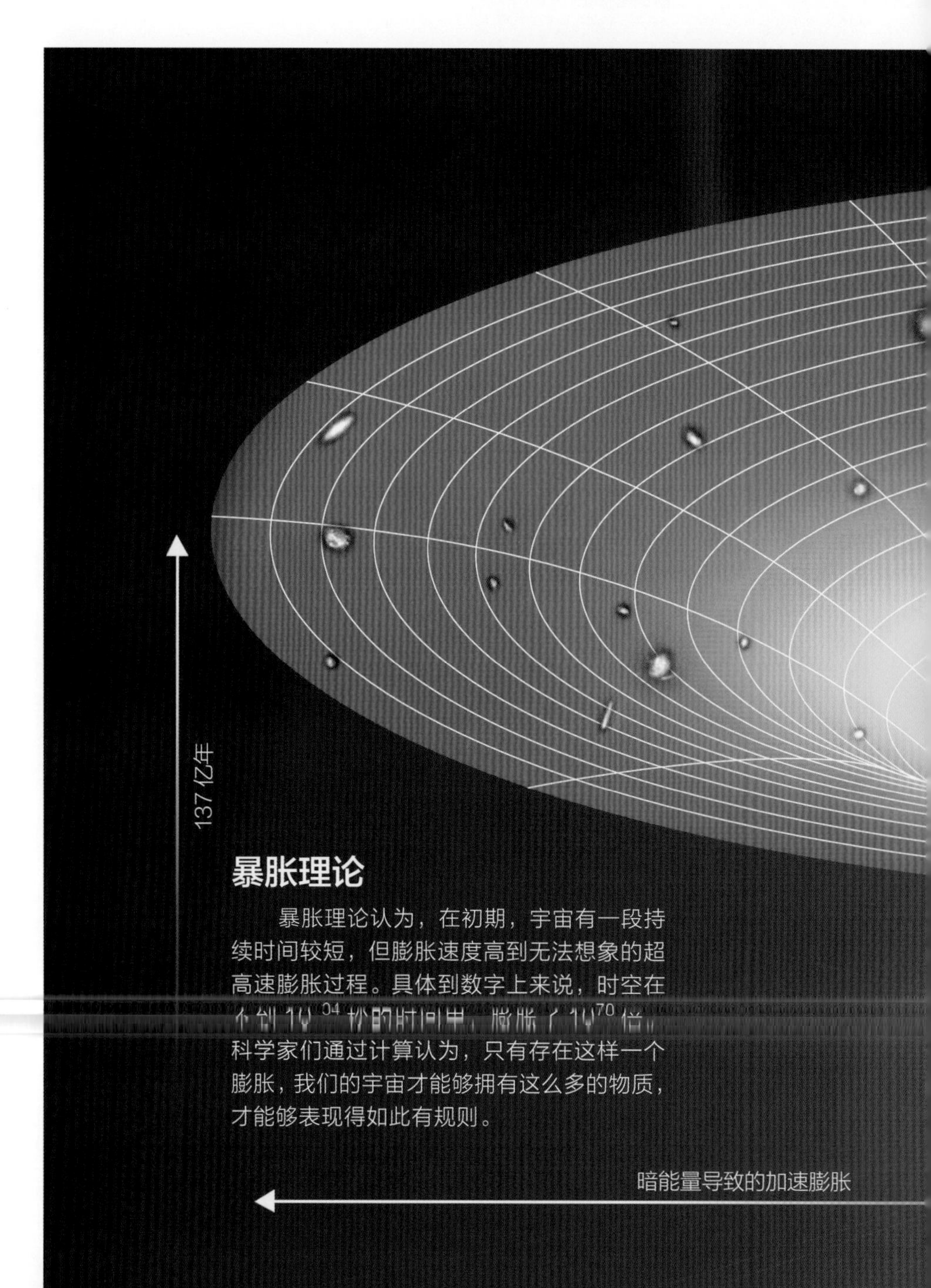

暴胀理论

暴胀理论认为，在初期，宇宙有一段持续时间较短，但膨胀速度高到无法想象的超高速膨胀过程。具体到数字上来说，时空在不到 10^{-34} 秒的时间中，膨胀了 10^{70} 倍。科学家们通过计算认为，只有存在这样一个膨胀，我们的宇宙才能够拥有这么多的物质，才能够表现得如此有规则。

哈勃定律

美国天文学家哈勃在1929年提出，河外星系的退行速度与距离成正比。也就是说，这个星系距离我们越远，其视向速度就会越大。这就是哈勃定律，又称哈勃效应。哈勃定律通常用来推算遥远星系的距离，是宇宙膨胀理论的基础，有很多科学家为此做出了重要贡献。事实上，为了纪念比利时科学家勒梅特在研究宇宙膨胀过程中所起的重要作用，国际天文学联合会于2018年10月通过投票，正式将“哈勃定律”更名为“哈勃－勒梅特定律”。

加速膨胀的宇宙

科学家们通过观测Ia型超新星红移发现，这些超新星与我们的距离跟我们的预料相比遥远得多，这说明宇宙仍处在加速膨胀的过程中。2011年的诺贝尔物理学奖就授予了发现这一现象的三名科学家。对于造成宇宙加速膨胀的原因，科学家们仍然不能完全确定，但大都认为这应该是暗能量起了主要作用。但是，暗能量的作用机理目前仍不太明确。

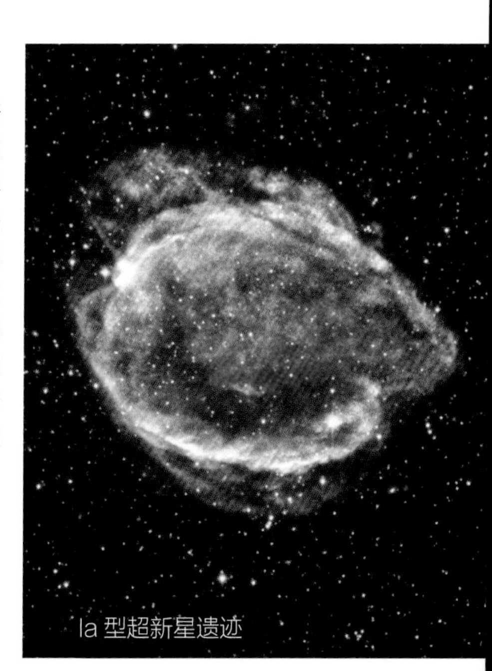
Ia型超新星遗迹

星名片

爱德温·鲍威尔·哈勃
Edwin Powell Hubble

1889年~1953年

国籍：美国

领域：天文学

成就：发现银河系外星系存在及宇宙不断膨胀，确认星系是与银河系相当的恒星系统，开创了星系天文学，建立大尺度宇宙的新概念；发现星系的红移－距离关系。

著作：《用观测手段探索宇宙学问题》《星云世界》等

引力波

2016 年 2 月，美国天文学家宣布，他们发现了引力波。此事立刻震惊世界，被认为是 21 世纪最重大的科学发现。这不仅再一次验证了广义相对论，还为人类认识和探测宇宙打开了一扇新的窗口。引力波以光速传播，在传播过程中不会衰减。因此，天文学家可以通过引力波观测到更多的新奇天体，包括宇宙的创生。2017 年 10 月 16 日，包括中国紫金山天文台、美国国家航空航天局、欧洲南方天文台等全球数十家天文机构同步举行新闻发布会，宣布人类第一次直接探测到双中子星合并产生的引力波，并同时“看到”这一壮观宇宙事件发出的电磁信号。

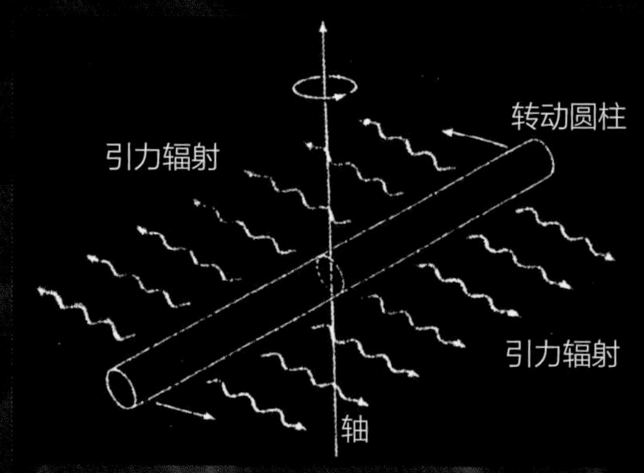

在地球上能探测到引力波吗？设想造一根金属棒，直径 2 米，长 20 米，重 490 吨，让它以 4.5 圈 / 秒的速度旋转，这根棒便不停地向四周辐射引力。其引力辐射的强度有多大呢？要想产生 1 瓦功率的引力辐射能，需要有 10^{30} 根同样的金属棒一起转动。

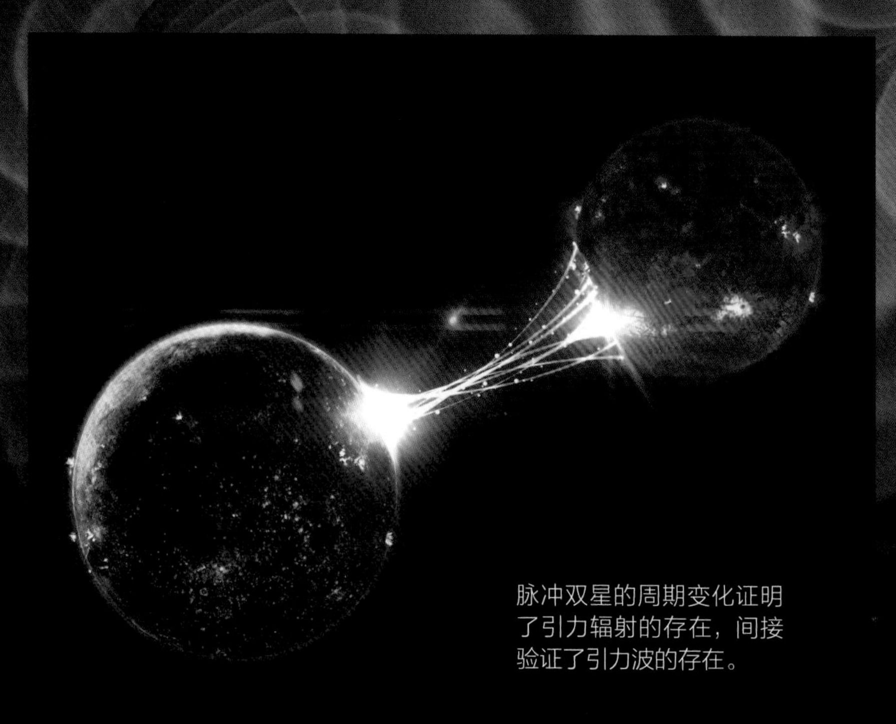

脉冲双星的周期变化证明了引力辐射的存在，间接验证了引力波的存在。

引力辐射现象

引力波是由引力辐射产生的。在发现引力波之前，天文学家首先发现了引力辐射现象。1968 年，脉冲星被发现，正在哈佛大学攻读博士研究生的泰勒设计了一项巡天观测计划，在 300 米射电望远镜上进行脉冲星的巡天观测。他的学生赫尔斯分析了他们新发现的 40 颗脉冲星。其中一颗“怪异者”——PSR1913+16 的周期只有 0.059 秒，即 59 毫秒。他们惊奇地发现，在不到两天的时间里，其周期变化达到 2.7 毫秒。经过进一步观测和分析，他们又发现这是一对脉冲星，它们之间相互绕转，当有引力辐射存在时，系统的能量会减少，系统的运动周期会变化。泰勒和赫尔斯开始了持之以恒的观测，20 年后终于验证了引力辐射的确存在，间接证明了引力波的存在。1993 年，他们因此获得了诺贝尔奖。

星名片

基普 · 斯蒂芬 · 索恩

Kip Stephen Thorne

1940 年 ~

国籍：美国

领域：引力物理学、天体物理学

成就：研究广义相对论下的天体物理学领域的领导者之一，主导两个激光干涉引力波天文台的建设。

著作：《黑洞与时间弯曲》等

电影：《星际穿越》科学顾问

荣誉：因引力波观测方面的贡献与其他两名科学家同获 2017 年诺贝尔物理学奖

共振型引力波探测器

引力之间的传播，靠的就是引力波。在地球上探测引力波，最大的引力源莫过于地球本身，但地球提供的引力波数值太小，根本无法测到。从 19 世纪 60 年代开始，美国天文学家韦伯设计了共振型引力波探测器，探测器包含一组巨大的铝棒天线，每根重达 5 吨，对准天空寻找可能的引力源。韦伯尽了最大的努力，自认为已经测到，但始终没有得到证实。

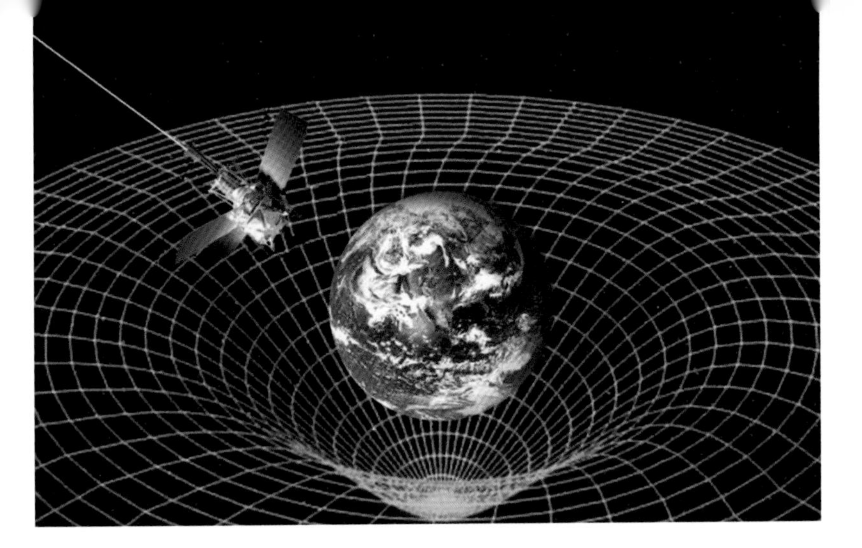

时空弯曲

100 多年前，爱因斯坦在创立狭义相对论的基础上，又创立了广义相对论。1916 年，爱因斯坦预言，宇宙中应该存在着引力波和引力辐射。自然界只存在四种相互作用，即引力相互作用、电磁相互作用、强相互作用和弱相互作用。我们所熟悉的引力作用就是牛顿发现的万有引力，它与爱因斯坦提出的引力是不同的概念。爱因斯坦认为，引力是与时空联系在一起的，在有物质存在的时空中，时空是弯曲的。在一定的空间内，包含的质量越大，在空间边界处的时空曲率就越大。在某些特定的情况下，加速物体能够使时空曲率产生变化，变化过程能够以波的形式，向外以光速传播。这种传播现象被称为引力波。当引力波通过观测者的时候，观测者就会发现时空被扭曲。

美国路易斯安那州的激光干涉引力波天文台设施

探测引力波

当引力波通过的时候，物体之间的距离就会发生有节奏的增大和缩短，这个频率对应着这段引力波的频率。同时，这种效应的强度与产生引力波源之间距离成反比。这也是科学家对引力波进行探测的基本原理。引力波还能够穿透电磁波不能穿透的地方，因此对于黑洞这类天体而言，引力波是观测其存在与否的最直接证据之一。进入 20 世纪，观测引力波的仪器设备有了很大改进，已经不再像最初那样，使用笨重的金属天线，精度也越来越高。美国和苏联的科学家首先开始研究，用激光干涉的方法探测引力波，这促成了 1994 年美国激光干涉引力波天文台的建设。天文台由相互垂直的两个干涉臂组成，每一个臂长 4000 米，是一个超真空状态的空心圆柱。2016 年，位于汉福德和利文斯顿两地的两个激光干涉引力波天文台，同时探测到了引力波的存在。

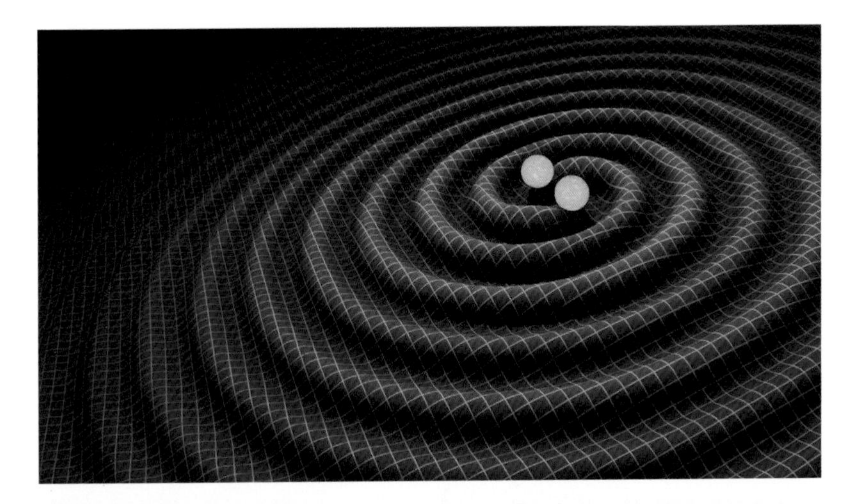

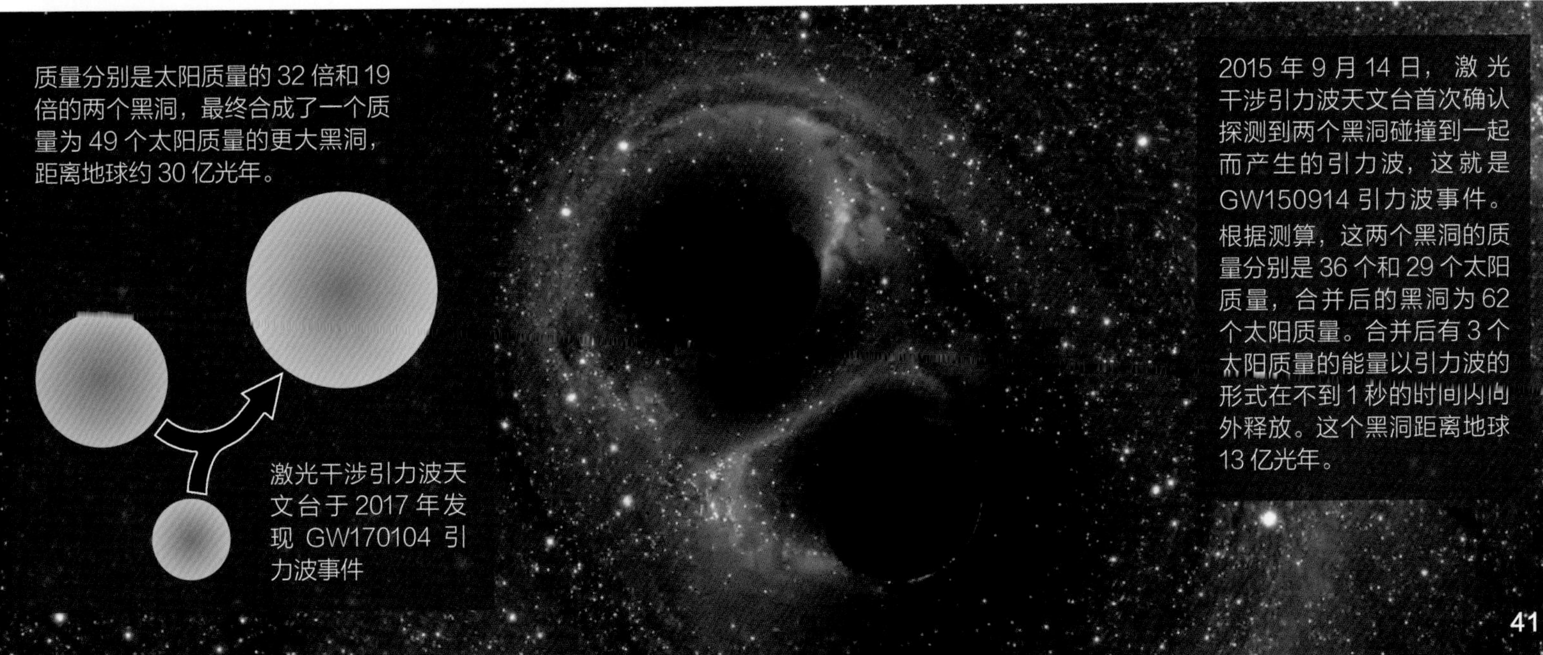

质量分别是太阳质量的 32 倍和 19 倍的两个黑洞，最终合成了一个质量为 49 个太阳质量的更大黑洞，距离地球约 30 亿光年。

激光干涉引力波天文台于 2017 年发现 GW170104 引力波事件

2015 年 9 月 14 日，激光干涉引力波天文台首次确认探测到两个黑洞碰撞到一起而产生的引力波，这就是 GW150914 引力波事件。根据测算，这两个黑洞的质量分别是 36 个和 29 个太阳质量，合并后的黑洞为 62 个太阳质量。合并后有 3 个太阳质量的能量以引力波的形式在不到 1 秒的时间内向外释放。这个黑洞距离地球 13 亿光年。

寻找另一个地球

人类是孤独的吗？是否还有外星生命的存在？人类对这些问题的思考持续了数千年。从单纯的星空想象，到向外太空发射无线电波，再到发射探测器进行空间探测，人类在不断地开展着自己的太空探索活动。到现在为止，人类的太空探索活动获得了很大成就：我们在火星上发现了过去有水流活动的遗迹；我们证实了火星岩石和火星陨石含有有机碳，这表明火星上曾经有过生命活动；我们在木卫二上发现地表下有可能存在巨大的液态水的海洋；我们还探测到即便是在银河系内，也存在着数以千计的类地行星。虽然到现在为止，我们还没有确切证据证明外星生命的存在，但从理论上讲，这在不久的未来很有可能得到证实。

寻找类地行星

科学家们认为，只要有与原始地球相似的条件，生命就极有可能在别处发展起来。因此，如果能找到一颗与地球类似的行星，在这颗星球上找到生命的概率就会大很多。参照地球，我们很容易得出类地行星所需要的条件：有一个金属的核心，以岩石为主要成分的外壳，大气层是再生大气层，表面有液态水的存在环境，与所环绕的恒星距离适中。美国于 2009 年发射了“开普勒”空间望远镜， 2018 年发射了凌日系外行星勘测卫星，其目的都是寻找和探测太阳系外的类地行星。

截至 2018 年底，“开普勒”空间望远镜确认的系外行星数量达到 2300 多颗。

银河系内可能与我们联系的文明数

行星上的生命进化出文明的比例

$$N=R^{*}\times F_p\times N_e\times F_l\times F_i\times F_c\times L$$

每个行星系统中类地行星的数量

R^{*}——银河系恒星形成的平均速率
F_p——恒星周围存在行星的比例
F_l——能够进化出生命的行星比率
F_c——行星文明能够与外界通信联系的比率
L——文明的存在寿命

德雷克方程（The Drake Equation）

飞碟魔影

德雷克方程

美国天文学家德雷克在 1961 年提出了一条公式，用来研究和推断可能与我们接触的银河系内外高智商文明的数量，这个方程被称为德雷克方程。方程的意义在于，不论其中哪一项取值有[illegible]，[illegible]。即使在银河系中只有地球人类这一个智慧生命的存在，目前人类也发现了数十亿计的河外星系，只不过相互间的平均距离远了一些而已。宇宙中存在地外生命，是当前科学家的普遍共识。

星名片

弗兰克·唐纳德·德雷克
Frank Donald Drake
[illegible]
国籍：美国
领域：天文学
成就：提出“宇宙文明方程式”，即德雷克方程，评估星系存在地外文明的因素。

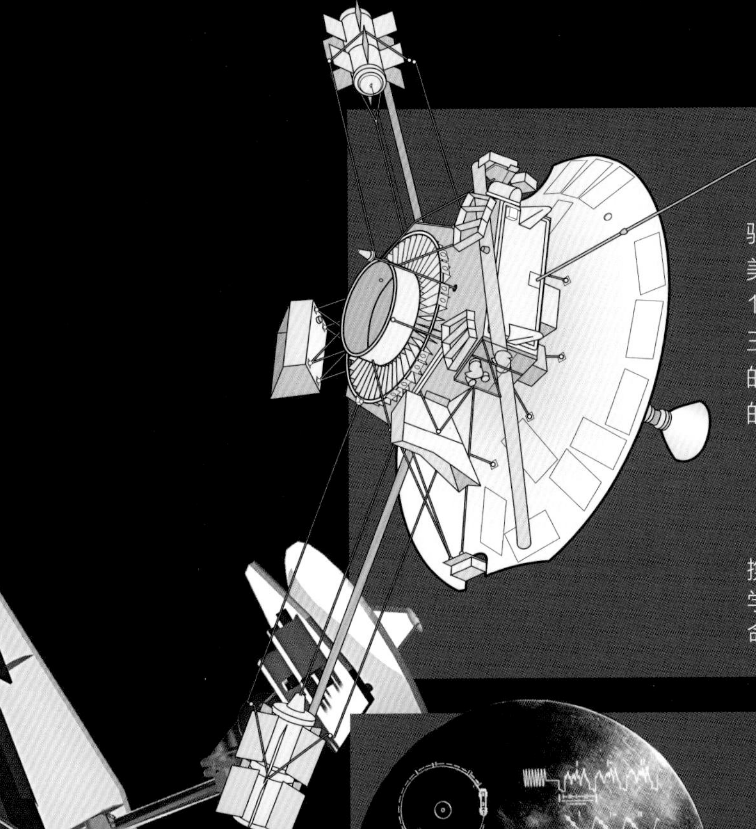

“先驱者”计划

从 1958 年开始，美国发射了一系列的月球探测器和 4 个“先驱者号”探测器，对外太空的天体进行探测。在这些都获得成功后，美国在 1972 年、1973 年分别发射了“先驱者 10 号”和“先驱者 11 号”，用来研究木星和外太阳系。目前，两个探测器都已飞出海王星轨道，飞向太阳系的边界。它们的方向不同，“先驱者 10 号”的目标远离银河系中心的方向，最近的是毕宿五；而“先驱者 11 号”的目标则是朝向银河系中央前进。

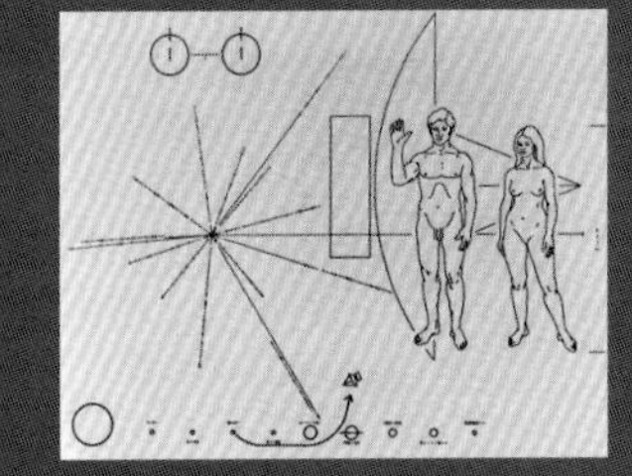

“先驱者 10 号”和“先驱者 11 号”各携带一块画有人类图案的镀金铝板，科学家们希望借此让外星生命了解地球生命的存在。

“旅行者”计划

美国为了研究外太阳系空间，于 1977 年先后发射了两颗空间探测器，这就是“旅行者 2 号”和“旅行者 1 号”。探测器先后飞临木星、土星、天王星和海王星，为人类提供了如此清晰的行星和它们卫星的照片。两个探测器都携带了有人类信息的“金唱片”，目前它们都朝着太阳系的边缘进发。

金唱片封面

“旅行者 2 号”距离木卫四约 100 万千米时拍下的木卫四

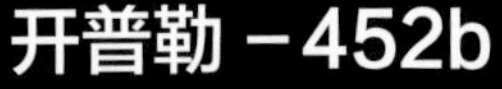

开普勒－452b

美国在 2009 年发射了“开普勒”空间望远镜，目的在于探测太阳系外类地行星，在其至少 3 年半的任务期内，对天鹅座和天琴座天区的大约 10 万个恒星系统展开精密观测，以寻找其中行星和可能存在的生命迹象。科学家们对空间望远镜观测获得的数据进行分析，从 400 多个恒星系统中确认了 4000 多颗系外行星。其中有很多天体与地球有着极高的相似度，2015 年 7 月 24 日，科学家们宣布发现首颗与地球最为接近的行星，代号为开普勒－452b，这是人类在寻找地外文明过程中取得的又一个巨大的成就。开普勒－452b 的轨道直径约为 1.05 天文单位，几乎与地球轨道相同，其公转周期约 385 天。

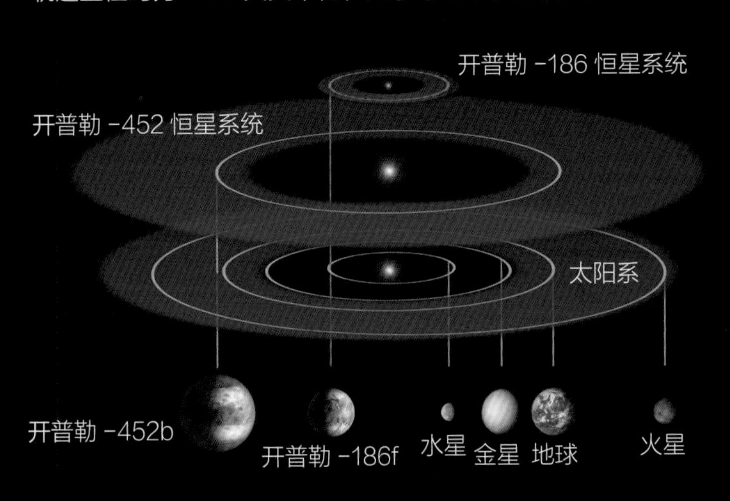

开普勒－452 系、开普勒－186 系和太阳系示意图

银河系

“开普勒”空间望远镜的搜索区域

3000 光年

Arm 人马座旋臂

太阳

猎户座旋臂

英仙座旋臂

“开普勒”空间望远镜的观测方向

奇妙的星空

THE WONDER OF STARS

德国哲学家、天文学家康德曾说："有两样东西，越是经常而持久地对它们进行反复思考，它们就越是使人惊赞和敬畏，那就是头上的星空和心中的道德法则。"

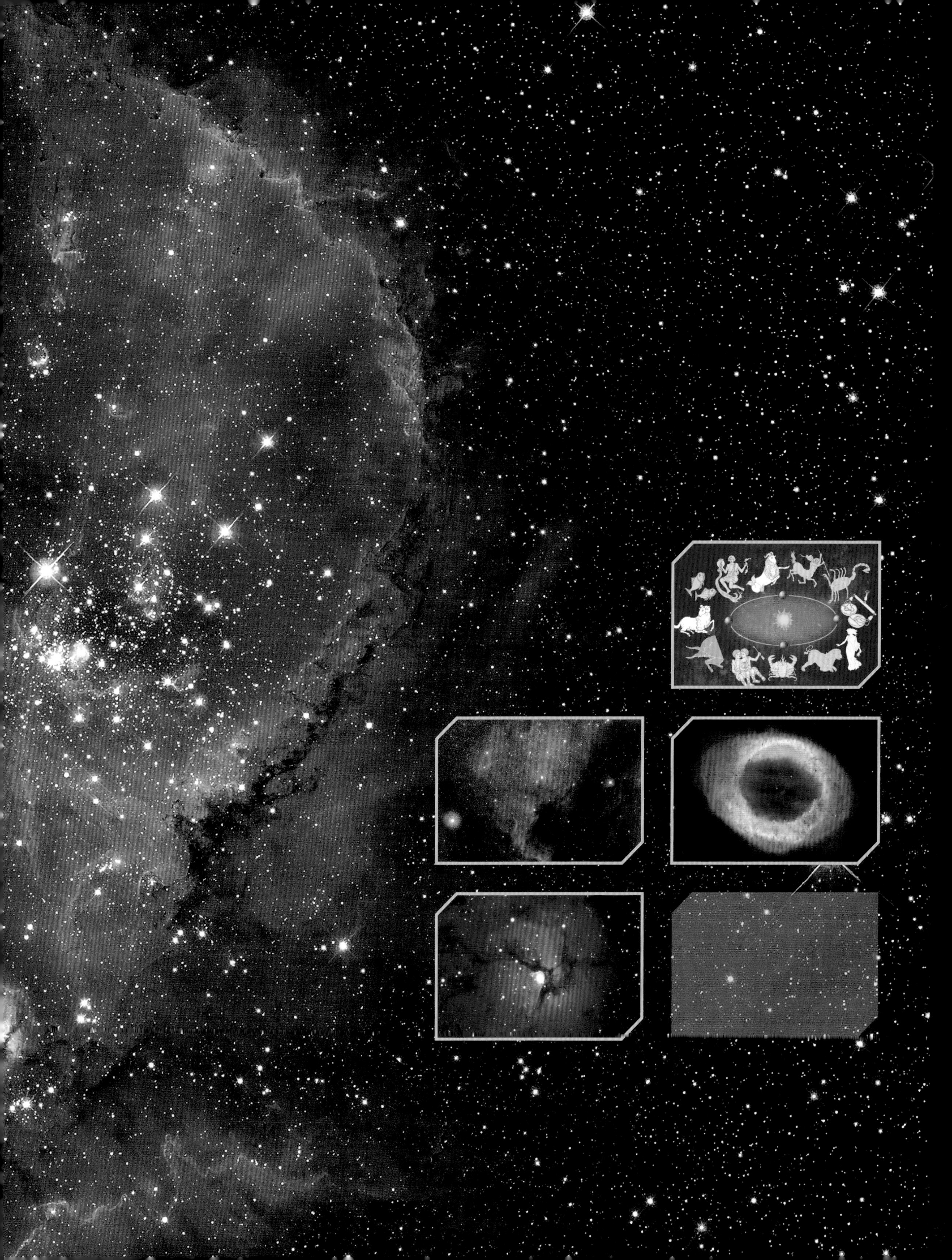

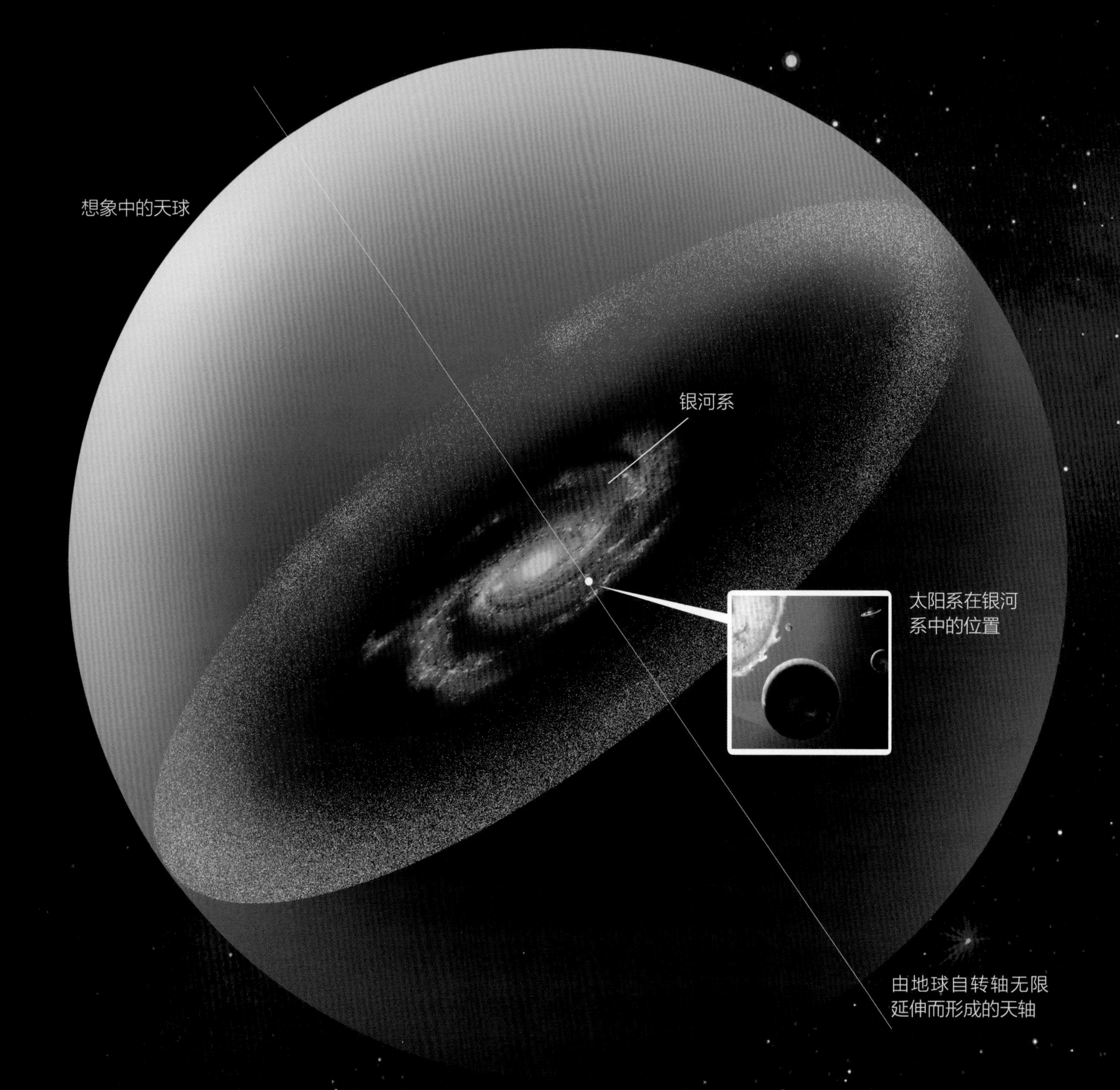

星空和星座

在一个晴朗无月的夜晚，远离城市的灯光，仰望天空，漆黑的天幕上，无数晶莹璀璨的星星散布其间。如果你一直在城市中长大，你一定会对眼前这壮观的美景发出由衷的赞叹。

天球和天极

从地球上看，天空好像一个倒扣在地面上的半球，所有的星星都“粘”在球面上。天文学家把这个假想的球称为天球，再根据地球自转，假定有一个贯穿地球南北两极的轴，这个轴无限延伸就成为天轴。天轴的两端就是天极。

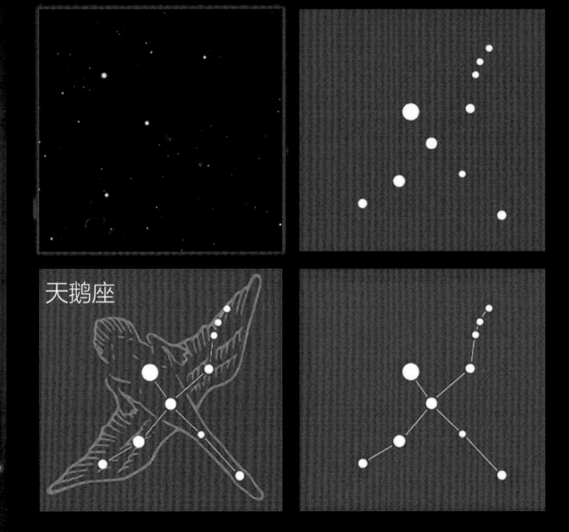

把一群离得比较近、比较亮的星星，用想象的线段连起来，就画成了一个星座。

星座的来历

天上的星星这么多，乍一看有些杂乱无章，所以人们建立了星座体系，把星空按照一定的规律划分为若干个相对较小的区域，先记住这些区域，再记住这些区域中的星星。这种办法是约 5000 年前生活在美索不达米亚（今伊拉克）的牧羊人想出来的，后来传到了古希腊。古希腊人充实和丰富了星座的名称，并将这些星座对应的形象放到神话故事中，形成了著名的星座与希腊神话体系。

星名片

克罗狄斯 · 托勒密
Claudius Ptolemy

约公元 90 年 ~ 168 年
国籍：古希腊
领域：天文学、地理学、地图学、数学
成就：编制有 1022 颗恒星黄道坐标和星等的星表，明确提出存在大气折射现象等。
著作：《天文学大成》《地理学指南》《光学》

俗话说：“天上星，亮晶晶，数来数去数不清。”天文学家们通过观测已经知道星的数量。整个天空中，我们肉眼能看到的星一共有 6000 多颗。如果使用天文望远镜，我们还能看到更多更暗的星。

88 星座的确定

古希腊天文学家托勒密整理归纳了 48 个当时在希腊能看到的星座，这些是最早确定的星座。到了 15 世纪，许多航海家航行到赤道附近甚至南半球，看到了在欧洲所不能看到的大片天空，于是新的星座“纷至沓来”，到 19 世纪末竟达 120 个之多。为了进行统一和规范，国际天文学联合会于 1922 年将全天星座整理为 88 个，这些星座就成了目前通用于全世界的星座。

黄道星座

我们知道地球绕太阳公转，但因为我们居住在地球上，我们会感觉自己没动，反而是太阳在绕着我们转。这一效应使得太阳在一年中相对于星空背景会在天空中走上一整圈，这个虚拟的大圈就是黄道，黄道所经过的星座就是黄道星座。黄道经过 88 个星座中的 13 个，除了蛇夫座的一小部分之外，从春分点所在的双鱼座数起，依次为双鱼座、白羊座、金牛座、双子座、巨蟹座、狮子座、室女座、天秤座、天蝎座、人马座、摩羯座、宝瓶座。

中国的星空体系

中国是世界四大文明古国之一，对星空的划分和命名有自己独立的系统。古代中国非常强调皇权，所以中国古代的天文学可以说是皇家的天文学。整个星空世界就是帝王统治的国家在天上的反映。

天人合一

中国古人认为，“天”的代表是“天帝”，大到王国的战争、国家的兴衰，小到个人的命运、荣辱，都是由“天帝”通过日、月、星辰来左右着的。天上的星就是“天帝”统治下的文武百官、山川社稷以及对应的各种设施，因此中国的星座又称“星官”或“星宿”。这种自然观被称为“天人合一”，也称“天人感应”。中国传统的星空体系可以归纳为三垣四象二十八宿。

三垣

紫微垣、太微垣和天市垣合称三垣。其中，紫微垣在北极星附近，对应着中国中原地区的拱极区，因此被认为是天上最重要的一个区域，人们将其想象为天帝的居所。所谓拱极区，就是在北极星（准确说是北天极）周围的一个区域，这个区域的星无论怎么转，都不会落到地平线以下，因此又被称为“终年不落区”。

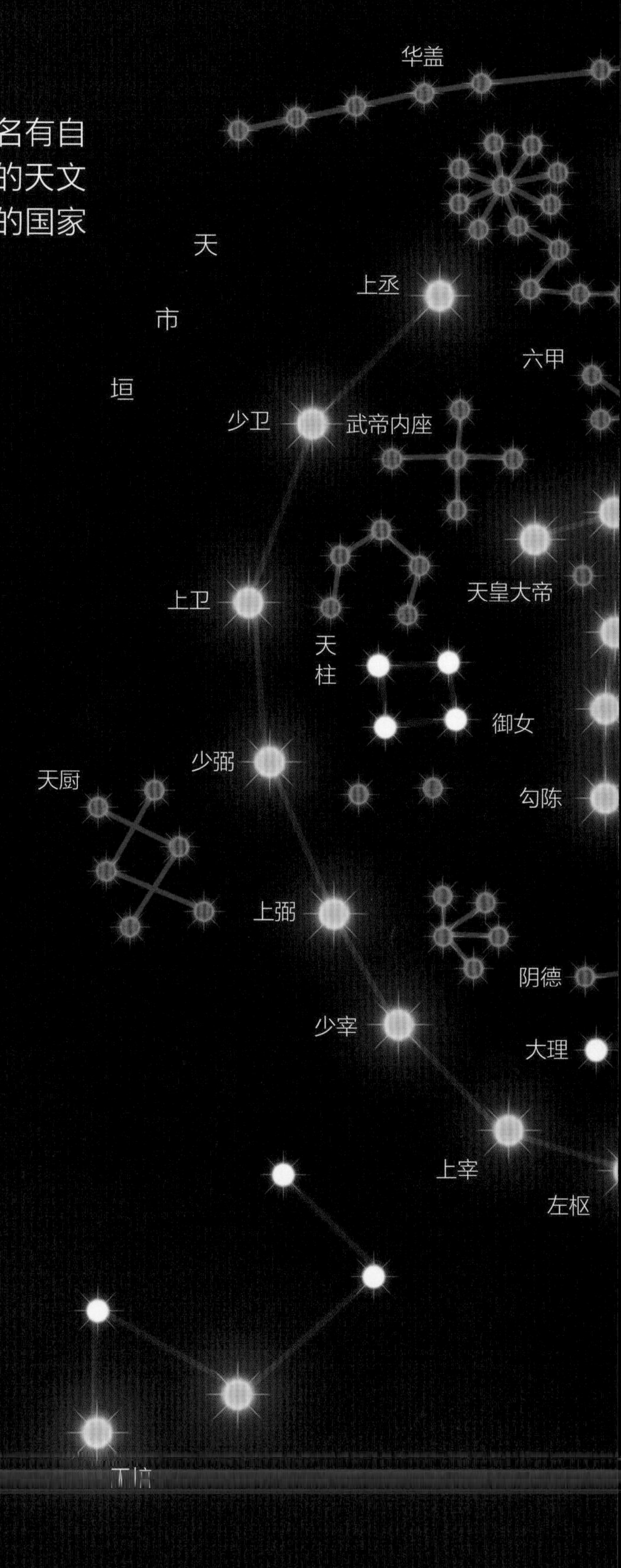

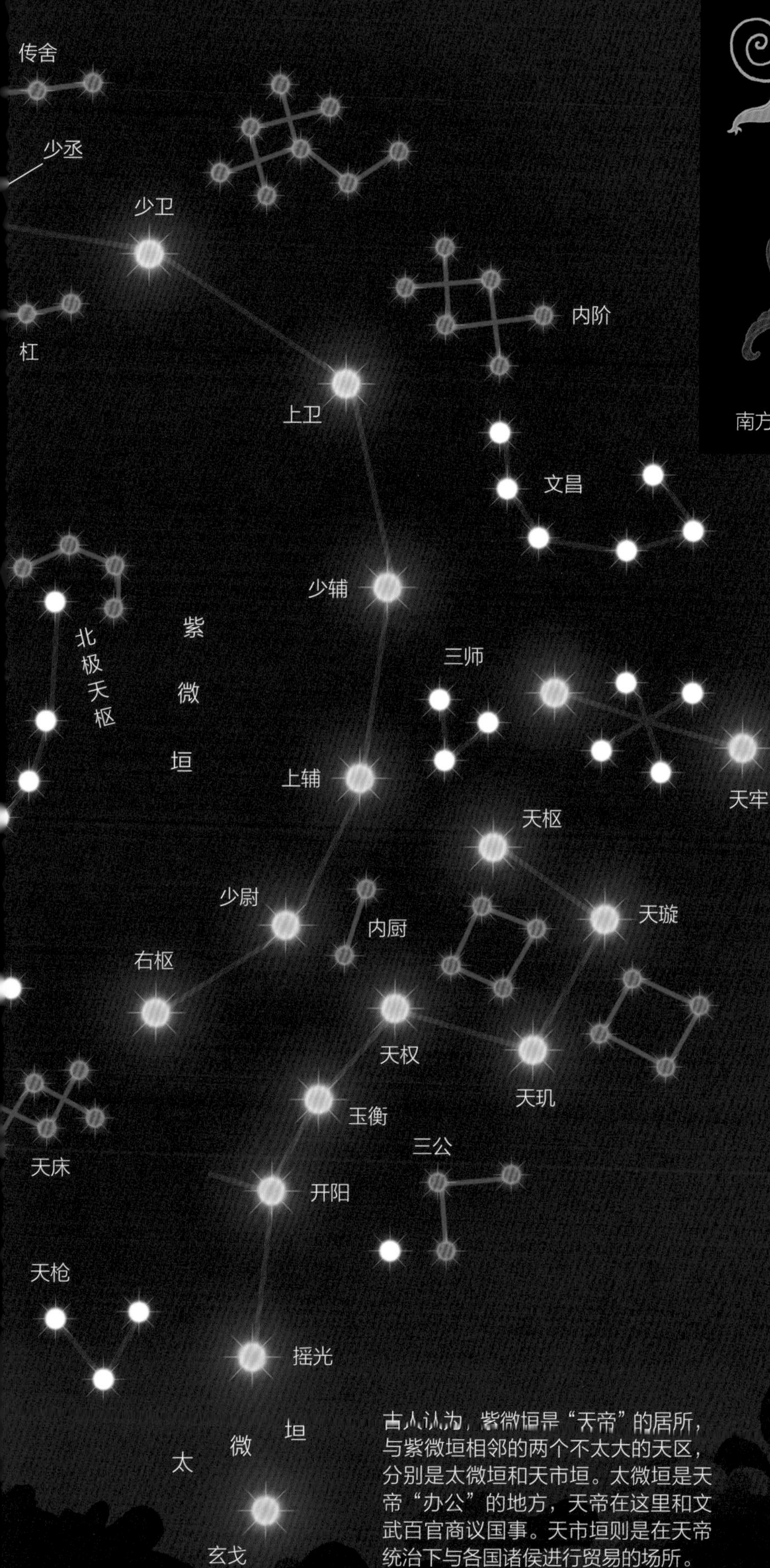

古人认为，紫微垣是“天帝”的居所，与紫微垣相邻的两个不太大的天区，分别是太微垣和天市垣。太微垣是天帝“办公”的地方，天帝在这里和文武百官商议国事。天市垣则是在天帝统治下与各国诸侯进行贸易的场所。

东方苍龙

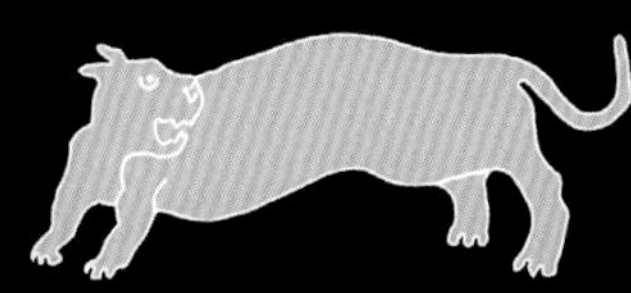
西方白虎

南方朱雀的形象为鹌鹑

北方玄武为两种动物合一的形象——蛇绕龟体

二十八宿

太阳在星空背景下走过的“黄道”是一条非常重要的路线，月球和金星、木星、水星、火星、土星走过的路线也都在黄道附近。中国古人把这部分星空分成 28 份，每一份称为一“宿”，合起来就是“二十八宿”。“宿”有“停留”“住宿”的意思，每一“宿”就是一家“月亮的客栈”。

四象

二十八宿被分为四份，每七宿划为一份，分别用一种动物的名字来指称，这就是“四象”，即东方苍龙、南方朱雀、西方白虎、北方玄武。东方苍龙包括角、亢、氐、房、心、尾、箕七宿；南方朱雀包括井、鬼、柳、星、张、翼、轸七宿；西方白虎包括奎、娄、胃、昴、毕、觜、参七宿；北方玄武包括斗、牛、女、虚、危、室、壁七宿。

天狼星 -1.47 等

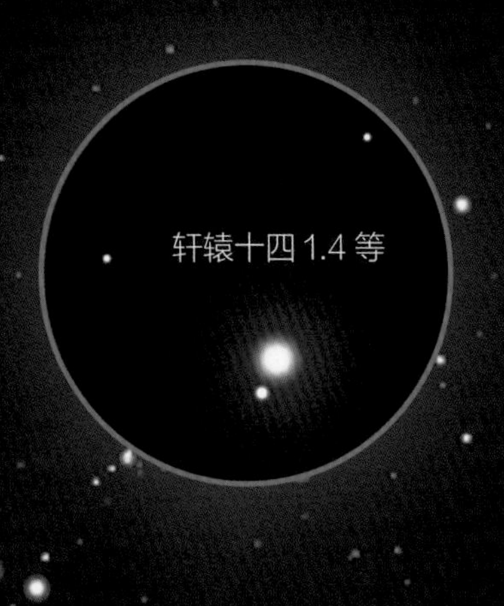

认识星空

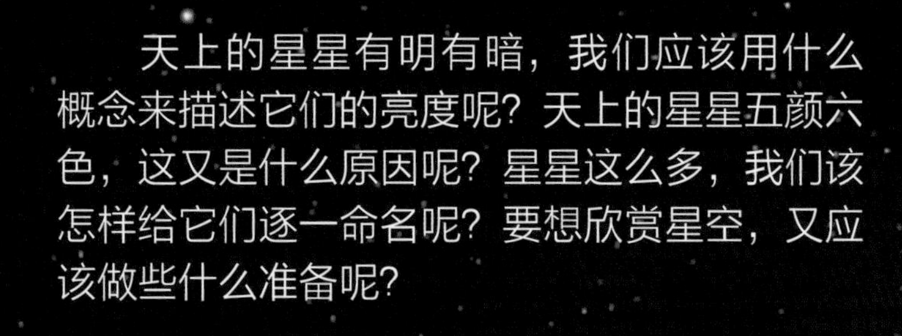

天上的星星有明有暗，我们应该用什么概念来描述它们的亮度呢？天上的星星五颜六色，这又是什么原因呢？星星这么多，我们该怎样给它们逐一命名呢？要想欣赏星空，又应该做些什么准备呢？

银

观星前的准备

在一个天气晴朗，没有月亮的晚上，到远离城市的乡村、原野或山区，以避开城市的光污染和雾霾观测星空。一定要注意安全，最好找一个“农家乐”或成熟的户外露营地。如果你初学认星，在城市里也可以观星。只要你不是身处灯光特别集中的地方，在晴朗无月的夜晚应该能看到 3 等左右的恒星，认识一些大星座。

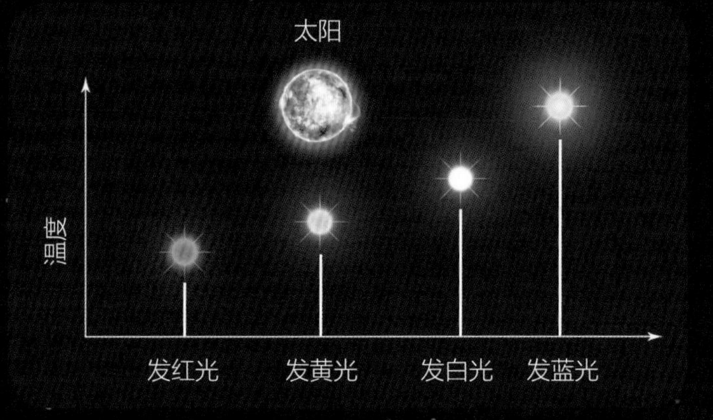

恒星的颜色

不同的恒星不仅有不同的亮度，而且有不同的颜色。常见的恒星颜色有蓝色、白色、黄色、红色。恒星的颜色是由恒星的表面温度决定的。燃烧比较剧烈、发热量高的恒星，表面温度就高，颜色就偏向白色或蓝色；燃烧比较温和、发热量低的恒星，表面温度就低，颜色就偏向黄色或红色。太阳表面温度约为 5500℃，属于黄色恒星之列。

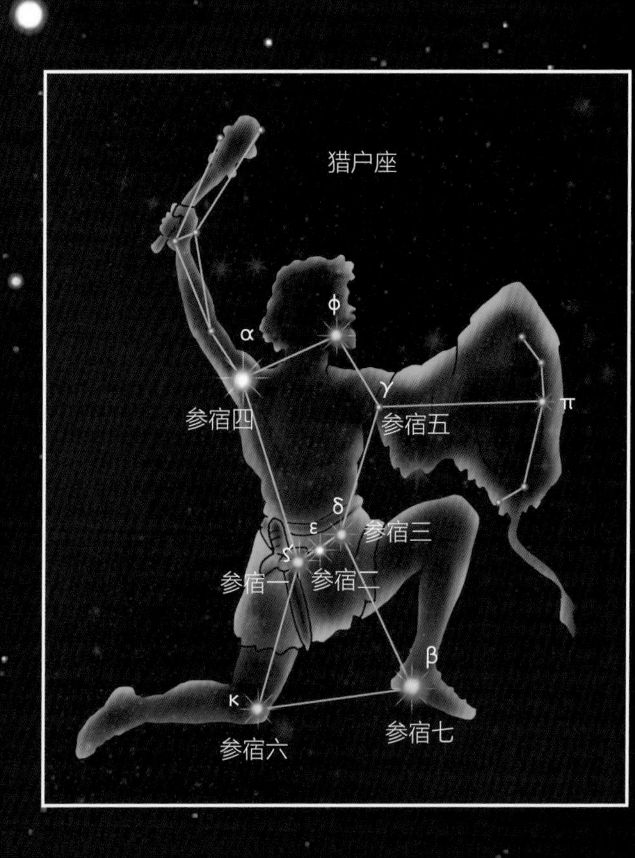

河

视星等	视亮度
6 等	★
5 等	2.5 × ★
4 等	6.3 × ★
3 等	15.6 × ★
2 等	39 × ★
1 等	100 × ★

恒星的命名

一些较亮的星有其专属名字，如织女星的英文名称 Vega。但恒星很多，如果每颗星都取一个名字，那就太难了，也不便于记忆。于是天文学家们想到，用星座加字母的方式来给星命名，即在每一个星座中，按星由亮到暗的顺序，用小写的希腊字母 α、β、γ 等来命名。24 个希腊字母用完，就用拉丁字母。要想给数量比较大的恒星群编号就只能用数字了。

星等

我们用“星等”来描述恒星的亮度，这个概念最早是由古希腊天文学家喜帕恰斯提出的。他把天上最亮的星定为“1 等星”，次亮的星定为“2 等星”，以此类推，到最后肉眼勉强能看见的星定为“6 等星”。这样的划分很粗略。19 世纪时，天文学家们精确定义了

天上最亮的星定为“1 等星”，我们肉眼勉强能看见的星定为“6 等星”，少数比 1 等星还亮的星，就是“0 等星”和“负等星”。

北斗七星和北极星

北斗七星和北极星同属北天的恒星，是人们耳熟能详的星宿。北斗七星的七颗星距离地球远近不等，大致在 60 光年～200 光年。七颗亮星组成显著的斗形很容易被我们辨识出来。北极星距离地球则达 431 光年，是最靠近北天极的一颗星，素有“天上群星拱北极”之说。你如果留意观察，就不难发现，夜空中的群星每天都在围绕北极星进行东升西落的旋转运行。不过，这条轨迹并不存在，而是由地球自西向东自转造成的错觉观感。

北斗七星

在晴朗的春季夜晚，向北方看去，在正北偏东一点的空中，有七颗明亮的星星，它们排列成一个巨大勺子的形状，这就是“北斗七星”。这七颗星的名字，从斗勺到斗柄依次为天枢、天璇、天玑、天权、玉衡、开阳、摇光，分别对应大熊座 α 至大熊座 η。它们中间的天权是 3 等星，其余 6 颗星都是 2 等星。将斗口的天璇、天枢两星连接起来，向外延长大约 5 倍远的距离，能看到一颗 2 等星，这就是北极星。

中国古画《斗为帝车》

斗为帝车

中国古人把北极星视为“天帝”，而北斗就是天帝的车子。西汉司马迁在《史记 · 天官书》中说：“斗为帝车，运于中央，临制四方。”意思是：北斗星是天帝乘坐的马车，天帝以中央为枢纽，坐在马车上一刻不停地巡行四方。

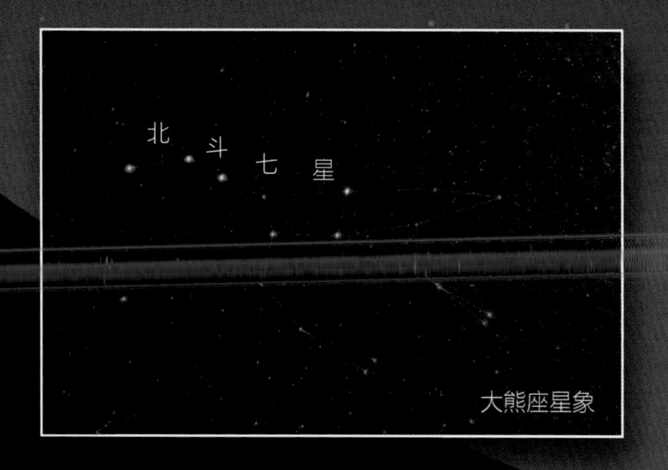

大熊座星象

大熊座

在西方星座体系中，北斗七星是大熊座的一部分，相当于大熊的后背及尾巴。大熊座里有许多星系，比较有名的是位于大熊头部的两个，对应着《梅西耶星云星团表》中的 M81 和 M82，用一台小望远镜就能欣赏它们。

开阳双星

北斗七星的第六颗星称为开阳。视力好的人仔细看，能在这颗星的旁边看到一颗离得很近的暗星。这颗暗星称为“辅”，它和开阳组成了一对双星，称为开阳双星。据说古代征兵时，因为没有现代的视力表，就以能否看到辅星作为判断视力好坏的标准。后来人们用望远镜观测，发现开阳星本身又是一对双星，开阳和辅星由此构成了一个三合星系统。

小熊座与北极星

北极星位于小熊座的尾巴尖上，是小熊座最亮的星。它是一对双星，伴星很暗。小熊座的七颗主星也构成一个勺子的形状，在中国俗称“小北斗”，只不过其亮度和大小都远远不及北斗七星，因此并不引人注目。

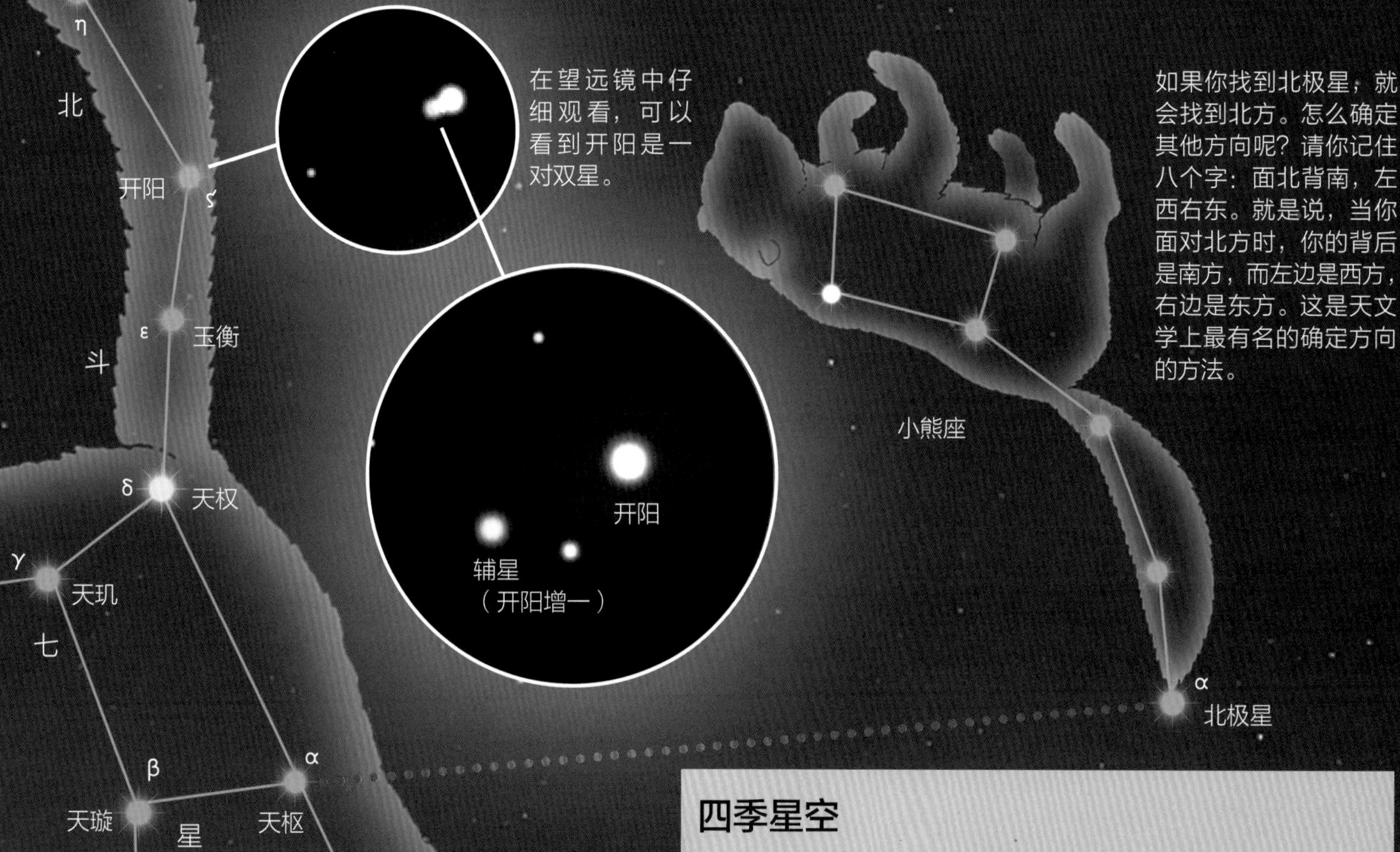

如果你找到北极星，就会找到北方。怎么确定其他方向呢？请你记住八个字：面北背南，左西右东。就是说，当你面对北方时，你的背后是南方，而左边是西方，右边是东方。这是天文学上最有名的确定方向的方法。

四季星空

为了方便认星，人们划分了四季星空。但这样的划分比较粗略，是大体上以那个季节天黑不久所看到的星空为准的。天文学上，我们以公历月份来划分四季，即：春季为 3 月至 5 月，夏季为 6 月至 8 月，秋季为 9 月至 11 月，冬季为 12 月至次年 2 月。

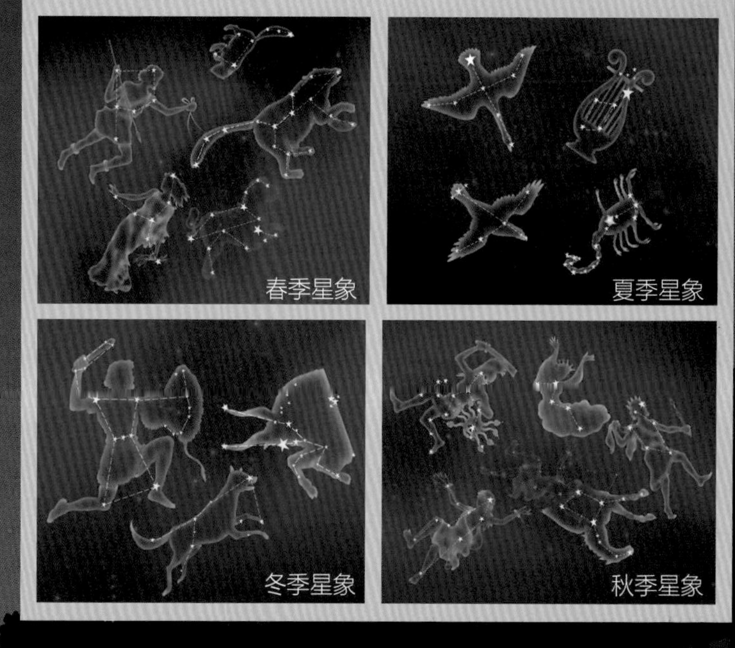

春夜星空

春风送暖，大地复苏，迷人的春季星空降临在我们眼前。春天的天气比较暖和，适合进行天文观测。我们在这个季节能看到的星座主要有大熊座、牧夫座、狮子座、室女座等。

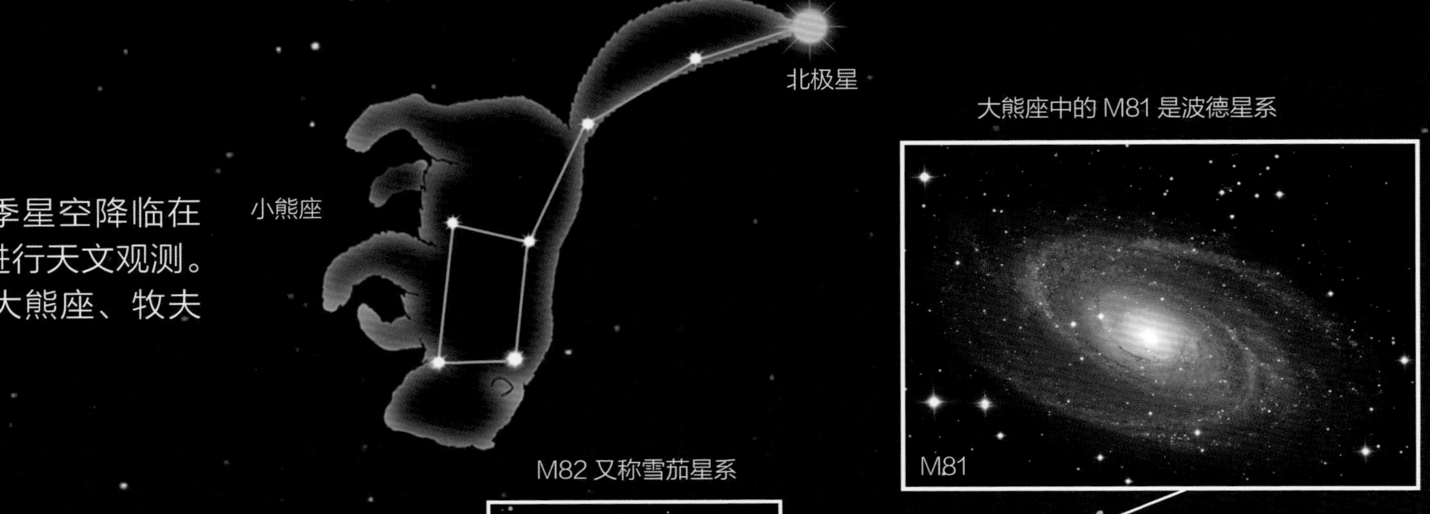

大熊座中的 M81 是波德星系

M82 又称雪茄星系

大熊座中的M97，圆形外表伴随两个乌溜溜的“大眼睛”，所以被命名为猫头鹰星云。它约有6000年历史，是一个行星状星云。

大角星与牧夫座

顺着北斗七星斗柄上最后三颗星形成的曲线向外看，延伸大约四倍于开阳和摇光的距离，在那里有一颗很亮的星星，它周围还有几颗较暗的星形成一个风筝一样的五边形，这就是牧夫座。那颗亮星就是牧夫座 α，中文名称大角。

大角星是北天第一亮星，就像是挂在风筝之下的一盏明灯。不过它在全天亮星中只能排第四。可见，最亮的三颗星居然都在南天。

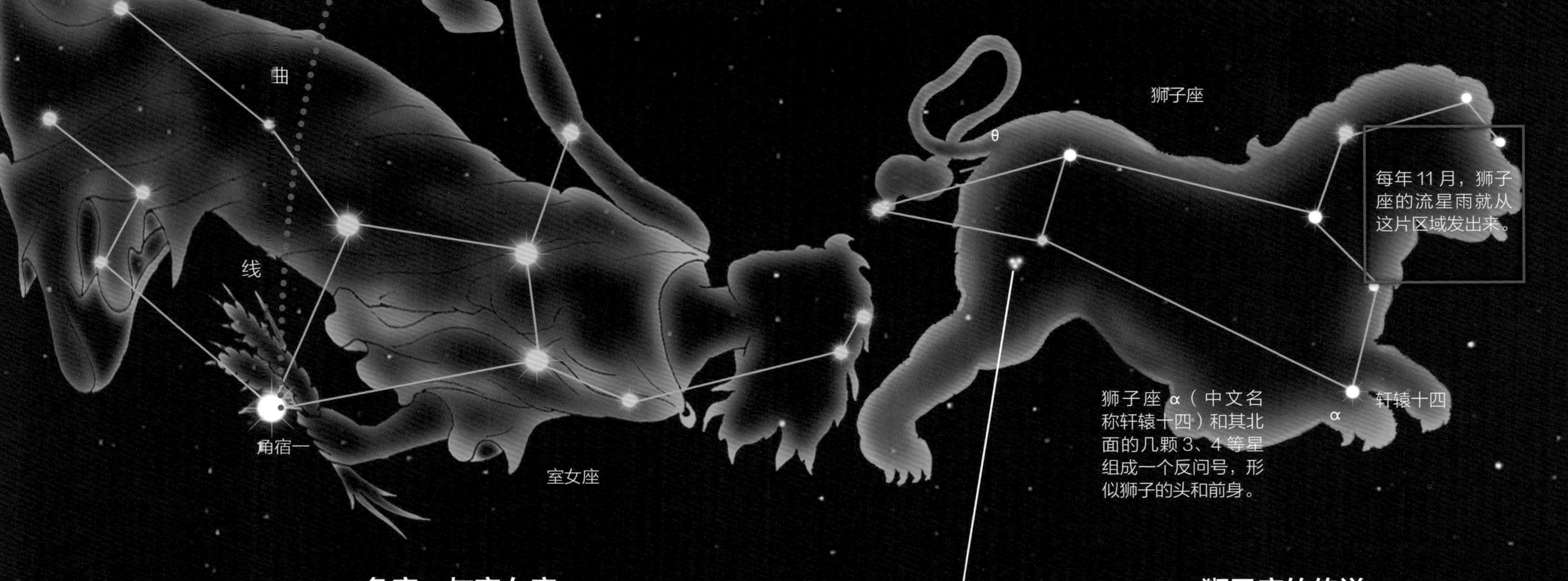

角宿是东方苍龙七宿的第一宿，对应龙角，角宿一就是东方苍龙的一只角，另一只角则是另一颗亮星大角星（也有人说是角宿二）。每当春季来临，即农历二月初，天一黑，东方苍龙的两只角就从东边地平线上升起，好像这条青龙慢慢抬起头一样，所以中国民间有"二月二，龙抬头"的说法。

角宿一与室女座

室女座位于牧夫座的南方。顺着寻找大角星的曲线继续向南能找到一颗亮星，只比大角星稍暗一些，这就是室女座 α，中文名称角宿一。它和周围的一些暗星组成一个不规则的四边形，这就是室女座的主体。这条从北斗七星斗柄延伸出来，经过大角星到达角宿一的曲线被称为春季大曲线。

在望远镜中，这几个星系是 M65 和它的邻居 M66 以及 NGC 3628，它们组成了一个三角形 。虽然它们之间远隔千万光年，但在我们眼中却像是近在咫尺，可见宇宙之广阔。

狮子座的传说

在希腊神话中，狮子座的传说与大英雄赫拉克勒斯有关。神后赫拉给赫拉克勒斯设置了十二道难关，第一道就是去取墨涅亚大森林猛狮的毛皮。这头残暴的狮子生就一副钢筋铁骨，刀枪不入，人间的武器根本伤不了它。但赫拉克勒斯毫不畏惧，依靠天生神力活活勒死了这头猛兽。

夏夜星空

告别温暖的春季，我们迎来了炎热的夏季。夏夜星空可谓星光灿烂，这不仅是因为夏季有不少亮星和著名星座，还因为这个季节的银河最为壮丽。白茫茫的银河两岸，牛郎星和织女星隔河相“望”，构成了一幅迷人的风景。

夏季大三角

夏季的亮星很多，其中最显眼的，莫过于天琴座的 0 等星织女星、天鹅座的 1 等星天津四和天鹰座的 1 等星牛郎星（又称河鼓二）。这三颗星构成一个巨大的不规则三角形，银河从中“流过”，这就是夏季大三角。

天琴座中的 M57 称为“指环星云”，它与土星的环系是夜空里最著名的环状天体。

夏夜银河

夏季时，在一个晴朗无月的夜晚，避开城市的灯光，我们能看到一条淡淡的“玉带”自东北经过头顶而向西南，横贯整个天空，在靠近西南方地平线的地方逐渐变得开阔而明亮，宛如天上的一条大河，所以人们称其为银河。

河

银

银河宛如天上的薄云，其实是由无数暗弱的恒星组成的，只是由于星星太多、太密，我们肉眼分辨不清，所以看起来就连成了一条光带。

天琴座的传说

在希腊神话中，天琴座是大音乐家俄尔普斯的七弦琴。俄尔普斯是太阳神阿波罗的儿子，他的琴声能让山川万物陶醉，没有任何东西能抗拒那美妙音乐的魅力。他曾经用琴声帮助阿尔戈的英雄们战胜海妖西壬的歌声，还曾经弹着琴到冥府，冲破重重艰难险阻，找冥王哈得斯讨回新婚之夜被毒蛇咬死的爱妻。他的事迹世世代代被人们传诵。

这幅油画描绘的是俄尔普斯从冥王那里讨回爱妻

织女星与天琴座

夏季的夜晚，仰望头顶偏东的方向，在银河的西岸有一颗非常醒目的白色亮星，这就是织女星。在织女星旁边靠近银河的方向有四颗暗星形成一个菱形，好像织布用的梭子，它们和织女星一起构成了天琴座。

北美洲星云（NGC 7000）是位于天鹅座、靠近天津四的一个发射星云。它形似北美洲大陆，特别是与其东南的海岸很神似，因而得名。

牛郎和织女的故事

相传在很早以前，有个聪明、忠厚的小伙子名叫牛郎。他得到神牛指点，与天上的织女相识相爱，结为夫妻。但这件事遭到了王母娘娘的反对。王母派天兵天将抓走了织女。牛郎得神牛相助，用箩筐挑着一双儿女上天追赶。这时王母赶到，拔下头上的金簪往他们中间一划，一道波涛汹涌的天河出现了，将他们永远分隔在两岸。这道天河就是银河。

牛郎和织女被隔在河的两岸，只能相对哭泣流泪。王母娘娘见此情景，也稍稍为他们的坚贞爱情所感动，同意每年让牛郎和织女相会一次。自此，每逢七月初七，人间的喜鹊就要飞上天去，在银河搭鹊桥让牛郎和织女相会。

璀璨夏夜

除了牛郎星和织女星，夏夜还有许多壮观的星座和亮星。东边的银河中，有“展翅高飞”的天鹅座；南边的银河两岸，有两个著名的黄道星座——天蝎座和人马座。

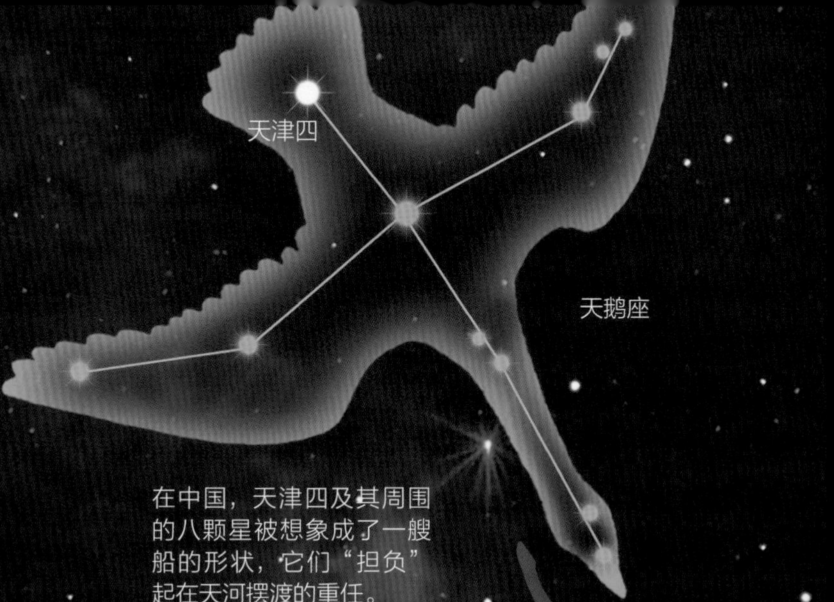

在中国，天津四及其周围的八颗星被想象成了一艘船的形状，它们“担负”起在天河摆渡的重任。

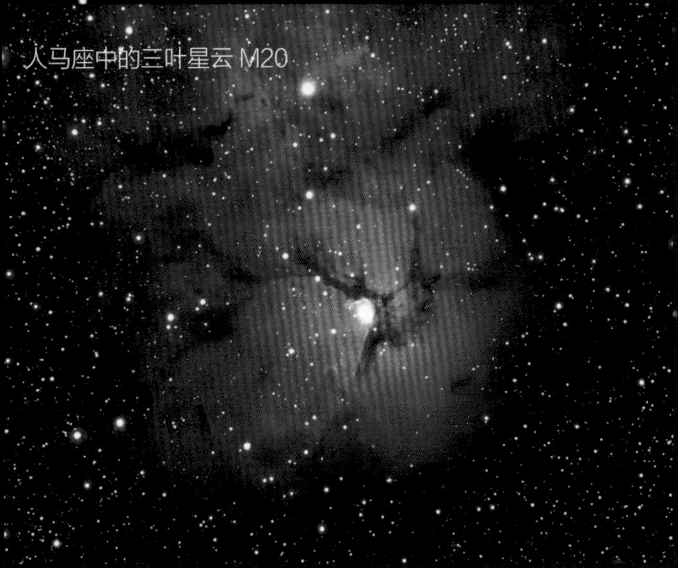

人马座中的三叶星云 M20

人马座

人马座位于天蝎座之东，星座面积比较大，却没有突出的亮星，其主体由十几颗 2 至 4 等的星构成。其中有六颗星正好形成北斗七星般的勺子形状，在中国被称为南斗六星。在人马座天区，银河非常宽广且恒星密集，这是因为我们银河系的中心就位于这个方向。人马座代表人首马身的喀戎。

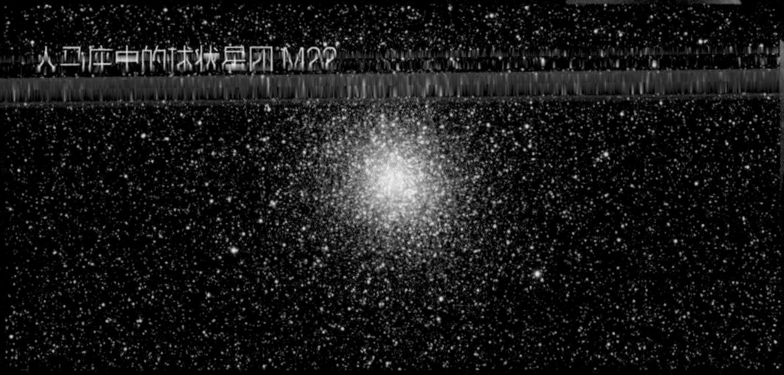

人马座中的球状星团 M22

在希腊神话中，喀戎善良聪慧、多才多艺，许多英雄都是他的学生，不幸的是喀戎最后被他的一个学生误伤而死。喀戎死后，天神宙斯将他升上天空成为一个星座。

天鹅座星象图

天津四与天鹅座

在织女星东面的银河之中，闪烁着一颗白色亮星，亮度比织女星略暗。这颗亮星连同周围八九颗较亮的星，构成一个巨大的十字形，这就是天鹅座。天鹅座的主体几乎完全“浸泡”在银河里。那颗最亮的白色亮星称为天津四。

天蝎座与心宿二

天蝎座的形状非常完整，从高昂的头部、肥大的身躯到翘起的尾巴一应俱全，非常易于观测。天蝎座的最亮星——天蝎座 α 是这个星座的标志，它是一颗 1 等亮星，中文名称心宿二，又称大火星。

参商不相见

星空中有著名的猎户座参宿三星，而心宿二和它两边的两颗暗一些的星也组成了心宿三星，别称商宿三星。中国古人很早就注意到，这两组三星不会同时出现在天上。每当心宿三星升起的时候，参宿三星就向西边落下，而当参宿三星升起的时候，心宿三星却已落到了西方地平线以下。

天鹅座的黑洞

古文中的“荧惑守心”是什么天文现象？

“荧惑”是火星在古代的名字，因其荧荧似火、行踪捉摸不定而得名。火星的颜色为火红色，因此无论是古代东方还是古代西方，都认为火星是战争、杀戮的代表。“心”指的是心宿二。火星在天上运行时，有时会有几天时间相对于恒星几乎不动，这称为“留”。如果火星“留”正好发生在心宿二旁边，这两颗火红色的亮星就会连续几天挨在一起不动，这种现象称“荧惑守心”。

王族星座

珀尔修斯战胜鲸鱼怪、拯救公主的希腊神话故事，不仅流传至今，也成了璀璨的“王族星座”的命名典故。故事里的珀尔修斯、安德洛美达公主、卡西俄帕王后、飞马等，都成了“王族星座”中的“主角”。

“王族星座”的传说

“统治”秋夜星空的“王族星座”，包括仙女座、仙王座、仙后座、英仙座、飞马座和鲸鱼座。这些星座的得名与希腊神话中的一个故事有关。相传古代有一位名叫安德洛美达的公主，她的母亲——王后卡西俄帕常夸耀她比海神波塞冬的女儿还美。海神被这话激怒，派出可怕的鲸鱼怪去兴风作浪，残害百姓。公主只好把自己当成鲸鱼怪的祭品，以拯救百姓。正当被锁在海边的公主差点被鲸鱼怪吞下时，大英雄珀尔修斯出现了。珀尔修斯勇斗鲸鱼怪，拯救了公主。后来，智慧女神雅典娜把他们都带到了天上，夜空中便多了一群耀眼的“王族星座”。

这幅油画描绘的是珀尔修斯（英仙座）战胜鲸鱼怪（鲸鱼座），拯救了安德洛美达公主（仙女座）。

仙女座

仙女座是希腊神话中的安德洛美达公主在天空中的化身，其中的 α 星是公主的脑袋，中文名为毕宿二。从 α 星继续向下方看，有一串稍暗的星斜斜地伸展出去，它们构成了公主的身子和腿，周围的一些暗星则被想象为公主的手和锁链。

秋季四边形与飞马座

秋季四边形是秋夜星空的标志。在秋季，天黑后不久，我们向南边高空看，能看到四颗差不多亮的星星（星等都是 2 等左右）构成的一个巨大的四边形，这就是秋季四边形。秋季四边形又称飞马座四边形，因为组成四边形的四颗星里有三颗属于飞马座，代表着飞马的身躯。秋季四边形旁边一些较暗的星则被想象为飞马的马头和两只前蹄。

飞马座

鲸鱼座中的 M77 是旋涡星系，距离地球 6000 万光年。

鲸鱼座

在希腊神话中，鲸鱼座是被派去吞食安德洛美达公主的海怪。天囷一（鲸鱼座α）是鲸鱼座中的第二亮星，它与附近的一串星星构成了海怪的头部。鲸鱼座中的旋涡星系 M77 看起来像一个暗的圆形云雾斑点，其星系中心发出强大的射电波。

赫赫有名的仙女座大星系（M31）位于仙女座中，这是北天看上去最大最亮的河外星系，也是天文爱好者们最喜欢进行观测和拍摄的对象之一。这是一个典型的旋涡星系，距离我们约 250 万光年。换言之，我们现在看到的实际上是它 250 万年前的样子。

仙女座大星系

秋夜星空

秋夜的星空有些寂寥，因为这时的星空缺少耀眼的亮星。放眼望去，满天星斗几乎都在 2 等以下，不像春季和夏季那样有许多明亮的星座。但是，一群“王族星座”给秋夜星空增添了另一番光彩。我们在秋夜里也能看到银河，此时的银河由夏季的南北走向变成了东西走向，较亮的部分已经偏西，因此总体显得比较黯淡。秋夜银河从夏夜的天鹅座尾部开始，“流过”仙后座和英仙座，“流向”冬夜的御夫座。

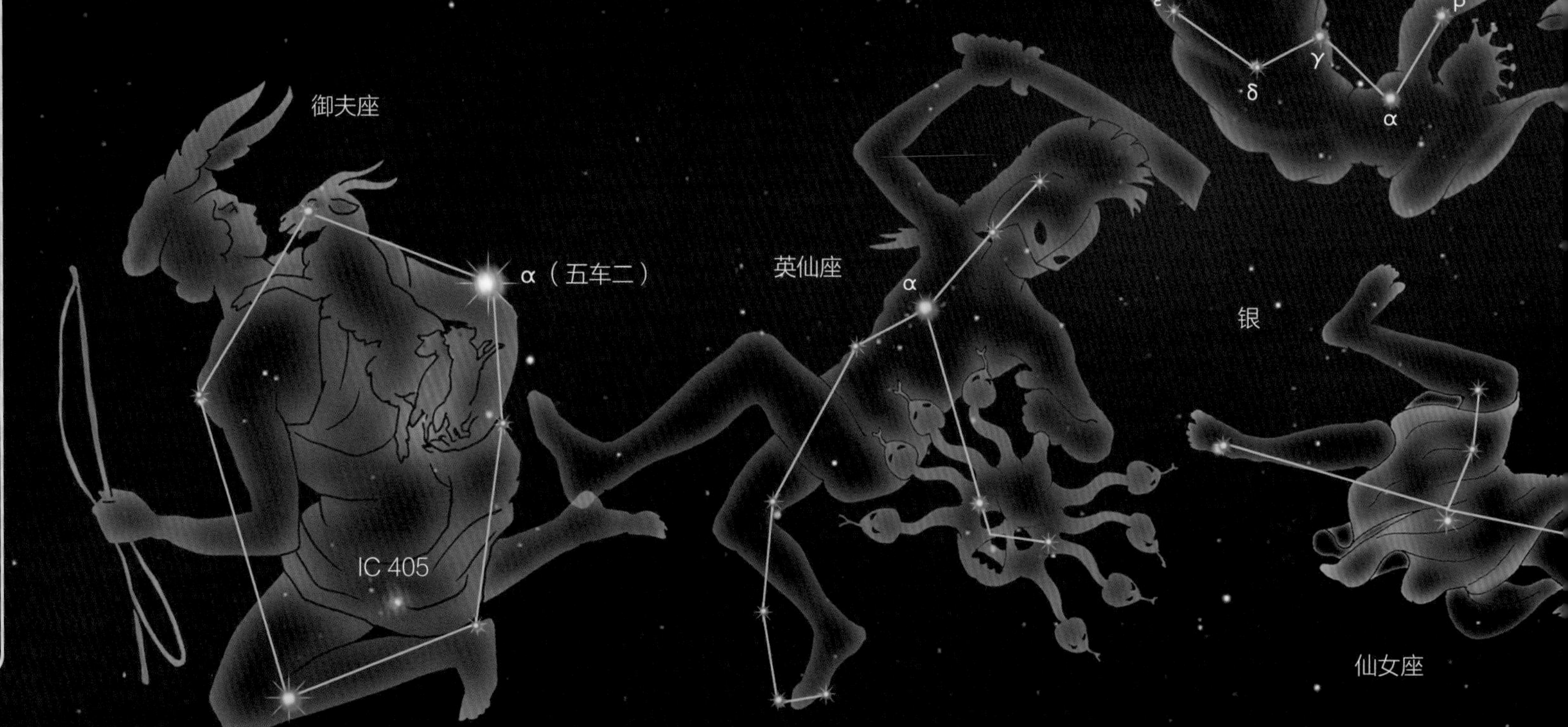

英仙座

英仙座就是大英雄珀尔修斯在天空中的化身，位于仙女座的东北，仙后座的东南。遗憾的是，珀尔修斯虽然伟大，但他的化身却一点也不灿烂，因为组成英仙座的只有一颗 2 等星，剩下的都是 3 等及以下的暗星。

御夫座 AE 星

御夫座 AE 星是一颗炽热的大质量恒星，视星等为 6 等。它照亮了周围的气体和尘埃，形成 IC 405 星云（烽火恒星云）。

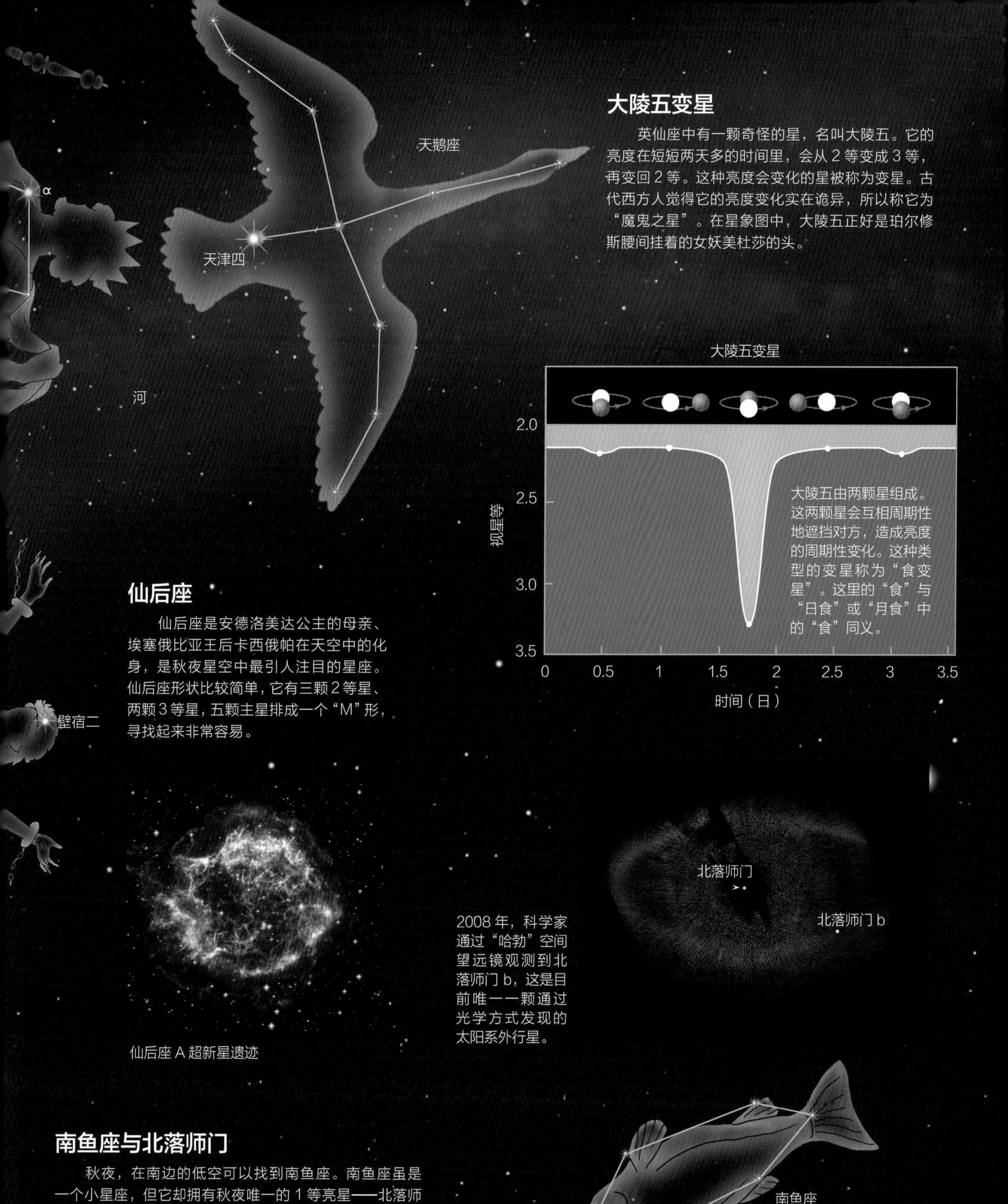

大陵五变星

英仙座中有一颗奇怪的星，名叫大陵五。它的亮度在短短两天多的时间里，会从 2 等变成 3 等，再变回 2 等。这种亮度会变化的星被称为变星。古代西方人觉得它的亮度变化实在诡异，所以称它为“魔鬼之星”。在星象图中，大陵五正好是珀尔修斯腰间挂着的女妖美杜莎的头。

仙后座

仙后座是安德洛美达公主的母亲、埃塞俄比亚王后卡西俄帕在天空中的化身，是秋夜星空中最引人注目的星座。仙后座形状比较简单，它有三颗 2 等星、两颗 3 等星，五颗主星排成一个“M”形，寻找起来非常容易。

仙后座 A 超新星遗迹

2008 年，科学家通过“哈勃”空间望远镜观测到北落师门 b，这是目前唯一一颗通过光学方式发现的太阳系外行星。

南鱼座与北落师门

秋夜，在南边的低空可以找到南鱼座。南鱼座虽是一个小星座，但它却拥有秋夜唯一的 1 等亮星——北落师门（南鱼座 α）。这颗星位于鱼嘴的位置上，周围很大的范围内都没有其他亮星，因此非常显眼。

猎户座和天狼星

冬季的夜晚寒冷而寂静，但它的星空却是一年中最美丽、最壮观的。冬季夜空中，繁星争相辉映，猎户座和全天最亮的恒星——天狼星，构成了夜空中最璀璨的一道风景。让我们一起来观赏它们吧。

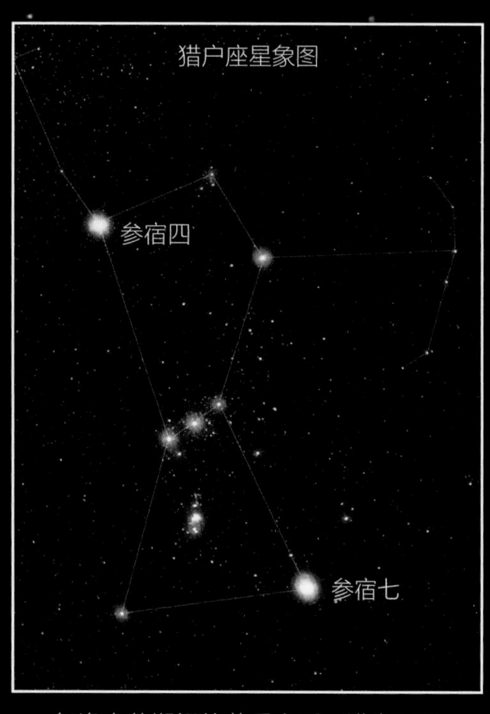

每逢春节期间的黄昏之后，猎户三星正好位于正南方的高空，因此中国民间有“三星正南，家家过年”的说法。

猎户座

冬夜星空中，最引人注目的是南方天空中的一个大星座——猎户座，它是冬季星空的标志。猎户座的主体由七颗亮星组成，其中四颗亮星组成一个四边形，中间整齐地排列着三颗星。猎户座属于中国的参宿。猎户座的群星中，右下方的参宿七是最亮的星。它是一颗高温星，发出青白色的光芒，表面温度高达 12000℃。参宿四亮度和参宿七差不多，发红色光。它是一颗低温星，表面温度只有 3500℃，但是它却非常巨大，其直径相当于太阳的 700 至 1000 倍。

猎户座的故事

在希腊神话中，月亮女神阿尔特弥斯与海神波塞冬的儿子奥瑞恩一见钟情，他们经常一起出去打猎。太阳神阿波罗是阿尔特弥斯的哥哥，他不喜欢奥瑞恩。在阿波罗的精心设计下，奥瑞恩最后死在了阿尔特弥斯的箭下。痛苦万分的阿尔特弥斯请求天神宙斯将奥瑞恩提升到了天上，使他成为天空中最耀眼的猎户星座。

大犬座

大犬座位于猎户座的东南方。在希腊神话中，大犬是跟随猎户的两只猎犬中的一只。大犬座中著名的亮星——天狼星，是全天最亮的恒星，亮度为 -1.47 等，看上去光彩夺目。天狼星其实是一个双星系统，拥有一颗我们肉眼看不见的伴星。这颗伴星是一颗白矮星，体积比地球略大，质量却可以和太阳相比，可见它的密度很大。

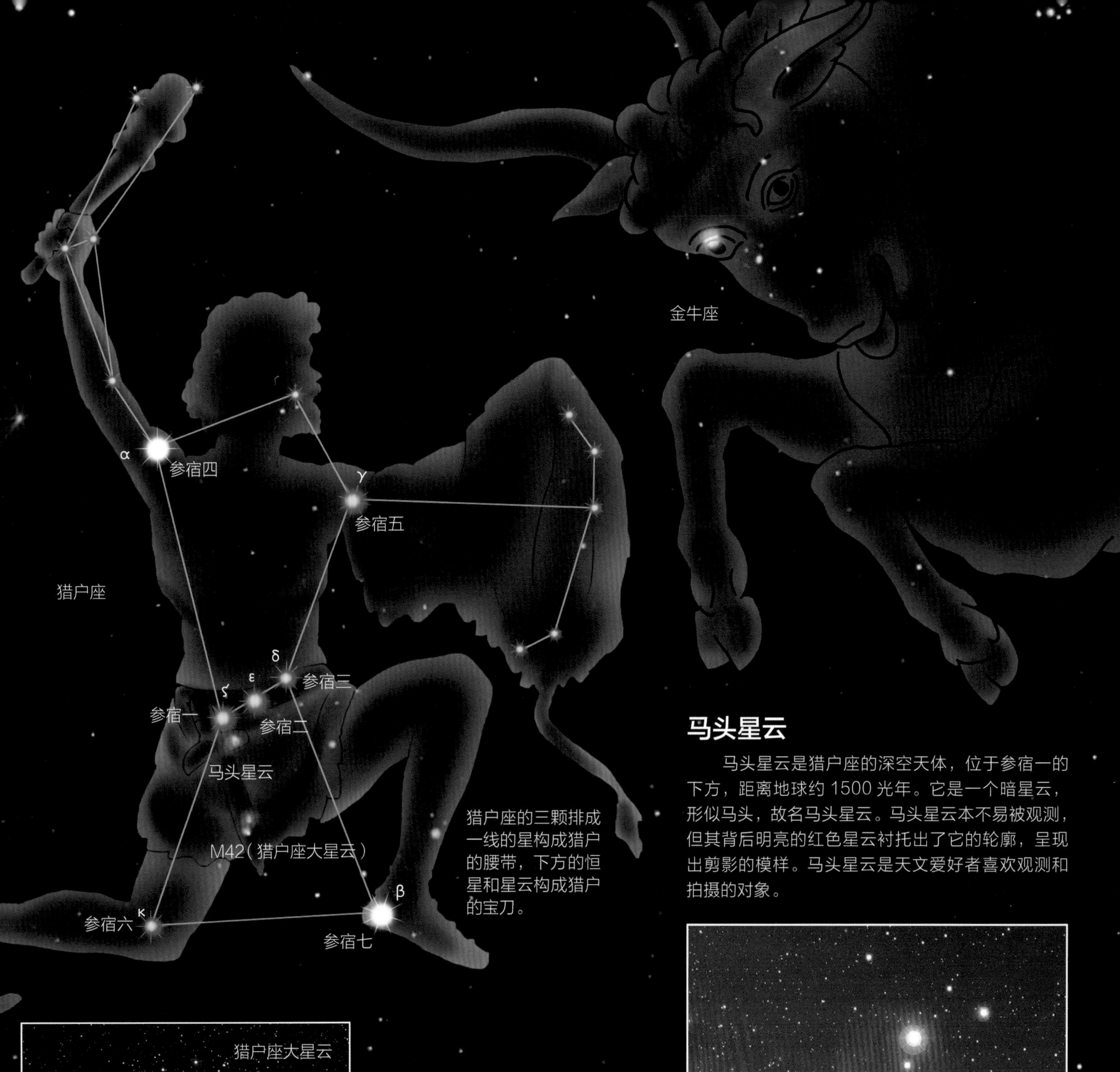

猎户座的三颗排成一线的星构成猎户的腰带，下方的恒星和星云构成猎户的宝刀。

马头星云

马头星云是猎户座的深空天体，位于参宿一的下方，距离地球约 1500 光年。它是一个暗星云，形似马头，故名马头星云。马头星云本不易被观测，但其背后明亮的红色星云衬托出了它的轮廓，呈现出剪影的模样。马头星云是天文爱好者喜欢观测和拍摄的对象。

马头星云

猎户座大星云

猎户座大星云

猎户三星的下方有等间竖排的稍暗的三颗星，被人们想象为猎人腰间悬挂的宝刀。在“宝刀”中央，有一个著名的星云称为猎户座大星云。猎户座大星云是全天最亮、最有魅力的星云，就像镶嵌在“宝刀”上的一颗明珠。猎户座大星云是一个弥漫星云，用一架小型天文望远镜，我们就能看出其飞鸟展翅般的形状，用照相的方法能将这个星云拍出鲜艳的红色。

小犬座

小犬座是一个小星座，位于猎户座的东方。小犬座除了主星南河三是一颗亮度为 0.4 等的亮星外，没有亮于 2 等的恒星。小犬座常被认为是追随猎户座的两只猎犬中较小的那只。

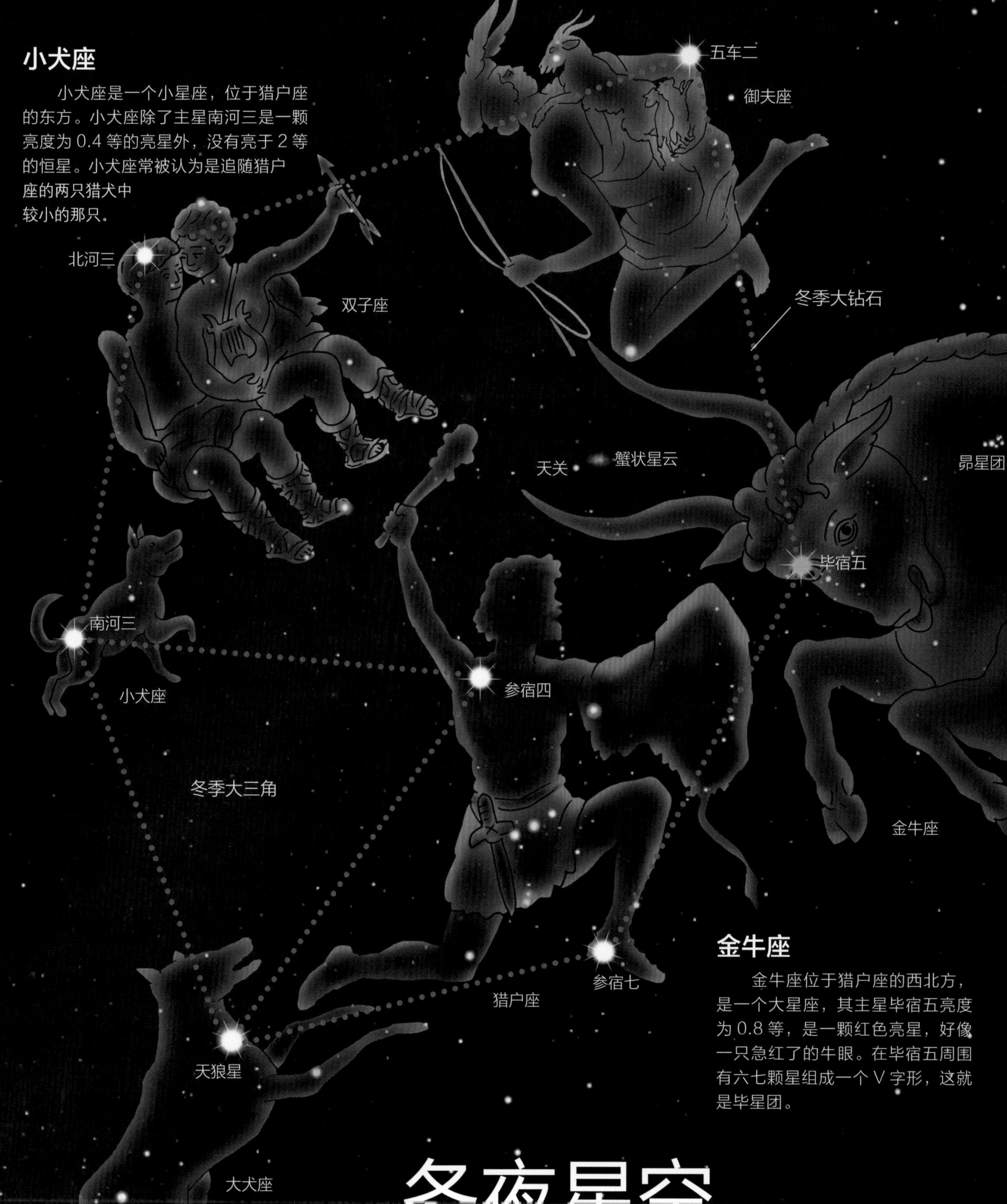

金牛座

金牛座位于猎户座的西北方，是一个大星座，其主星毕宿五亮度为 0.8 等，是一颗红色亮星，好像一只急红了的牛眼。在毕宿五周围有六七颗星组成一个 V 字形，这就是毕星团。

冬夜星空

除了猎户座和天狼星，冬夜还有许多灿烂迷人的星座，有许多 1 等以上的亮星，比如金牛座的毕宿五、御夫座的五车二、双子座的北河三、小犬座的南河三等。

五车二

御夫座星象图

御夫座

御夫座位于猎户座的北方，在冬夜前半夜都处于接近天顶的位置。御夫座的明显特征是由五颗亮星组成一个巨大的五边形，就像天河上的一个大风筝。五边形最南边的那颗星是金牛座的 β 星。御夫座的主星名称五车二，是一颗 0 等亮星。

双子座

双子座位于猎户座的东北方，其中较亮的两颗星相距较近，它们象征着希腊神话中的孪生兄弟卡斯托尔和波吕克斯。在两颗亮星的下面并列着一些稍暗的星，构成一个长方形，它们组成了“双子”的身躯、双手和双脚。双子座 α 为“兄”，中文名称北河二；双子座 β 为“弟”，中文名称北河三。北半球三大流星雨之一的“双子座流星雨”辐射点就位于双子座。双子座流星雨每年 12 月 14 日左右极大。

双子座星象图

毕宿五

昴星团

金牛座星象图

昴星团

从毕宿五往西北方向看，能看到很密集的一团小星在天幕中闪闪发光，这就是昴星团。昴星团是一个疏散星团，在民间被称为“七姐妹星”。观测昴星团时，我们以肉眼能看到 6 颗或 7 颗星，用小望远镜就能看到上百颗星，用相机拍照很容易拍到星团中有轻纱般的星云。

在天关星旁边，有一个著名的天体——蟹状星云。它是一个著名的超新星遗迹。1054 年，中国宋代天文学家记录在天关星附近出现了一颗惊人的亮星。将近 700 年后，在当年超新星爆发的位置，科学家们发现了蟹状星云，并最终证明这就是 1054 年超新星爆发的遗迹。

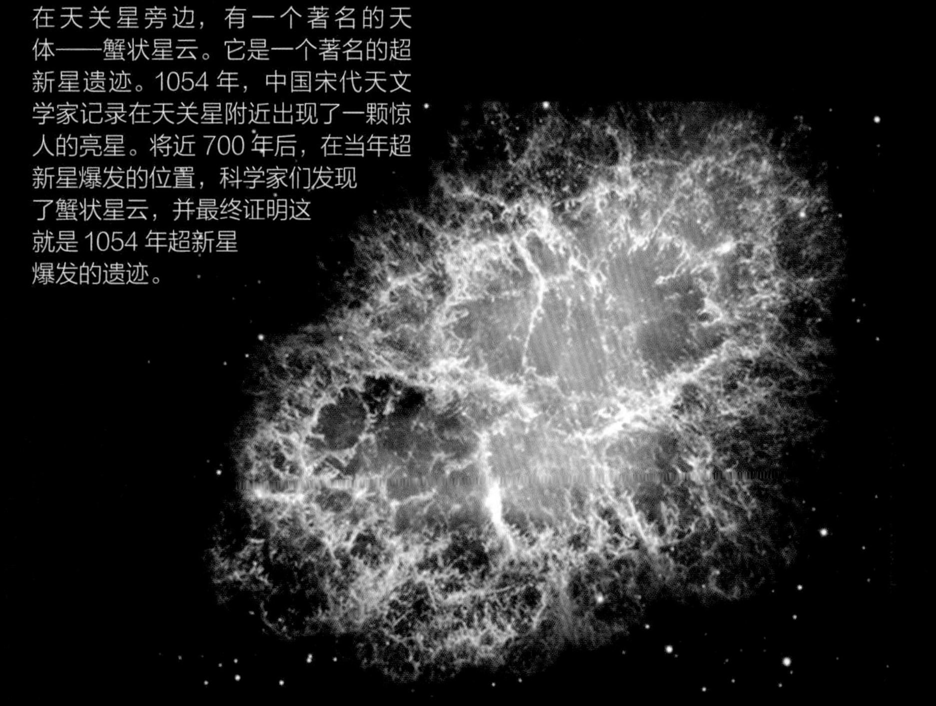

冬季大三角和大钻石

冬季亮星璀璨，把猎户座的参宿四、大犬座的天狼星、小犬座的南河三用想象的线段连接起来，恰好形成一个等边三角形，这就是冬季大三角。除了冬季大三角，人们还凭借想象力，在冬夜星空这幅璀璨的画布上，绝无仅有地勾勒出一个冬季“大钻石”。

南半球星空

南半球的星空，直到 1500 年以后大航海时代的到来，才逐渐为文明社会所认识。南天星空同样壮观美丽，这是因为全天最亮的恒星中，排名前三的都位于南天，它们是天狼星、老人星和南门二。其次，银河最宽、最亮的部分，在南半球观看时，位于很高的地方，十分壮观。另外，南天还有两片巨大的云雾状天体——大麦哲伦云和小麦哲伦云。

半人马座

半人马座属于南天星座，它拥有全天第三亮的恒星——南门二。南门二不是一颗单星，而是一个三合聚星系统，也是距离太阳最近的恒星系统，因此非常有名。南门二 C 星是一颗很暗的星，距离地球只有 4.2 光年，它就是大名鼎鼎的比邻星。

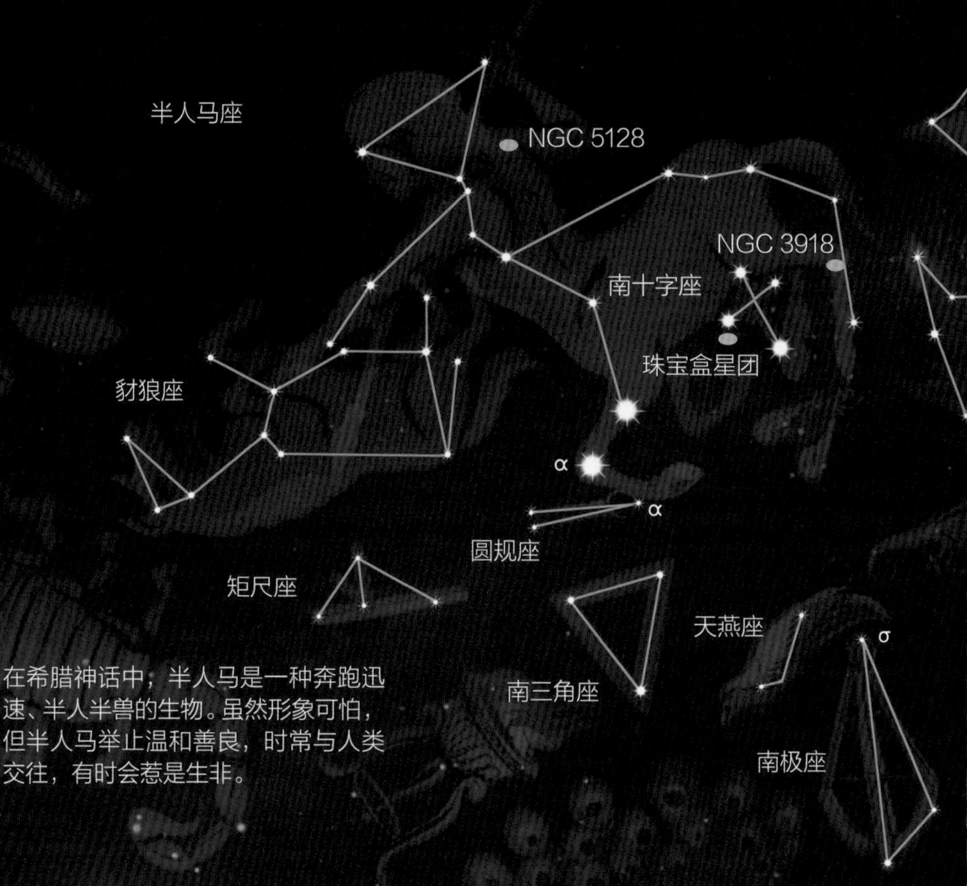

在希腊神话中，半人马是一种奔跑迅速、半人半兽的生物。虽然形象可怕，但半人马举止温和善良，时常与人类交往，有时会惹是生非。

在南半球看银河

银河是银河系的盘面在天空中的投影。银河系的中心位于半人马座方向，这里的银河是最宽、最亮的。半人马座是南天星座。在北半球中纬度地区向半人马座观看时，银河系中心总是在地平线附近，不及在南半球观看时显得壮观。在南半球观天，银河的中心很高，最高时可以到达天顶附近，十分壮观。在环境好的地方观测，银河中心的亮度甚至可以照物生影。

南船座

在南天，曾经有一个非常巨大、亮星很多的星座，称为南船座。在神话传说中，大英雄伊阿宋带领几十人远渡重洋，到黑海岸边的王国寻找金羊毛，相传南船座就是他们乘坐的那艘大船。18 世纪，天文学家认为南船座所占天区面积过大，因此将其拆分成了船尾座、船帆座、船底座和罗盘座。即便如此，其中的船尾座、船帆座和船底座仍然很大。

南十字座

南十字座是南天的代表星座。这个星座面积很小，是全天面积最小的星座。它的四颗主星形成一个十字架的形状，其中有三颗都是 1.5 等以上的亮星。南十字座正好“浸泡”在银河里，与北天天鹅座的十字架形状遥相呼应。南十字座在南天是如此显眼，以至于对南半球文化产生了深远的影响。澳大利亚、新西兰、巴布亚新几内亚等南半球国家的国旗上，都有南十字座的图案。

南十字座

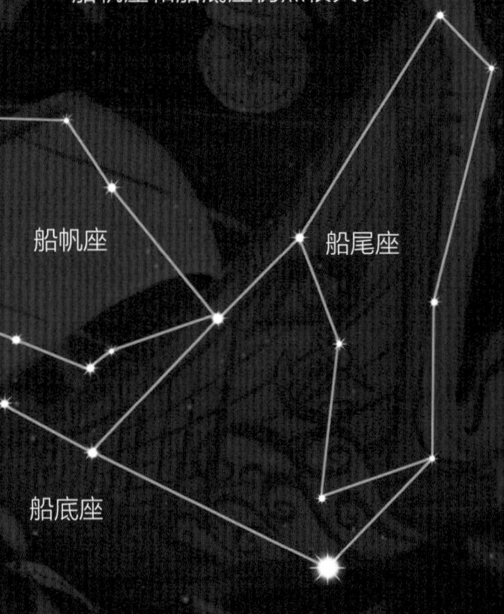

船底座星云

山案座

大麦哲伦星云距离地球 16 万光年

小麦哲伦云

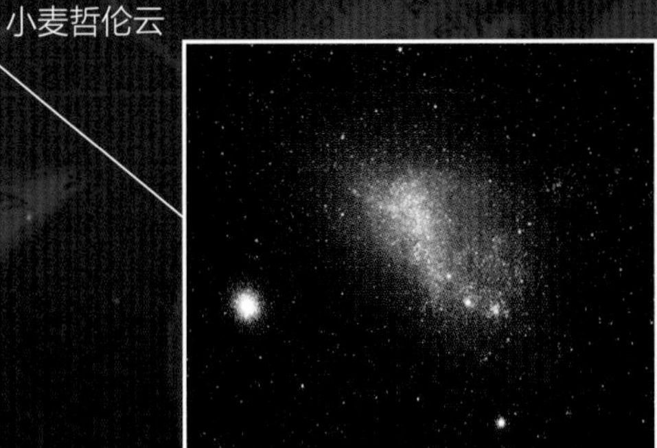
小麦哲伦星云距离地球 19 万光年

大麦哲伦云和小麦哲伦云

完成人类环球航行的第一人——麦哲伦，带领他的船员们航行到南半球的时候，看到了许多从未见过的星星，还发现天空中有两团云雾一样的天体。这其实是两个河外星系，但当时的人们以为它们是星云，为了纪念麦哲伦，就将它们称为大麦哲伦云和小麦哲伦云。

星图

工欲善其事，必先利其器。要想很好地欣赏星空，一份合适的星图必不可少。星图的类型多种多样，有入门认星用的活动星图，有初阶爱好者用的6.5等纸质星图，还有电脑、手机上种类繁多的电子星图。

活动星图

活动星图由两部分组成，中层是一个圆形转盘，转盘中间的区域是星图，印有北纬30°上下的地区一年中能看到的全部星空，转盘的正中央是北天极。转盘边上的一圈是月份和日期，代表几月几日。活动星图最大的优点在于，只要知道日期和时间，就能方便地找到当时的星座，而且星图上显示的星座位置、高度、角度都和实际看到的比较一致。

仙王座中的彩虹星云

猎犬座中美丽的涡状星系

活动星图

使用星图时，将转盘上的日期与外层上的时间对应上，星图上即显示出你当时所看到的星空。转盘的周边标有四个方向，下方为南，上方为北，左边为东，右边为西。星图的边缘就是当时实际的地平圈。

电脑星图软件

电脑星图软件是我们了解星空的好帮手。软件“虚拟天文馆（Stellarium）”能让我们以 3D 形式欣赏星空，视觉效果接近真实观望星空时的感觉，并且可以轻松地搜寻天体，看见行星放大后的表面细节等。还有一款软件称为“Skymap”，软件中收录的天体数据比“虚拟天文馆”还多，而且有许多实用的辅助功能。

虚拟天文馆

双子座中的爱斯基摩星云

NGC 2392

NGC 2244

麒麟座中的玫瑰星云

手机星图 APP

智能手机上有许多观星 APP 可以帮助你认识星空。这些 APP 可显示星空中的星座连线、名字，并且可以利用手机的 GPS 直接设置观测地点，利用陀螺仪等设备自动判断手机所指的方位，显示这个方位的星空。选中某个天体，还能显示这个天体的详细信息。当然，你也可以自定义观测地点和时间，软件中就会显示彼时彼地的星空。

安卓系统有很多星图 APP

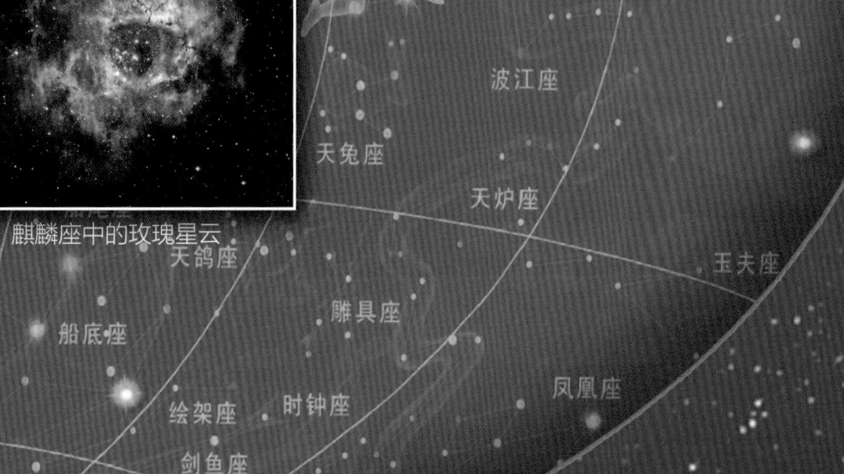

纸质星图

纸质 6.5 等星图

纸质 6.5 等星图适合刚入门的深空天体爱好者，是极限星等为 6.5 等的纸质星图，如《实用全天星图》就收录了 9000 多颗 6.5 等及以上的恒星。这份星图上，星云、星团、星系的极限星等为 9.5 等，行星状星云的极限星等为 10.5 等，其中比较大的深空天体，会按照实际大小的比例和形状进行绘制。每幅星图旁边还配有一个索引表，以便查询。

太阳系掠影

VIEWS OF THE SOLAR SYSTEM

俄罗斯“航天之父”齐奥尔科夫斯基曾说：“地球是人类的摇篮，但人类不会永远生活在摇篮里。他们不断地向外探寻着生存的空间，起初是小心翼翼地穿出大气层，然后就是征服整个太阳系。”

太阳系

寻找类地行星

太阳和在太阳引力作用下环绕太阳运行的天体，共同组成一个大家庭——太阳系。太阳系位于银河系的宜居带，距银河系中心约 2.5 万光年。太阳系的年龄大约为 50 亿年，半径达 15 万亿千米 ~ 30 万亿千米。太阳是太阳系的主宰，质量占太阳系总质量的 99.86%。除太阳外，太阳系的主要成员有八大行星及其卫星、矮行星、小行星、彗星、柯伊伯带天体，以及行星际物质，还包括笼罩于最外围的奥尔特云。太阳系的各层次天体构成了一个统一、协调与和谐的运行体系。

行星的发现

在远古时期，水星、金星、火星、木星和土星这 5 颗行星就已经被发现，当时人们认为地球是宇宙的中心。到了 16 世纪，天文学家哥白尼提出地球是绕太阳运动的行星。从此，人们开始逐渐认识太阳系的真实面目，并陆续发现天王星、海王星、冥王星，有了太阳系九大行星之说。2006 年，国际天文学联合会为行星明确定义：必须是围绕恒星运转的天体；质量足够大，能依靠自身引力使天体呈圆球状；其轨道附近应该没有与之大小相当的物体，或在 30 亿年内可以自行“清理”轨道内的天体。根据这个定义，冥王星被归为矮行星。

天文单位（AU）是一个天文学的常数，是用来表示距离的单位。1 天文单位的距离相当于地球到太阳的平均距离，即 149597870.7 千米。天文学家定义的太阳系半径是 10 万 ~20 万天文单位，也就是 15 万亿千米 ~30 万亿千米。

类地行星

内太阳系的四颗行星称为类地行星，又称岩质行星，包括水星、金星、地球和火星。类地行星体积小、质量小，具有岩石表面，含金属元素比较多，密度大，自转较慢，卫星较少。其中水星和金星没有卫星，地球有一个卫星，火星有两个卫星。

类木行星

外太阳系的四颗行星称为类木行星，又称气态巨行星，包括木星、土星、天王星和海王星。类木行星体积和质量都很大，主要组成物质是氢和氦，平均密度小，自转较快，卫星较多，有环带结构。其中土星环最亮，最容易被观测到，在 17 世纪时已经被发现。

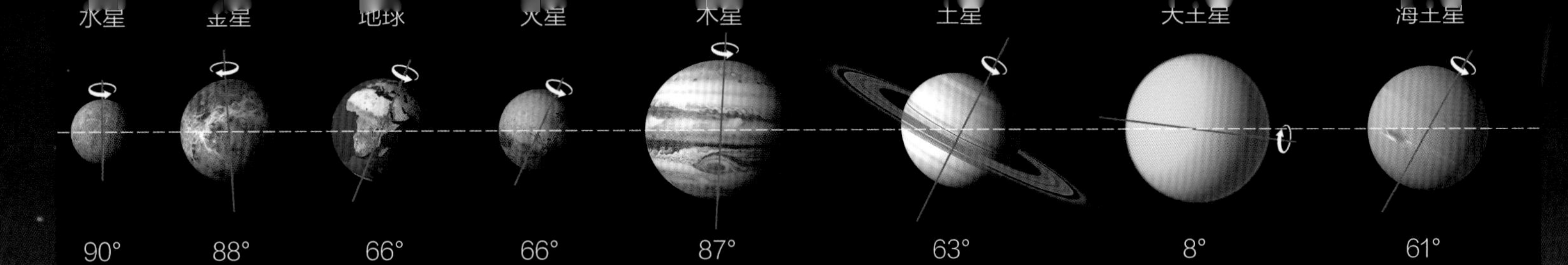

行星自转轴与黄道面的倾角

行星的自转和公转

太阳系的行星均绕自转轴自转，金星以顺时针方向自转，其他行星均为逆时针方向自转。八大行星均沿逆时针方向环绕太阳公转，这是形形色色的行星最主要的共同之处。行星的自转轴都与绕太阳公转的轨道面成一定的角度。地球的角度约为 66°，天王星的角度最小，只有约 8°，好像是“躺”在公转轨道上自转的。

小行星带

彗星

太阳

1 天文单位

水星

金星

八大行星能排列在一条直线上吗？

当太阳系中的行星运行到太阳的同一侧时，如果它们分布在一个扇形的区域内，在地球上用肉眼望去，行星就好像在一条直线上，人们称这种有趣的天文现象为“行星连珠”。“行星连珠”不是行星像糖葫芦串成一条线，而是它们分散排列在一个有限的范围内。

太阳系的形成

科学家们认为，最初的时候，宇宙中有一个由气体和尘埃组成的大星云。后来，物质慢慢向中间聚集，中心变得越来越热，最后点燃了核聚变反应，形成太阳。剩下的小碎片聚集，形成行星，环绕在太阳周围；其他更小的碎片则形成小行星和彗星等。

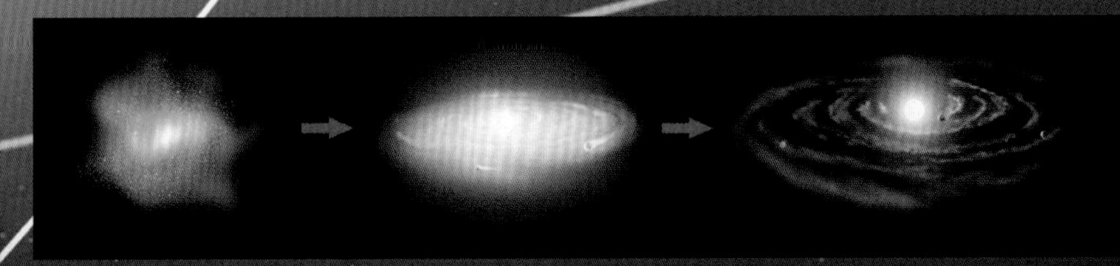

最初的太阳星云　气体和尘埃物质慢慢向中间靠拢　太阳系开始形成

水星

“信使号”探测器每 12 个小时就绕水星一周，期间用各种科学仪器研究这颗行星的地质历史，考察极区和磁场。

水星是距离太阳最近的行星，也是八大行星中体积最小、公转最快、白昼温度最高的行星。它一般在太阳升起前的地平线上出没，所以，通常我们很难见到水星的“身影”，只有当它转到太阳和地球之间时，我们才能看到它。“Mercury”是古罗马神话中的“信使之神”。中国古代称其为辰星，西汉之后始称水星。

水星的外貌酷似月球，有许多大小不一的撞击坑，还有平原、裂谷、盆地等地形。

水星整体的铁含量极高。随着其中心的铁核逐渐冷却，这颗行星正在逐渐收缩。

水星表面布满了撞击坑，这表明从形成起它就被数以百万计的小行星不断地撞击过。

辐射纹

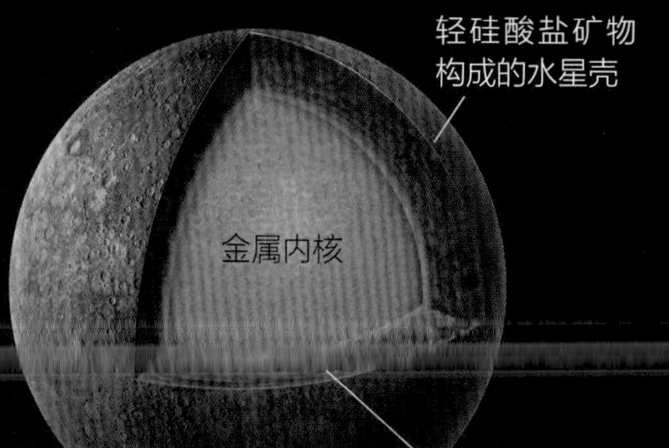

水星内部结构示意图

星名片

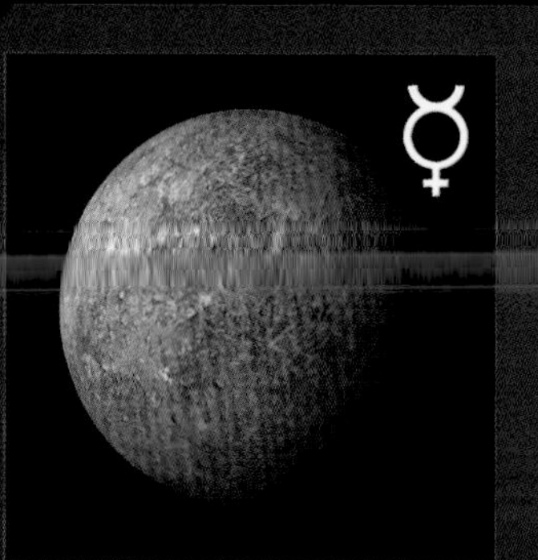

☿ 水星

Mercury

[illegible]

距太阳平均距离：5800 万千米

0.3871 天文单位（AU）

表面温度：-180℃ ~ 430℃

大气成分：含有氦、氢、氧、碳、氩等元素

一日的时长：约 59 个地球日

一年的时长：约 88 个地球日

卫星数：0

水星探测

到 20 世纪末，人类对水星只进行过一次空间探测。美国的“水手 10 号”探测器于 1973 年 11 月 3 日升空，1974 年 2 月 5 日飞掠金星，随后三次与水星会合，对水星进行了近距离的探测，最大的成就是发现水星表面遍布撞击坑，与月球表面非常相似。美国研制的“信使号”水星探测器于 2004 年 8 月 3 日发射，至 2011 年开始环绕水星飞行，2015 年撞击水星表面，完成了自己的使命。“贝皮科伦布”是欧洲和日本共同研发的水星探测器，于 2018 年 10 月 20 日发射，预计于 2025 年进入水星轨道。

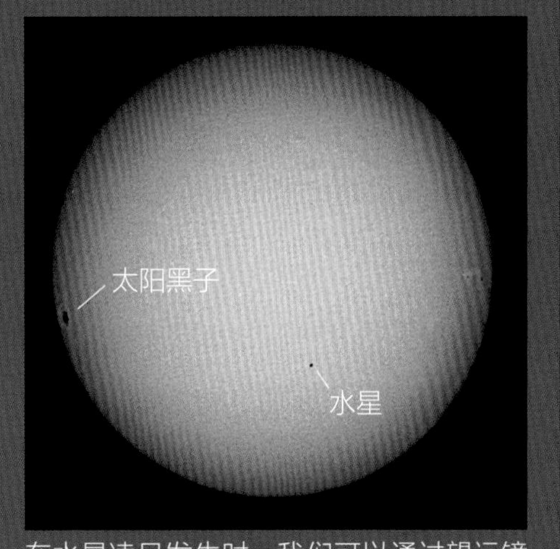

在水星凌日发生时，我们可以通过望远镜看到，呈小黑圆点状的水星在太阳圆面前自东向西慢慢通过。

地球

金星

在水星漆黑的天空中，可以看到明亮的金星和地球。

水星凌日

水星凌日是一种天文现象。当水星运行到地球和太阳之间，如果三者能够连成直线，便会产生水星凌日的现象。此时，用装着滤光镜的望远镜观测，你会发现一个黑色的小圆点横向穿过太阳表面，黑色小圆点就是水星。水星凌日只发生在 5 月和 11 月，平均每百年发生 13 次，最近一次水星凌日的现象发生在 2019 年 11 月 11 日。

八大行星的运行轨道是接近正圆的椭圆形，轨道的偏心率越大，轨道形状就越扁平。水星有着八大行星中最大的轨道偏心率，它的公转轨道面与黄道面的交角为 7° ，是八大行星中轨道夹角最大的。

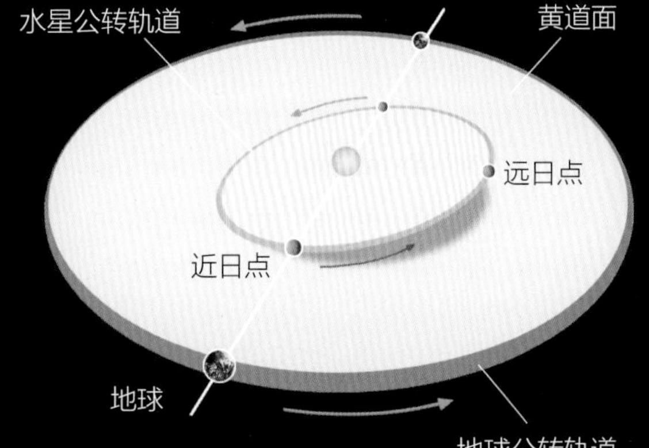

水星的公转和自转

水星公转速度是 47.6 千米 / 秒，在八大行星中运动速度最快。水星公转周期是 87.969 个地球日，在八大行星中是最短的；自转周期是 58.646 个地球日。水星的自转周期和公转周期二者的长度比恰好是 2 ：3，即自转 3 周才是 1 昼夜，历时约 176 个地球日；与此同时，已公转 2 周。因此，可以说水星上从日出到下个日出的 1 个水星日等于 2 个水星年。

这些区域被认为有水冰存在

2012 年，“信使号”探测器传来的照片中，发现北极地区一个撞击坑附近有冰的存在，这是首次发现水星上有水冰。

水星表面

水星表面布满了许多大大小小的坑洞和撞击坑。有些撞击坑以天文学家和艺术家的名字命名，如中国唐代诗人李白、白居易，宋代词人李清照，元代戏曲家关汉卿，现代作家鲁迅等。水星上基本没有大气，也没有液态水。表面平均温度约 100℃，在太阳暴晒的地方最高温度能达到约 430℃，而背着太阳的那面则在 －180℃以下。在这样的条件下，任何生命都无法生存。

金星

“水手号”金星探测器

从地球上看，金星是天空中最明亮的一颗星。中国古代以“启明”和“长庚”，分别称黎明前东方的晨星和黄昏后西方的昏星，实际上指的都是金星。西汉之后始称“金星”，民间俗称“太白”。“Venus”是古罗马神话中的“爱情之神”，西方人认为金星是爱与美的象征，所以用维纳斯之名来称呼它。

金星的公转和自转

金星自转一周需要约 243 个地球日，而围绕太阳公转一周则要约 225 个地球日，所以它的一天比它的一年还要长。在一个金星年中只能见到两次太阳升起，而且是西升东落。金星的自转方向是自东向西，与其他行星相反，因此称为逆行。

金星的奥秘（一）

金星的奥秘（二）

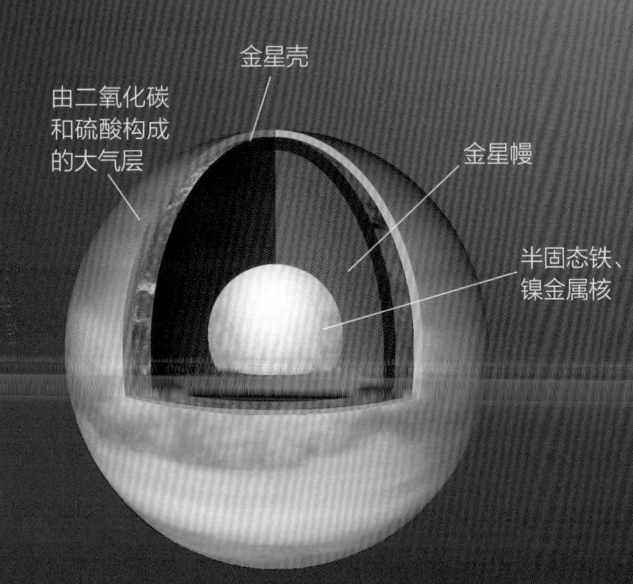

金星内部结构示意图

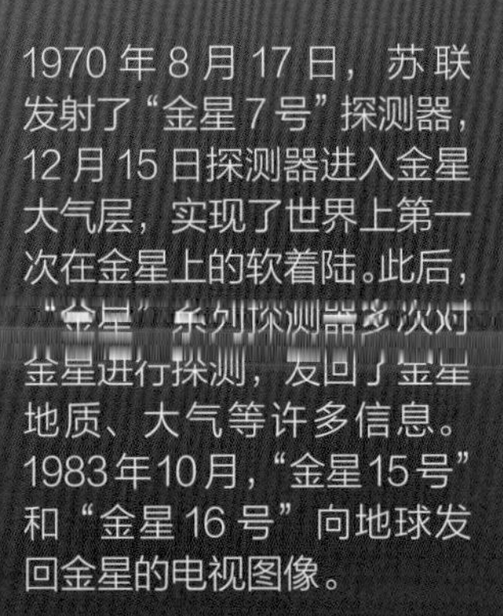

1970 年 8 月 17 日，苏联发射了“金星 7 号”探测器，12 月 15 日探测器进入金星大气层，实现了世界上第一次在金星上的软着陆。此后，“金星”系列探测器多次对金星进行探测，发回了金星地质、大气等许多信息。1983 年 10 月，“金星 15 号”和“金星 16 号”向地球发回金星的电视图像。

“金星 7 号”探测器

金星探测

每隔 19 个地球月，金星即处在太阳和地球之间的“下合”方位，此时距离地球最近，为探测器的最佳发射期。对金星的探测始于 1962 年，其后陆续有美国的“水手号”、苏联的“金星号”、欧盟的“金星快车号”、日本的“拂晓号”等探测器对金星进行探测。金星是飞行器造访次数最多的行星之一。

金星表面被火山岩覆盖

太阳

水星

金星表面

金星被一个非常厚的、令人窒息的大气层包裹着，金星表面的大气压达 95 个地球标准大气压，为地球表面大气压力的 95 倍。人如果到了金星上，在这么大的压力下早就粉身碎骨了。金星表面的温度非常高，任何生物都不能在这里生存。金星上有 1600 多座火山，至少有 85% 的金星表面被火山岩覆盖。

由于离太阳比较近，所以在金星上看太阳，太阳的大小比地球上看到的大 1.5 倍左右。

金星表面的温度非常高，这是因为金星大气十分浓密，其中的主要成分二氧化碳引发了温室效应。

星名片

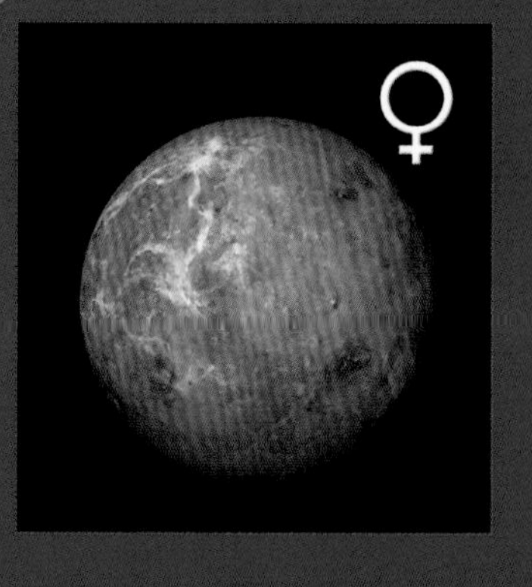

金星

Venus

直径：12100 千米

距太阳平均距离：1.08 亿千米

0.7233 天文单位（AU）

表面温度：465℃ ~ 485℃

大气成分：主要为二氧化碳

一日的时长：约 243 个地球日

一年的时长：约 225 个地球日

卫星数：0

地球

地球和金星、火星比邻，是太阳系中已知唯一有生命存在的行星。月球是地球唯一的天然卫星，它像一个忠诚的卫士，不停地围绕地球转动。人类在地球上已经生活了大约 300 万年。从远古时起，人们就开始探索自己生存的这块土地。

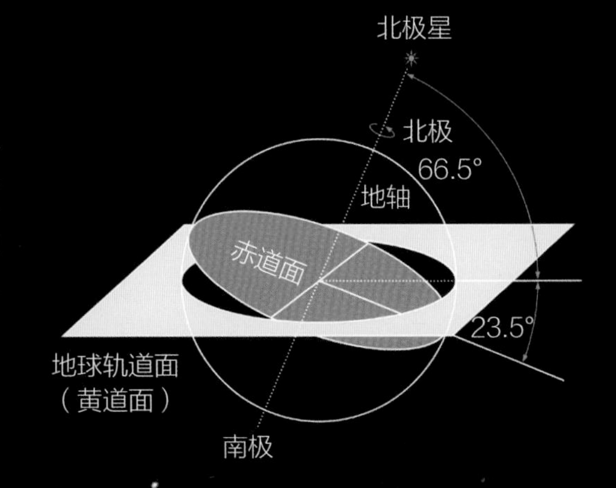

地球黄道面示意图

地球黄道面

地球绕太阳公转的轨道平面称为黄道面，黄道面与地球赤道面交角为 23° 26′。黄道面与天球相交的大圆称为黄道。在中国古人看来，黄道实际上是太阳周年运动的轨道。黄道面是太阳在天空中穿行的视路径的大圆，也可以说是地球围绕太阳运行的轨道在天球上的投影。由于月球和其他行星等天体的引力影响地球的公转运动，黄道面在空间的位置总是在不规则地连续变化。但在变动中，这个平面总是通过太阳中心。

地核主要由铁、镍及少量的硅、硫组成。外核为液态，温度约 3700℃；内核为固态，其中心温度高达 4800℃。

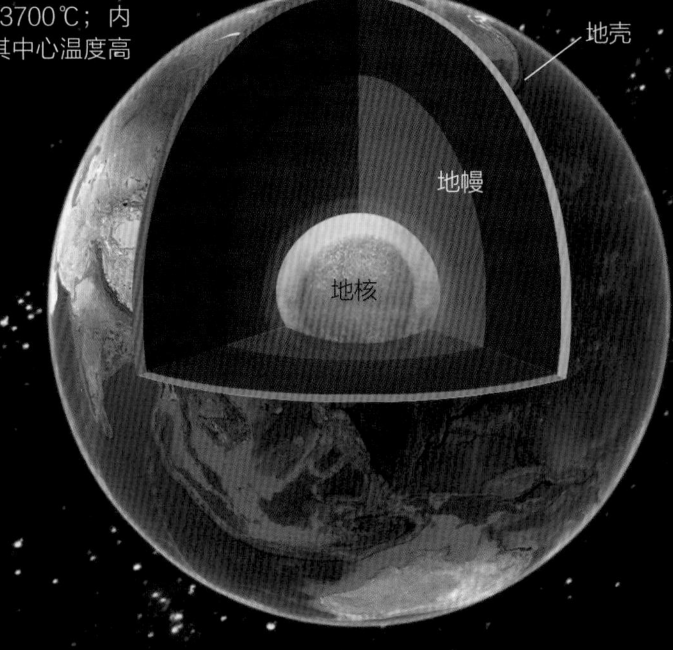

地球内部结构示意图

地球的内部结构

地球是一个巨大的实心椭圆球体。它最初形成时，温度非常高，随着逐渐冷却，较重的物质沉到地球中心，形成地核；较轻的物质浮在上面，形成地壳。于是，如今的地球从内向外便有了三层：地核、地幔、地壳。

地球的自转和公转

古时候，人们以为地球是宇宙的中心，是静止不动的，所有的星辰和太阳都围绕着地球转动。后来，人们才逐渐了解到，地球只是太阳系的一颗行星，而且每时每刻都在运动着。地球一边自转，还一边绕太阳公转：自转一周约 23 时 56 分 4 秒，也就是我们通常说的一天；而绕太阳公转一周，则需要约 365 日 6 时 9 分 10 秒。正是由于自转和公转，地球上才有了昼夜变化。

星名片

地球

Earth

直径：12760 千米
距太阳平均距离：1.5 亿千米
1 天文单位（AU）
表面温度：平均 15℃
大气成分：氮、氧、氩、二氧化碳、水蒸气等
一日的时长：24 小时
一年的时长：365.3 日
卫星数：1

地磁场

地球具有偶极子磁场，它周围的磁场犹如一个位于地心的磁棒所产生的磁场。这个从地心至磁层边界的空间范围内的磁场称为地磁场。地磁场是非常弱的磁场，其强度在地面两极附近最强。连接南北两磁极的轴线称为磁轴，目前磁轴与地轴的交角约为 11° 。磁轴与地面的交点称为地磁极，磁极的位置常会移动。地球磁场的存在使地球免受太阳风的直接影响，磁层的存在对大气的成分和地面气候起重大的作用，并因此而影响到地球上生命的繁衍。

火星

太阳系中有一颗红色的行星，它的表面土壤里充满了红色的赤铁矿，看上去像火的颜色，所以称为火星。中国古代称其为“荧惑”，西汉之后始称火星。“Mars”是罗马神话中的“战争之神”。火星是目前为止除了地球以外人类了解最多的行星。

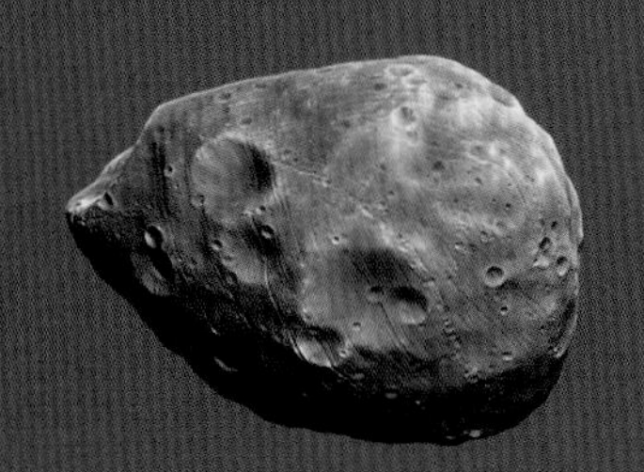

火卫一

火星和地球很像

火星是类地行星，它和地球的结构一样有壳、幔、核之分。火星的直径约为地球的 1/2，质量约为地球的 1/10。它的大小和与太阳的距离，意味着它比地球冷却速度更快。火星上也有四季变化，只是每季的长度要比地球每季长约一倍。火星上的一天比地球上的一天长一点；一年约为地球年的 1.88 倍。

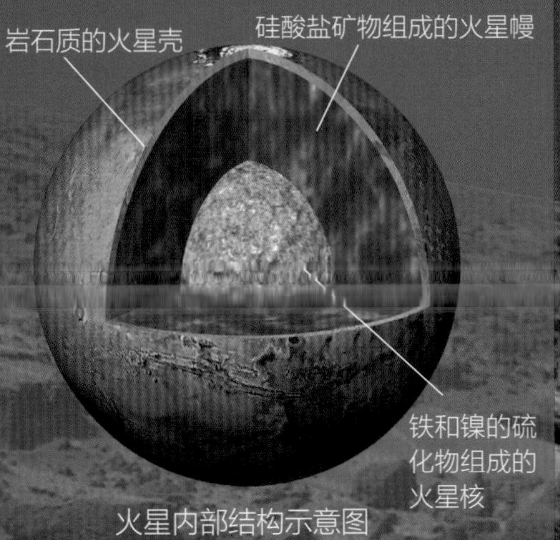

火星内部结构示意图

星名片

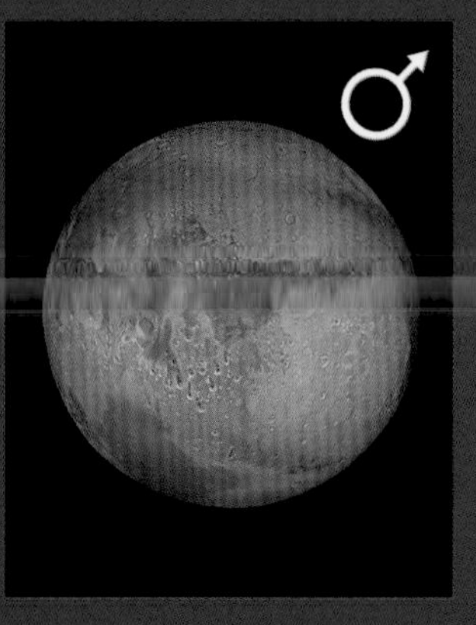

火星

Mars

直径：6792 千米
距太阳平均距离：2.28 亿千米
1.5237 天文单位（AU）
表面温度：-138℃ ~ 27℃
大气层：主要为二氧化碳
一日的时长：约 1 个地球日
一年的时长：约 687 个地球日
卫星数：2

火星的卫星

火星有火卫一和火卫二两颗小卫星，它们是 1877 年火星大冲日时美国天文学家霍尔用望远镜目视时观测发现的。火卫一和火卫二外形不规则，布有撞击坑，表面有许多坑洞。据推测，这两颗卫星可能都是早期被火星俘获的小行星。

火卫二

火星曾受到大量小行星的撞击

火星冲日

当地球运行到太阳和火星轨道之间，太阳和火星的黄经相差 180° 之际，称为火星冲日。地球每隔 764 ~ 806 日（平均 780 日）遇到一次火星冲日。此时火星距离地球较近，从日落到日出，火星整夜呈现在星空，是观测火星的最佳时机。

视直径 14.9 秒

2010 年 1 月 29 日

1993 年 1 月 3 日

2007 年 12 月 24 日

2022 年 12 月 8 日

视直径 20.2 秒

2012 年 3 月 3 日

2005 年 10 月 30 日

2014 年 4 月 9 日

太阳

1999 年 5 月 2 日

2020 年 10 月 13 日

视直径 16.2 秒

地球

2003 年 8 月 27 日

2016 年 5 月 22 日

火星

2010 年 6 月 22 日

2018 年 7 月 27 日

视直径 20.8 秒

视直径 25.1 秒

火星陨石

火星受到小行星的巨大撞击后，溅射岩石碎块的速度大于火星的逃逸速度，这些碎块在行星际空间运行，其中一部分落到地球上，成为火星陨石。迄今已报道的火星陨石主要见于南极洲及摩洛哥、也门与阿尔及利亚等地的沙漠地区。这些火星陨石的共同特点是：岩浆岩的结晶年龄一般大于 10 亿年，形成于类地行星的地质过程；火星陨石的玻璃物质所包裹的氮和稀有气体等，其气体的同位素组成表现为火星大气的特征。在取得火星岩石样品之前，火星陨石的发现有助于探讨火星上的生命、水与岩浆活动的关系等问题。

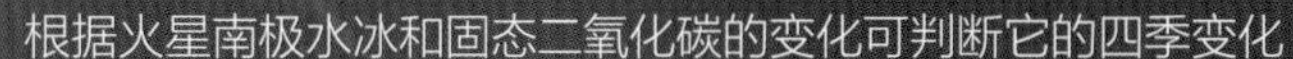

根据火星南极水冰和固态二氧化碳的变化可判断它的四季变化

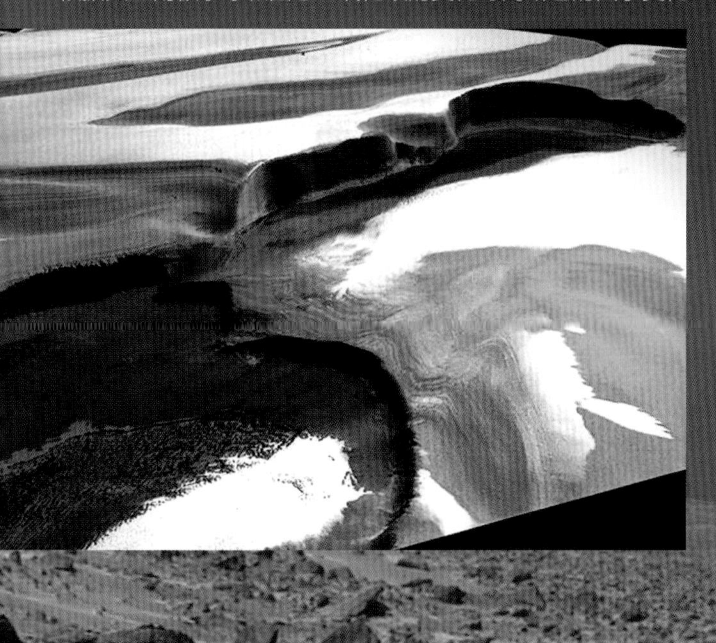

降落在地球南极洲上的 ALH84001 火星陨石是 1984 年被发现的，这颗陨石上的管状物一度被怀疑是像细菌一样的微生物化石。

火星表面

与地球相比，火星表面的地形高差一般为 5 米 ~ 10 千米，遍布撞击坑和峡谷等。南半球密布古老的撞击坑，而北半球则多是年轻的火山熔岩平原。火星上遍布沙丘、砾石，没有稳定的液态水体；以二氧化碳为主的大气既稀薄又寒冷，每年常有尘暴发生。南北两极有由干冰和水冰组成的白色冰冠。

水手大峡谷

火星探测

从 20 世纪 60 年代至今，人类已发射 40 多个火星探测器或与之有关的探测器，其中约 20 个实现了对火星的飞掠、环绕或着陆。美国在 60 年代发射的“水手号”探测器系列中，4 号、6 号、7 号、9 号实现了对火星的地形和地貌的成像与测绘。2004 年欧洲航天局宣布，“火星快车”探测器发现南极存在水冰，这是人类首次直接在火星表面发现水。同年，美国发射的“勇气号”和“机遇号”实现了火星软着陆及表面巡视，取得了大量考察资料。2008 年，美国“凤凰号”火星车确认火星有地下水。2020 年 7 月，阿联酋、中国、美国相继发射了火星探测器，三颗探测器于 2021 年 2 月抵达火星，开始火星探测。

想象中的外星生命

1997 年，美国“探路者号”火星车用 α 粒子 - X 射线光谱仪现场分析火星表面岩石的化学成分。

“好奇号”火星车

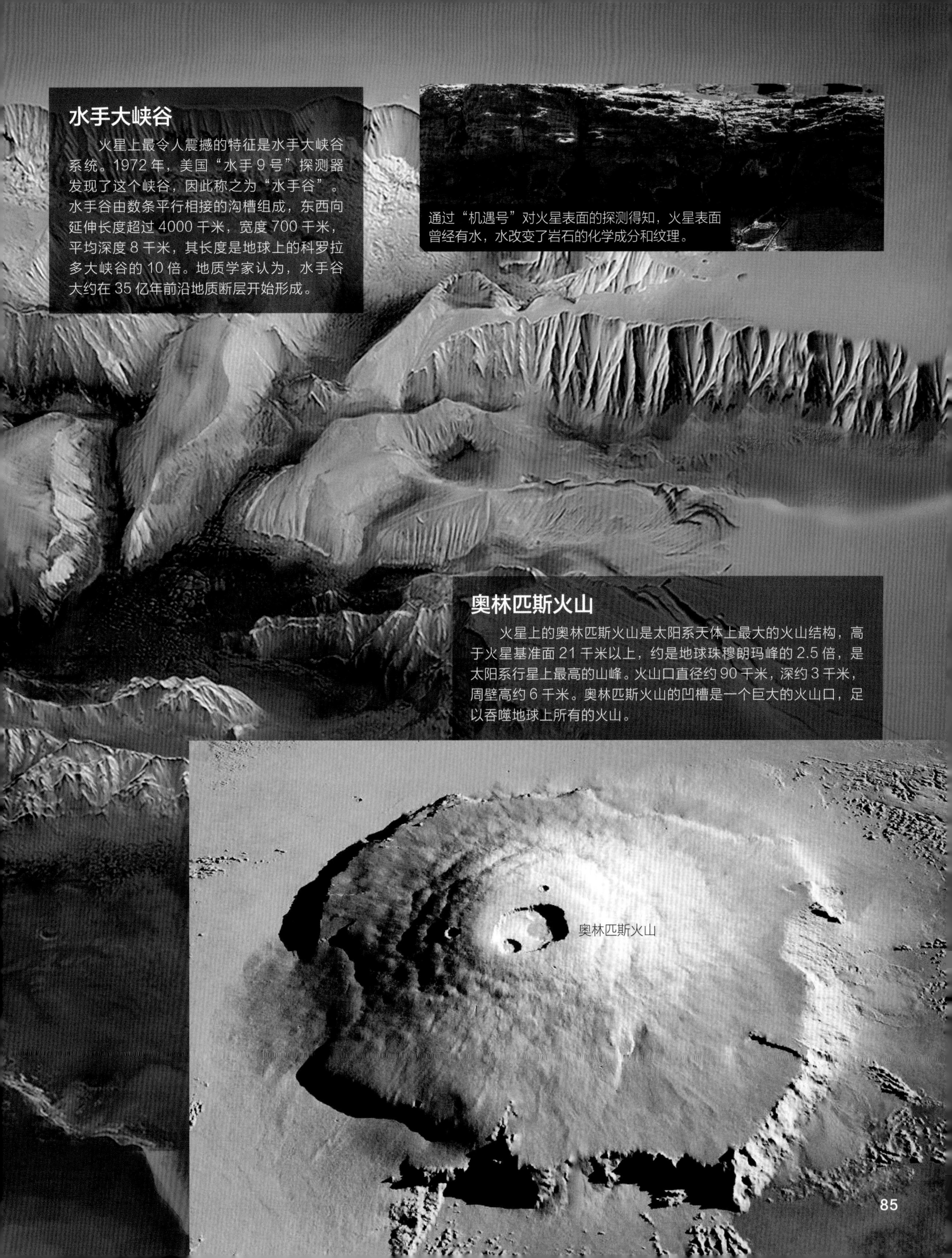

水手大峡谷

火星上最令人震撼的特征是水手大峡谷系统。1972 年，美国“水手 9 号”探测器发现了这个峡谷，因此称之为“水手谷”。水手谷由数条平行相接的沟槽组成，东西向延伸长度超过 4000 千米，宽度 700 千米，平均深度 8 千米，其长度是地球上的科罗拉多大峡谷的 10 倍。地质学家认为，水手谷大约在 35 亿年前沿地质断层开始形成。

通过“机遇号”对火星表面的探测得知，火星表面曾经有水，水改变了岩石的化学成分和纹理。

奥林匹斯火山

火星上的奥林匹斯火山是太阳系天体上最大的火山结构，高于火星基准面 21 千米以上，约是地球珠穆朗玛峰的 2.5 倍，是太阳系行星上最高的山峰。火山口直径约 90 千米，深约 3 千米，周壁高约 6 千米。奥林匹斯火山的凹槽是一个巨大的火山口，足以吞噬地球上所有的火山。

木星

1979 年，“旅行者 1 号”探测器飞临木星，近距离考察木星、伽利略卫星和木卫五，首先发现木星环带。

木星是一颗很亮的行星，太阳系行星中只有金星的亮度能超过它。中国古代用木星来纪年，所以称它为“岁星”，西汉之后始称“木星”。夜晚时，我们用小型双筒望远镜就可看到木星及它身旁的四大卫星。

木星的公转和自转

木星的体积是地球的 1318 倍，质量相当于地球的 318 倍，在八大行星中体积和质量最大，质量超过太阳系中除太阳以外其他天体质量的总和。木星自转很快，自转 1 周仅需 9 小时 50 分钟，而它绕太阳 1 周却要 11 年 10 个月。

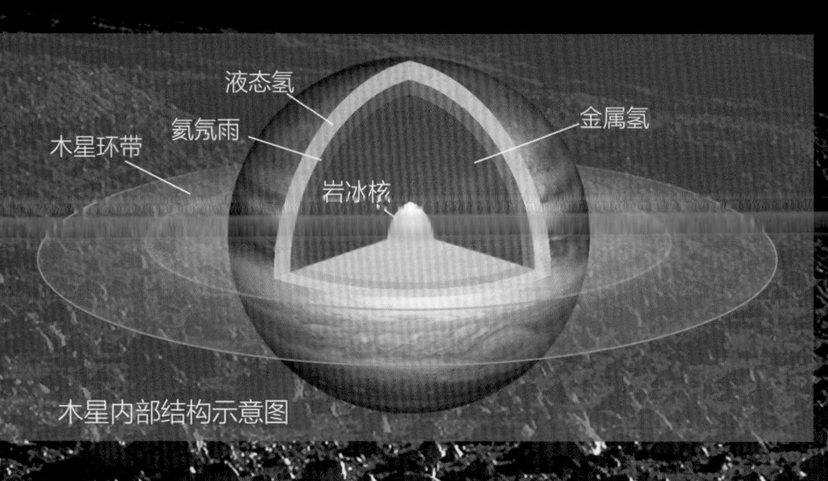

木星内部结构示意图

气液态星球

木星大气厚达 1000 千米，但和其巨大的体积相比，仍只能算是薄层，大气的主要成分是氢以及少量的氦和甲烷。木星在接受太阳热量的同时，自己本身也能释放热量，甚至比从太阳那里得来的热量还要多。

木星探测

从 1972 年到现在，先后有“先驱者 10 号”“伽利略号”等 8 个探测器造访或顺访过木星。2017 年 2 月，美国的“朱诺号”探测器第四次成功飞越木星，并到达离木星最近距离，距离木星顶端云层约 4300 千米。探测器上的 8 台科学设备和“朱诺”相机在这次勘测中收集了大量数据，并已传送至地球。

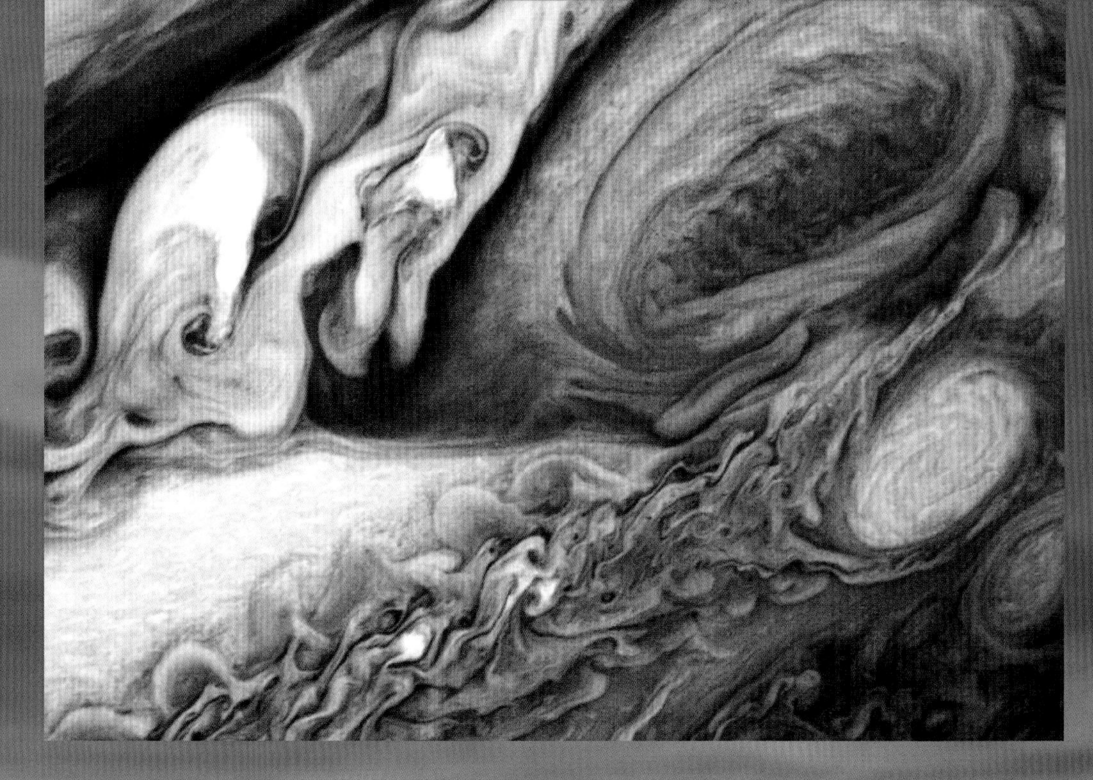

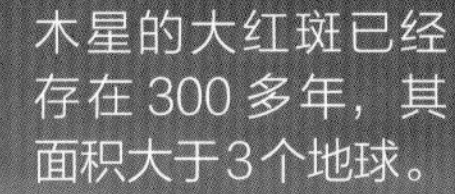

木星的大红斑已经存在 300 多年，其面积大于 3 个地球。

快速自转让木星液态的表面上形成了无数的湍流，同时也使木星的上层大气形成了一条条明暗相间的条纹。

木星环带

1979 年，美国的“旅行者 1 号”探测器发现木星也拥有环带，这是继土星和天王星之后观测到的第三个拥有环带系统的行星。木星的环带是由一些大大小小的石块和冰组成的，它们看起来非常暗淡，所以人们在地球上用望远镜观察了木星几百年，也没有发现木星的环带。

木星的“大红斑”

木星表面有一个非常醒目的红色圆斑，又称“大红斑”。它是木星大气中特大的气流旋涡，风暴的速度达 300 千米 / 小时 ~ 500 千米 / 小时。1664 年，旅法意大利天文学家卡西尼首次用长焦距折射望远镜观测到位于木星南半球的椭圆形“大红斑”。“大红斑”的宽度相当恒定，约有 14000 千米，但长度在几年内就能从 30000 千米变到 40000 千米。

星名片

♃

木星

Jupiter

直径：143000 千米

距太阳平均距离：7.8 亿千米

约 5.2 天文单位（AU）

大气温度：－150℃ ~ －140℃

大气成分：氢、氦、甲烷等

一日的时长：9 时 50 分 ~ 9 时 56 分

一年的时长：约 12 个地球年

卫星数：92

从木卫二上看木星

木星的卫星

"伽利略号"探测器

木星拥有成员众多的卫星，至今已知的木卫总数达 92 颗，而且这个数字还可能会继续增加。木卫一、木卫二、木卫三和木卫四是最大的 4 颗卫星，是伽利略在 1610 年用他制作的折射望远镜首次观察木星时发现的，合称伽利略卫星。

木卫一

木卫一离木星最近，它在强大的引力作用下变成椭球状。木卫一的表面被硫覆盖，表面的黄色、棕色和红色是硫的不同形态所呈现的颜色。木卫一是太阳系中火山最活跃的天体，经常有猛烈的火山喷发。它的大气层非常稀薄，主要成分是二氧化硫。

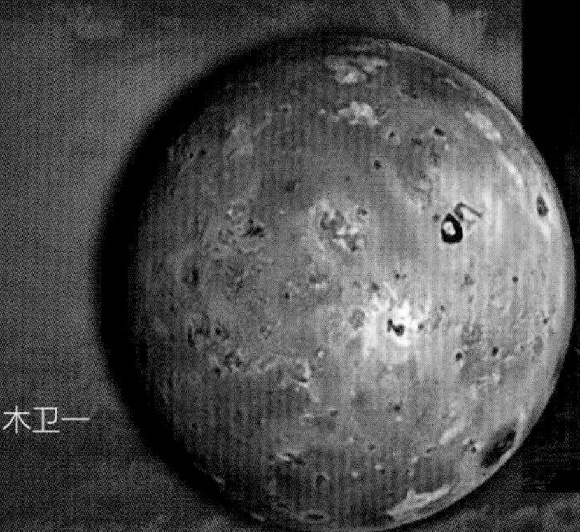

木卫一

木卫一上的火山

木卫二

木卫二是四大卫星中体积最小的，也是太阳系中表面最光滑的天体。它的表面是冰层，冰层下可能有广阔的海洋，使木卫二成为太阳系中最有可能存在地外生命的星球之一。木卫二的大气非常稀薄，主要成分是氧。木卫二表面棕色和红色的纹理纵横交错，它们是木卫二表面被木星的引力潮汐推挤而产生的裂缝。

木卫二

木卫二上的喷泉

木卫三上的冰原

木卫三

木卫三是木星最大的卫星，也是太阳系中最大的卫星，直径约 5260 千米。它的地貌显示这里或许有过水，它也被视为可能具备生命诞生条件的天体。木卫三有一层稀薄的含氧的大气。它还是太阳系中唯一拥有自己磁场的卫星。

木卫三

木卫四

木卫四是木星的第二大卫星，距离木星最远，也最暗淡。它曾经遭受过小天体猛烈的撞击，撞击坑密密麻麻地覆盖在它的表面。木卫四由岩石和水构成，它的大气成分主要是二氧化碳，是另一颗有可能存在生命的卫星。木卫四属于同步自转卫星，永远以同一个面朝向木星。

木卫四

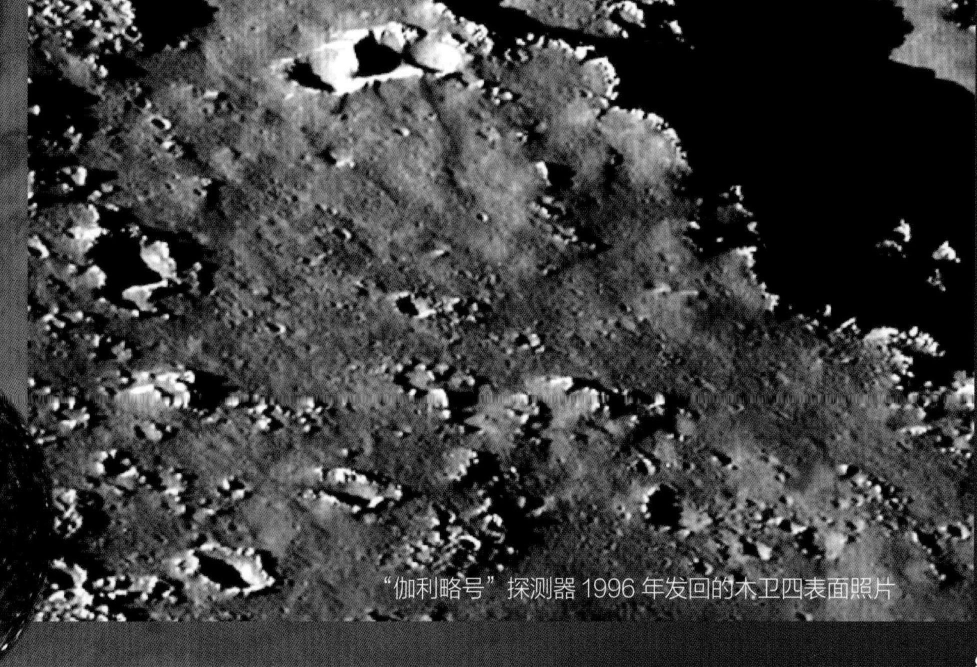

“伽利略号”探测器 1996 年发回的木卫四表面照片

土星

土星的运行轨道在木星之外，是我们用肉眼能够看见的最远的一颗行星。土星在夜空中移动得非常缓慢，所以西方人把它和古罗马众神的祖父，即朱庇特的父亲萨坦（Saturn）联系起来。“Saturn”是古罗马神话中的“农神”，掌管时间和农业。中国古代称土星为“镇星”，也称“填星”，西汉之后始称“土星”。

2004 年 ~ 2008 年“卡西尼号”探测器进入环绕土星轨道后，对土星及其大气、环带、卫星和磁场进行深入考察。

土星内部结构示意图

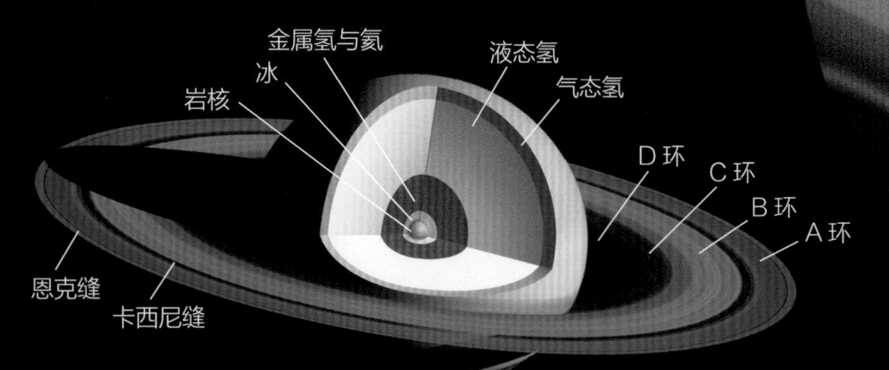

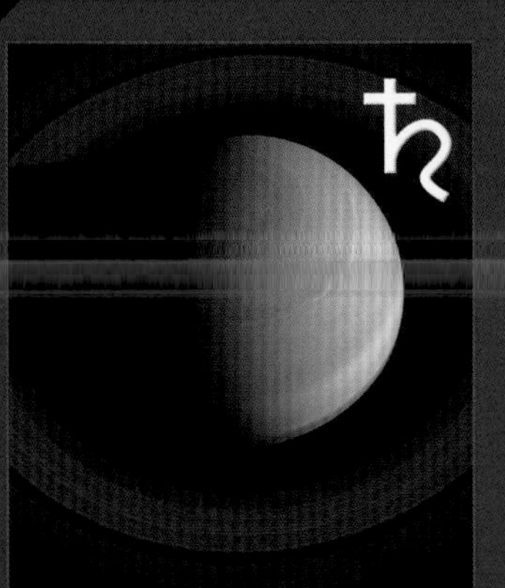

星名片

♄

土星

Saturn

直径：120540 千米
距太阳平均距离：14 亿千米
9.6 天文单位（AU）
云顶温度：-170℃ ~ -160℃
大气成分：氢、氦、甲烷等
一日的时长：10 小时 39 分钟
一年的时长：约 29.4 个地球年
卫星数：146

土星的结构

土星与木星很相似，也是一个气液态行星。土星的体积约是地球的 744 倍，质量为地球的 95 倍，平均密度为 0.7 克 / 厘米^3，是太阳系中唯一密度比水小的天体。假如有一个能把土星放进去的大水盆，土星可以浮在水面上。科学家推测，土星有一个岩石态内核，内核之外是 5000 千米厚的冰层，最外层是厚度为 500 ~ 800 千米的大气。

土星探测

从 1979 年到现在，先后有“先驱者 11 号”“旅行者 1 号”“旅行者 2 号”“卡西尼号”探测器飞临土星，进行过探测土星的活动。“卡西尼号”探测器于 1997 年发射升空，在飞掠金星、地球和木星之时曾 4 次获得提速，于 2004 年 7 月与土星会合，进入环绕土星的轨道，成为土星第一个人造卫星探测器。2017 年 9 月，“卡西尼号”坠入土星大气层中销毁。

“卡西尼号”拍摄到土星北极上方有一个六角形旋涡风暴

“卡西尼号”拍摄到土星北极风暴，测量结果显示风暴旋涡直径达 2000 千米。

土星风暴

土星风暴的移动速度约为 450 米 / 秒，而且可以持续数月、数年，甚至几个世纪。2012 年 7 月 22 日，探测器拍摄到土星强大风暴，持续约 200 天。土星风暴在其南北半球都有，最强烈的风暴出现在赤道附近。

土星环带

土星的“腰部”缠着引人注目的环带，它们是由大大小小的石块、冰块和气体组成的。这个环带由无数条大小不等的小环带组成，就好像一张硕大无比的密纹唱片。土星环带形成的原因目前还不清楚。天文学家推测，它可能是土星诞生时的遗留物，也可能是土星的卫星与彗星相撞后形成的碎片。

环

带

卡西尼缝

壮观的土星环带由无数小环组成，每个小环又由几十亿颗冰块物质组成。光环由宽度不等的许多同心圆环组成，环与环之间的缝隙有宽有窄。最明显的一条称为卡西尼缝，宽度为 4800 千米。

土星的卫星

土星有着复杂的卫星系统，卫星数量很难确定，因为真要算起来，土星环带内所有大个儿的冰块都算得上是它的卫星。土星的卫星各具特色，有的卫星又大又圆，有的则是不规则的小型卫星。截至 2023 年底，已经确认的土星卫星有 146 颗。

土卫三与两颗比它小得多的卫星共用一条轨道

橙色的土卫六

1655 年 3 月 25 日，荷兰天文学家惠更斯在用自制的折射望远镜观测土星时，无意中发现了一颗土星的卫星。这颗卫星被命名为“泰坦”，即土卫六。泰坦是希腊神话中力大无比的女巨人。在土星的 82 颗卫星中，土卫六是已知唯一表面有大气的卫星。科学家希望通过对土卫六大气中非生物成因的甲烷等气体的分析，了解地球早期生命的演化过程。

土卫七

土卫六是土星最大的卫星

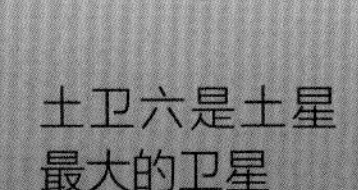

“惠更斯号”是从“卡西尼号”探测器释放到土卫六上空的子探测器，它的任务是探测土卫六的地表状况。

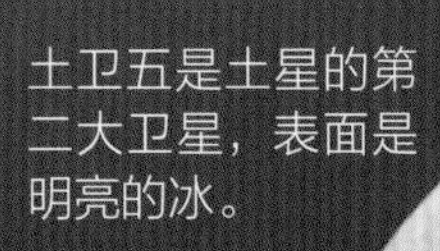
土卫五是土星的第二大卫星，表面是明亮的冰。

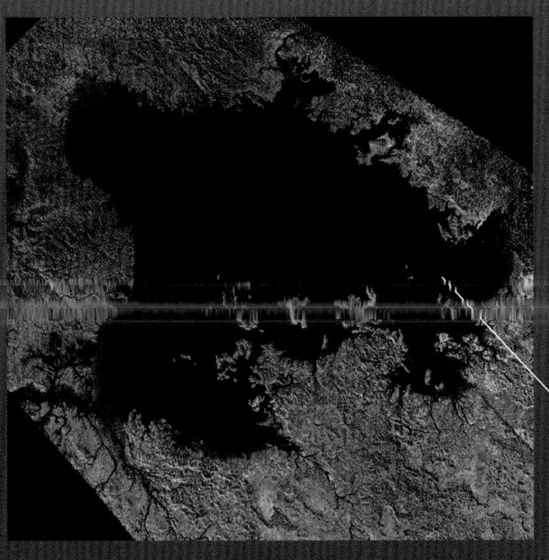
土卫六表面有液态甲烷等碳氢化合物形成的河流、湖泊和海洋

土卫一

土卫一与土星平均距离约 185500 千米，在土星较大的几个卫星中离土星最近。它的表面有一个特大撞击坑——赫歇尔撞击坑，撞击坑的直径接近于土卫一直径的三分之一，面积约占土卫一表面积的四分之一。科学家分析，土卫一曾遭遇过一次几乎毁灭性的碰撞。

2010 年 2 月，“卡西尼号”最接近土卫一时拍下了土卫一图像。

2015 年，科学家发现土卫二上存在热的水环境。

土卫八的赤道脊

土卫二南极处的冰喷泉

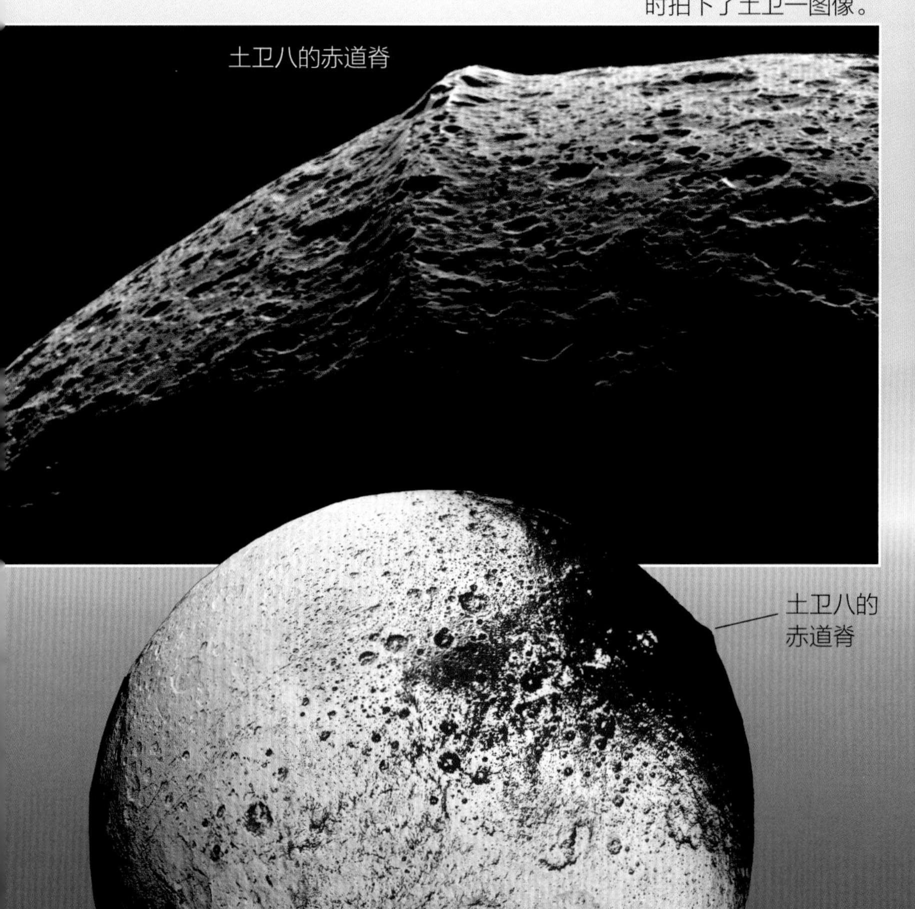

土卫八

土卫四是土星环带系统中距离土星最遥远的卫星

土卫八

土卫八距离土星约 3561250 千米，是土星的第三大卫星。它拥有一个环绕球体半圈的赤道脊，长度约 1300 千米，高度 13 千米。土卫八的一半是亮白色，另一半则是炭黑色，它总是保持着同一面面向土星。

从土卫八上看土星

天王星

天王星距离地球较远，亮度比较低，人们用肉眼看不见它，因此古人并不知道它的存在。1781 年，英国天文学家赫歇尔巡天观测时发现了它，天文界按照以古代希腊和罗马神话人物命名行星的传统称其为“Uranus”，意为“天王之星”。中国天文学家取其译名称为“天王星”。

天王星环带

1977 年 3 月天文学家发现，天王星有一个由多条环带组成的环系。这是继约 400 年前证实土星有环带之后，发现的第二个有环带的行星。1986 年，“旅行者 2 号”探测器飞掠天王星时，拍摄到天王星环带的近景图像，环带共有 11 条，多数为 1 ~10 千米宽的窄带，由厘米级和十厘米级的颗粒组成，多呈暗黑色。

天王星内部结构示意图

星名片

天王星
Uranus

直径：[illegible]
距太阳平均距离：28.7 亿千米
19 天文单位（AU）
云顶温度：-210℃ ~ -200℃
大气成分：氢、氦、甲烷等
一日的时长：17 小时 14 分钟
一年的时长：约 84 个地球年
卫星数：27

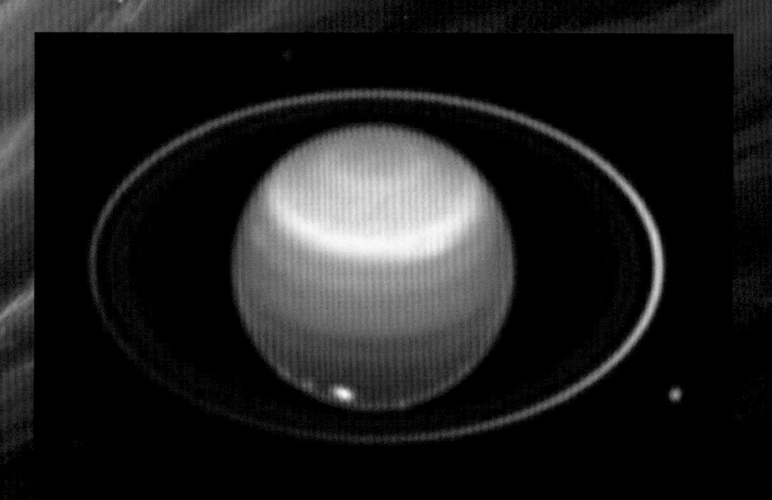

1998 年“哈勃”空间望远镜看到的天王星 4 个主环和云层中的亮点

“旅行者 2 号”是唯一近距离考察天王星的探测器

天王星探测

1986 年，美国的“旅行者 2 号”成为首次到访天王星的探测器，对天王星进行了近距离考察。“旅行者 2 号”测定天王星的大气组成、温度和压力，首次取得环系图像，发现一批新卫星，测量磁轴倾角、磁场强度和磁层特征，并修订了有关行星质量、自转周期等基本参数。

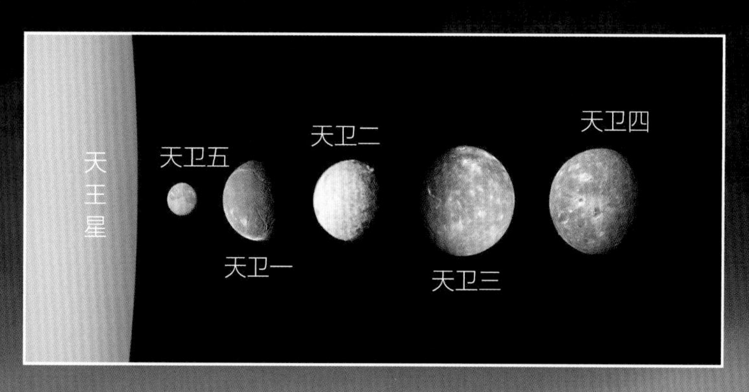

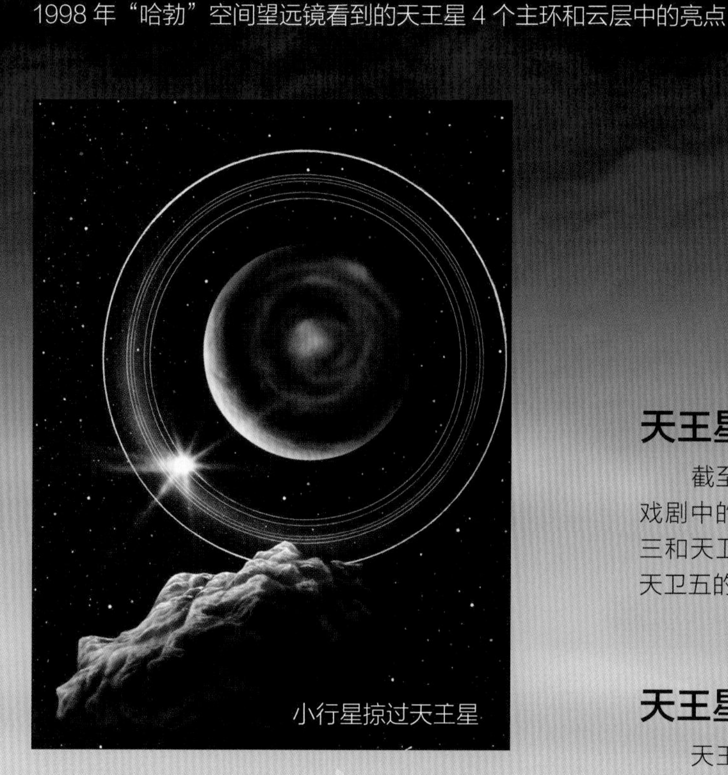

小行星掠过天王星

天王星的卫星

截至 2006 年底，人类已发现 27 颗天王星的卫星，其中多数是以莎士比亚戏剧中的人物命名的。天王星的卫星个头都不大，其中天卫一、天卫二、天卫三和天卫四的直径为 1100 ~ 1600 千米，相当于月球直径的 30% ~ 45%，天卫五的直径约为 480 千米，其余卫星则更小。

天王星公转和自转

天王星是“躺”在黄道面上自转的行星，这是它的独特之处。其他行星都像陀螺一样“站”在公转轨道上前进，只有天王星像是一个“躺”在轨道上滚着前进的“皮球”。从地球的方向看过去，它的环系统就像是套在靶心周围的圆环，周围的卫星像钟表的指针一样走动。

科学家推测，在天王星大气层下可能是一片汪洋大海。

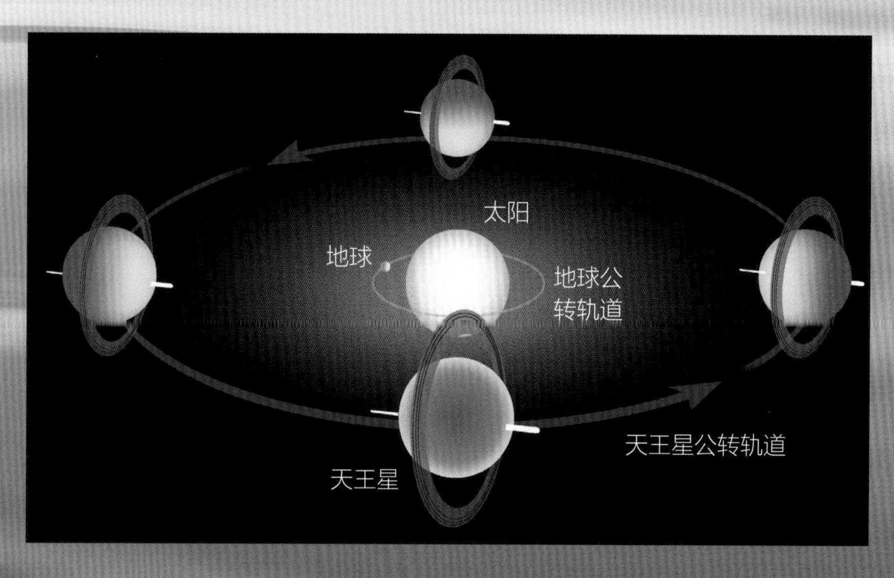

冰巨星

天王星被一层厚厚的以氢和氦为主的大气包裹着，像一个蓝绿色的巨大气球，被称为“冰巨星”。这里所说的“冰”不是我们平常熟悉的由水冻结成的“水冰”，它其实不是寒冷的固体，而是水、氨和甲烷的混合物在高压下构成的流体。天王星云顶温度为 -210℃ ~ -200℃。

海王星

1989 年，“旅行者 2 号”探测器飞经海王星附近，人类第一次清晰地看到了海王星的云层、环带和卫星。

海王星是唯一利用数学预测而非有计划的观测发现的行星。它的位置最初是通过计算得出的，所以海王星被称为“笔尖上发现的行星”。19 世纪 40 年代，根据英国天文学家亚当斯和法国天文学家勒威耶各自独立计算的轨道根数，由德国天文学家伽勒于 1846 年按勒威耶预测的方位观测发现并证实，按以古代希腊和罗马神话人物命名行星的传统称其为“Neptune”，意为“海王之星”。中国天文学家取其译名称为“海王星”。

海王星上的风暴

海王星是一颗蓝色的星球。它的整个表面是一层厚厚的冰，终年不化，其云层顶端的温度达到极寒的 -220℃ ~ -210℃。海王星还是个阴暗多风的地方，上面呼啸着大风暴或旋风。海王星上的风暴是太阳系中最快的，时速达到 2000 多千米 / 小时。

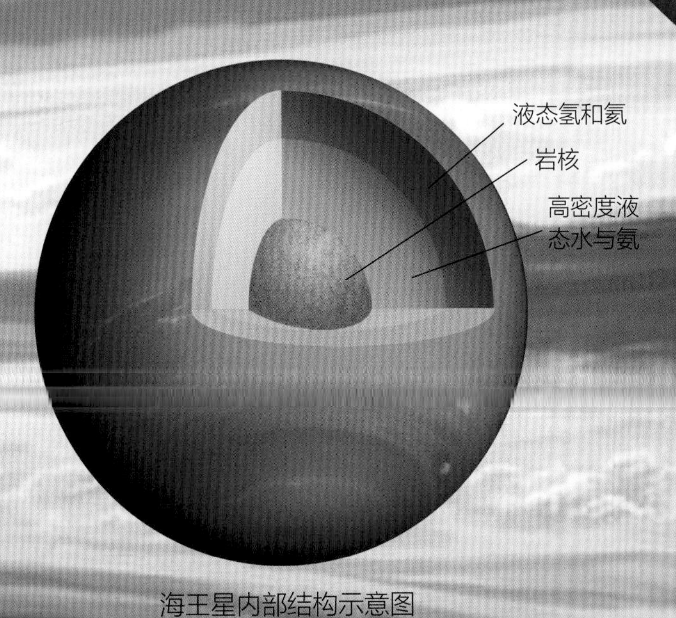

海王星内部结构示意图

星名片

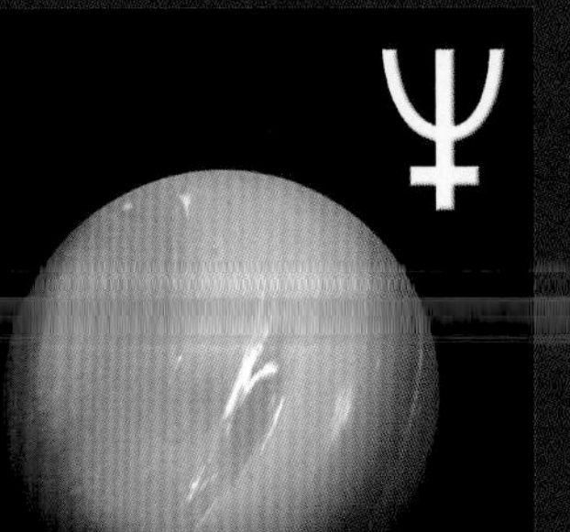

海王星
Neptune

直径：49500 千米
距太阳平均距离：45 亿千米
30 天文单位（AU）
云顶温度：-220℃
大气成分：氢、氦、甲烷等
一日的时长：16 小时 6 分钟
一年的时长：约 165 个地球年
卫星数：14

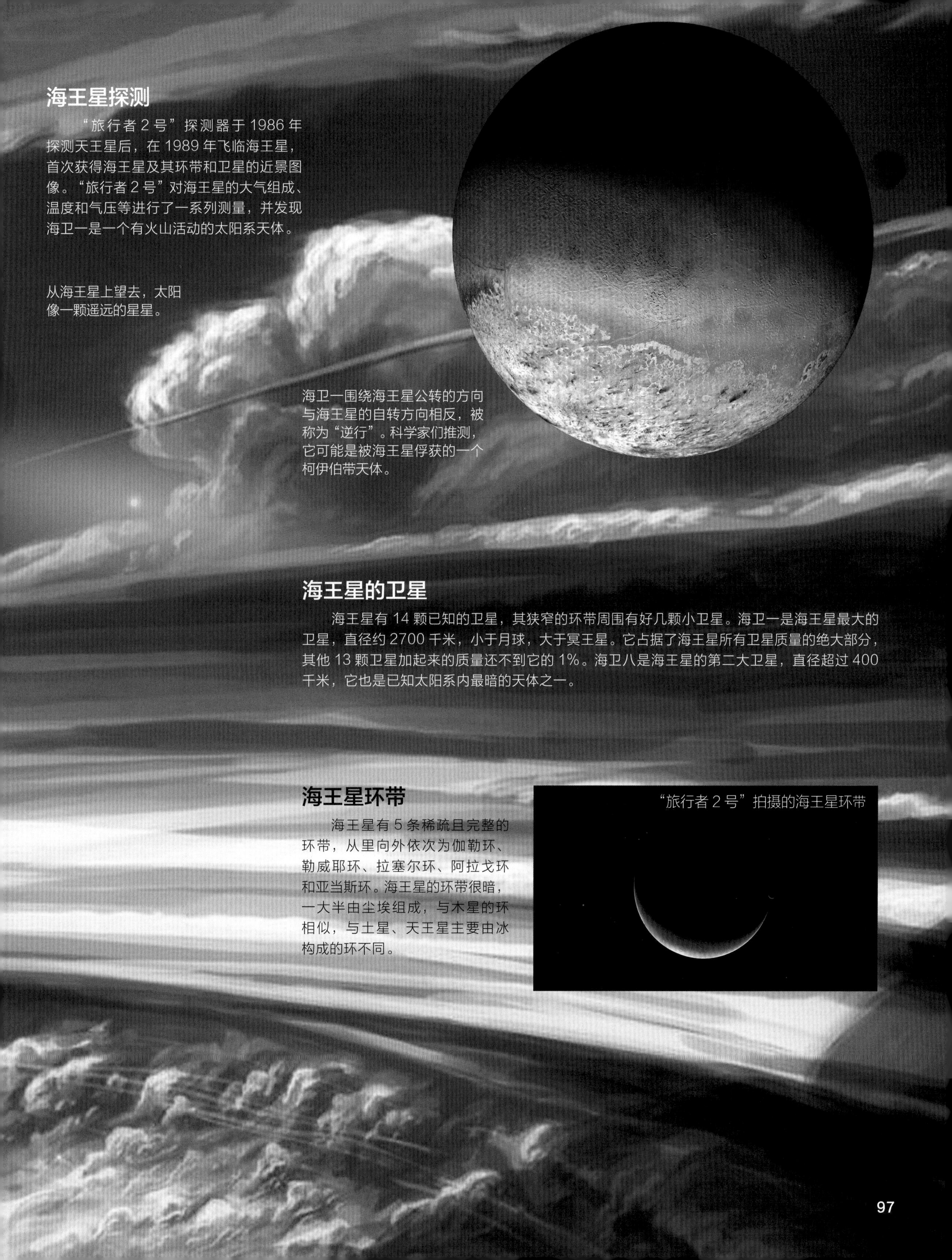

海王星探测

“旅行者 2 号”探测器于 1986 年探测天王星后，在 1989 年飞临海王星，首次获得海王星及其环带和卫星的近景图像。“旅行者 2 号”对海王星的大气组成、温度和气压等进行了一系列测量，并发现海卫一是一个有火山活动的太阳系天体。

从海王星上望去，太阳像一颗遥远的星星。

海卫一围绕海王星公转的方向与海王星的自转方向相反，被称为“逆行”。科学家们推测，它可能是被海王星俘获的一个柯伊伯带天体。

海王星的卫星

海王星有 14 颗已知的卫星，其狭窄的环带周围有好几颗小卫星。海卫一是海王星最大的卫星，直径约 2700 千米，小于月球，大于冥王星。它占据了海王星所有卫星质量的绝大部分，其他 13 颗卫星加起来的质量还不到它的 1%。海卫八是海王星的第二大卫星，直径超过 400 千米，它也是已知太阳系内最暗的天体之一。

海王星环带

海王星有 5 条稀疏且完整的环带，从里向外依次为伽勒环、勒威耶环、拉塞尔环、阿拉戈环和亚当斯环。海王星的环带很暗，一大半由尘埃组成，与木星的环相似，与土星、天王星主要由冰构成的环不同。

“旅行者 2 号”拍摄的海王星环带

冥王星及外太阳系

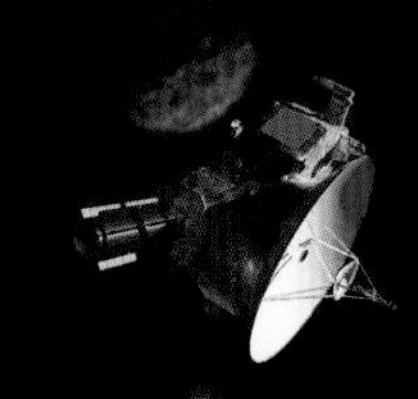

"新视野号"在冥王星上发现的"心形"平原，被以冥王星发现者的名字命名为"汤博区"。"新视野"号传回的照片显示，冥王星表面有高山、平原以及复杂的"蛇皮"地形和"龟甲"地形。

从海王星往外，就是冥王星和众多小天体的天下了。冥王星曾在很长时期内被认为是太阳系九大行星之一，也是距离太阳最远的行星。冥王星于 1930 年被美国天文学家汤博通过巡天观测发现，用古罗马神话中"地狱之神"的名字命名为"Pluto"，中文译为冥王星。

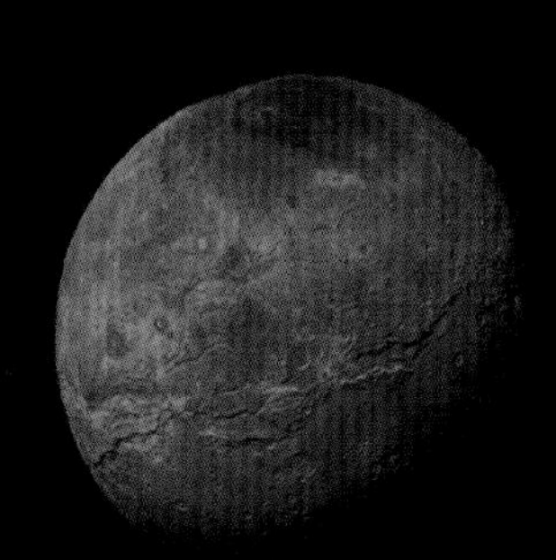

冥卫一

冥王星的"户口"

冥王星从被发现的那一天起，就不断被人们质疑其行星身份。由于体积较小、引力较弱，冥王星没有能力清除运行轨道附近的其他天体，而太阳系的其他八大行星都具有自己独占的运行轨道。2006 年 8 月 24 日，根据国际天文学联合会通过的行星定义，冥王星被降级为矮行星。

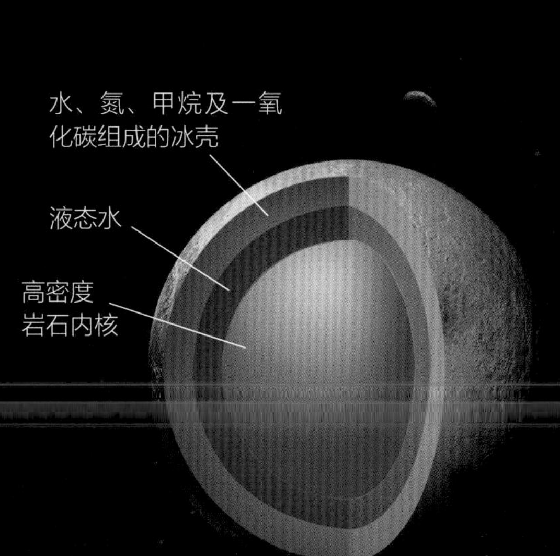

冥王星内部结构示意图

星名片

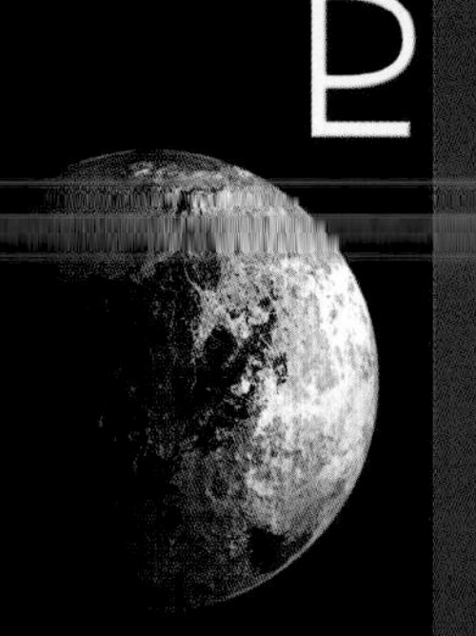

冥王星

Pluto

直径：2370 千米

距太阳平均距离：59 亿千米

39 天文单位（AU）

表面温度：-230℃ ~ -220℃

大气层：氮、甲烷等

一日的时长：约 6 个地球日 9 小时

一年的时长：约 248 个地球年

卫星数：5

冥王星探测

2006 年 1 月，美国发射了“新视野号”探测器。2015 年 7 月，“新视野号”首次近距离飞越冥王星，最近距离 13695 千米，这是人类第一次如此近距离地观测冥王星。“新视野号”拍摄的冥王星照片，最高分辨率约 60 米，是目前最清晰的冥王星照片。“新视野号”拍摄了冥王星表面的地质结构和纹理信息，还拍到云层等，并在冥王星上发现有蓝天和冰火山。

冥王星的卫星

1978 年，美国天文学家发现冥卫一（卡戎）。至 2012 年，人们陆续发现了冥卫二、冥卫三、冥卫四和冥卫五。冥卫一是冥王星最大的卫星，体积超过冥王星的一半。有人认为它和冥王星组成一个双天体系统，因此不是真正意义上的卫星。

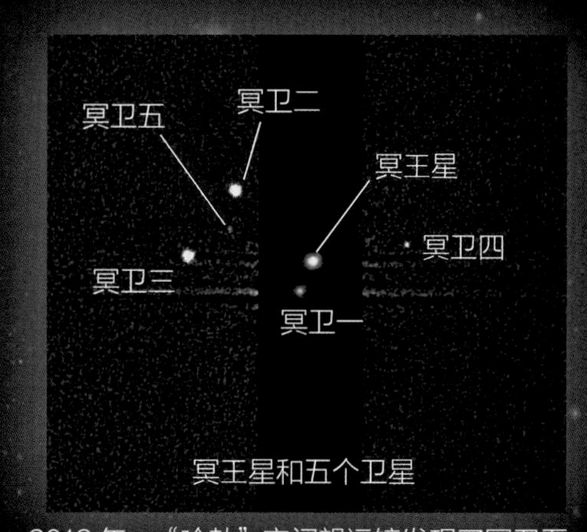

2012 年，“哈勃”空间望远镜发现了冥卫五。

妊神星位于柯伊伯带，是太阳系中最不寻常的天体之一。妊神星每 4 小时自转一周，可能是在早期的一次碰撞中，留下了这个椭圆形的天体，并使它开始了非同寻常的快速旋转。

柯伊伯带

在海王星轨道以外，存在着众多围绕太阳旋转的小天体，其中直径大于 100 千米的“海王星外”天体至少有 7 万个，分布的径向范围从海王星轨道（30 天文单位）向外扩展到 50 天文单位处。柯伊伯带是哈雷彗星等短周期彗星的发源地。冥王星是已发现的最大的柯伊伯带天体。

由于相距遥远，从冥王星上看太阳，太阳就像一颗稍微亮一些的普通恒星。

冥王星的轨道运动

冥王星绕太阳 1 圈需要约 248 个地球年。假如我们生活在冥王星，一辈子也就相当于冥王星上的四个月。冥王星轨道的偏心率（椭圆程度）、轨道面与黄道面的夹角比其他行星大。在近日点附近时的冥王星甚至比海王星更靠近太阳。冥王星和海王星在黄道投影图上的轨道有交叉，但不会发生碰撞，即使在交叉点附近，冥王星和海王星仍相距甚远。冥王星表面接收的太阳辐射热量相当于地球的 0.06%，表面温度低于 -230℃ ~ -220℃。由于极度寒冷，冥王星表面是氮冰、一氧化碳冰、甲烷冰、水冰等各种挥发物组成的冰态物质。

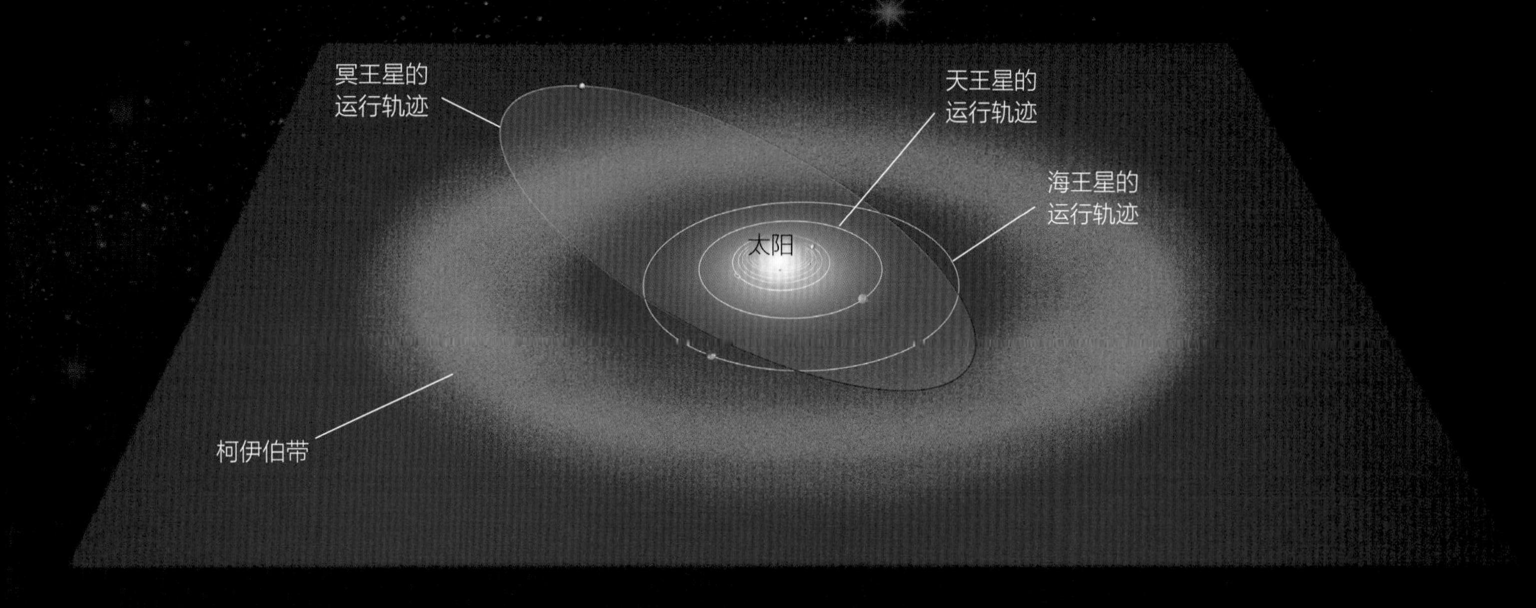

小行星

智神星

小行星绝大多数分布在火星和木星的轨道之间，它们和行星一样，也在不停地围绕太阳运转。小行星是体积和质量都比行星小很多的固态小天体，体积最大的小行星直径约 1000 千米。小行星多得难以计数，目前人类已经识别出的小行星超过 50 万颗。

小行星带

太阳系中的小行星大都集中在火星和木星的轨道之间，形成了一个密集的小行星分布区。1801 年，意大利天文学家皮亚齐在这里发现了第一颗小行星。从此以后，这里不断有小行星被发现并编号。这些小行星记载着行星形成初期的信息，为人类研究行星和太阳系的起源提供了许多资料。

小行星带

地球

火星

小行

近地小行星

人们对那些可能与地球擦身而过的小行星比较关注，称它们为近地小行星。近地小行星总数有 18000 多颗，其中直径大于 1000 米的大约 800 颗。2019 年，一颗直径在 100 米左右的小行星以 24.5 千米 / 秒的速度与地球擦肩而过，距地球最近距离仅为地月距离的五分之一。如果真的撞上地球，它的破坏力足以毁灭一个城市。

2001 年，美国发射的近地小行星探测器实现了首次小行星着陆，降落在爱神星（433 号）表面。

科学家推测，在谷神星表面的冰层下面，也许会有海洋存在。

在过去的十几年中，每年新发现的小行星有数万颗。截至 2021 年 9 月，人类共发现约 112 万颗小行星，其中约 52% 已有正式编号。

灶神星

谷神星

1801 年 1 月 1 日，西西里岛巴勒莫天文台台长、意大利天文学家皮亚齐在金牛座中发现了一个神秘物体。这个物体位于火星和木星之间，沿着近圆形的、类似行星的路线行进，但是它太小了，不能算行星。这就是第一颗被发现的小行星——谷神星，它是小行星带中最大的小行星。根据 2006 年颁布的行星定义，谷神星已被归类为矮行星。

带

星

木星

小行星撞地球

小行星的命名

最早被发现的 4 颗小行星，按以古代神话中的神灵为名的传统，被命名为谷神星（1 号）、智神星（2 号）、婚神星（3 号）和灶神星（4 号）。随着新发现的小行星越来越多，新的命名由有命名权的发现者自行取名，如张衡星（1802 号）、联合国星（6000 号）、百科全书星（21000 号）。一颗小行星在被命名前，要经历临时编号、暂定编号和永久编号三个阶段。

已被命名的部分小行星

小行星编号	小行星命名
1 号	谷神星
150 号	女娲星
1034 号	莫扎特星
1125 号	中华星
1802 号	张衡星
2012 号	郭守敬星
2045 号	北京星
2051 号	张钰哲星
2069 号	哈勃星
2169 号	台湾星
3171 号	王绶琯星
3241 号	叶叔华星
3297 号	香港星
3513 号	曲钦岳星
3763 号	钱学森星
3789 号	中国星
6000 号	联合国星
6741 号	李元星
7072 号	北京大学星
7145 号	林则徐星
7497 号	希望工程星
7800 号	中国科学院星
7853 号	孔子星
8000 号	牛顿星
8256 号	神舟星
8425 号	自然科学基金星
8919 号	欧阳自远星
8992 号	宽容星
10877 号	江南天池星
10930 号	金庸星
11365 号	美国国家航空航天局星
19119 号	小行星命名辞典星
20843 号	郭子豪星
21000 号	百科全书星
21064 号	杨利伟星
23408 号	北京奥运星
31230 号	屠呦呦星
41981 号	姚贝娜星
88705 号	马铃薯星
110288 号	李白星
145546 号	广州七中星
148081 号	孙家栋星
151997 号	紫荆花星
161715 号	汶川星
178263 号	维也纳爱乐星
216343 号	文昌星

地球

彗星

彗星轨道

彗星

很久以前，人们认为天上出现像扫帚形状的星星是一种凶兆，会有灾难降临。其实，这种说法没有科学道理。扫帚星是彗星，是绕太阳运行的小天体。中国古代对彗星还有孛星、星孛、妖星、蓬星、长星、异星、奇星等称谓。天文学家估计，太阳系有几十亿颗彗星，这些彗星中的大多数都需要用望远镜才能看见。伽利略、开普勒、牛顿、哈雷等是科学地描述彗星运动的先驱者。天文学史中有以发现者的姓氏命名彗星的传统。

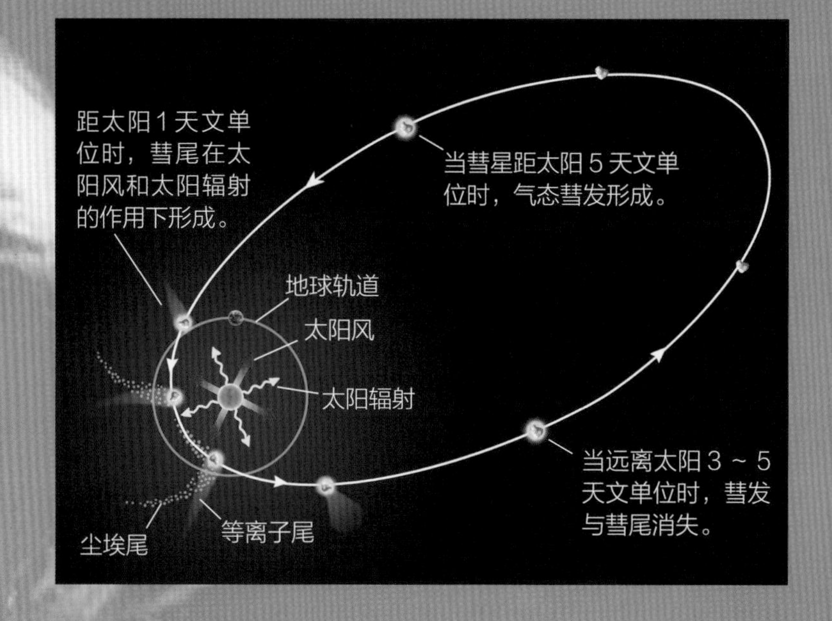

彗星的运动

循着椭圆轨道绕太阳运行的彗星称为周期彗星，它们每运行一个周期，就会到太阳和地球附近一次，这时我们才能观测到它们。周期在200年以内的彗星称为短周期彗星，周期大于200年的彗星称为长周期彗星。有些彗星是太阳系的“过路客”，从太阳和地球附近离去后，就再也没有机会回来了，这些彗星称为非周期彗星。

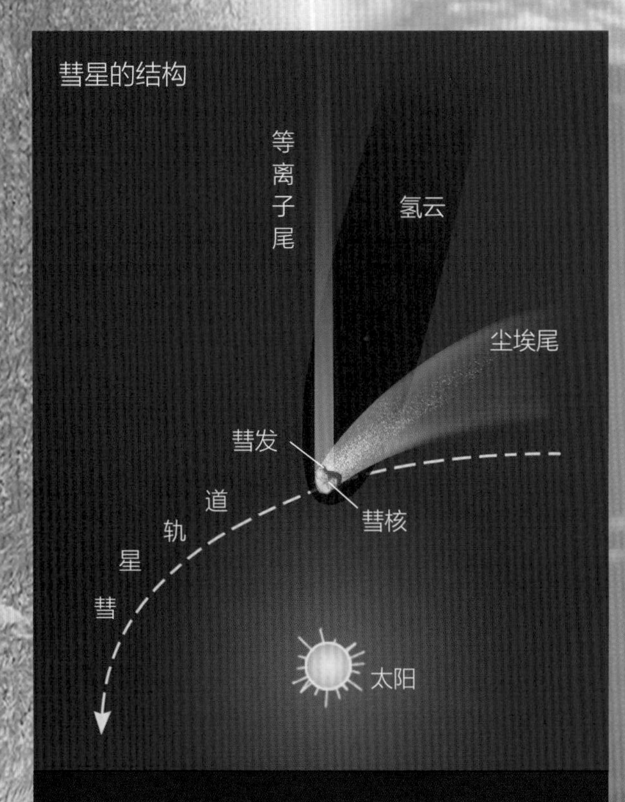

彗星的构造

彗星通常分彗核、彗发和彗尾三个组成部分，彗核由冰冻的挥发物和尘埃物质组成。当彗星接近太阳时，在太阳光和太阳风的作用下，彗核中有一部分气体和尘埃被蒸发出来成为彗发的尘埃包层，并被推向后面，形成长长的彗尾。通常情况下，彗尾在空中能绵延几千万到几亿千米。

星名片

埃德蒙多·哈雷
Edmond Halley
1656年～1742年
国籍：英国
领域：天文学、数学、地理学
成就：建立南半球第一个天文台，编制第一个南天星表。通过计算推测出一颗彗星的回归周期。
著作：《彗星天文学论说》

哈雷彗星

哈雷彗星是人类首次发现有回归现象并计算出回归周期的彗星。它 76 年左右回归一次，大多数人一生只能看见它一次。20 世纪内，哈雷彗星有两次回归，第一次是在 1910 年，第二次是在 1986 年。哈雷彗星下一次回归大约在 2061 年。

1986 年 3 月 8 日拍到的哈雷彗星

彗星帛画（马王堆汉墓出土）

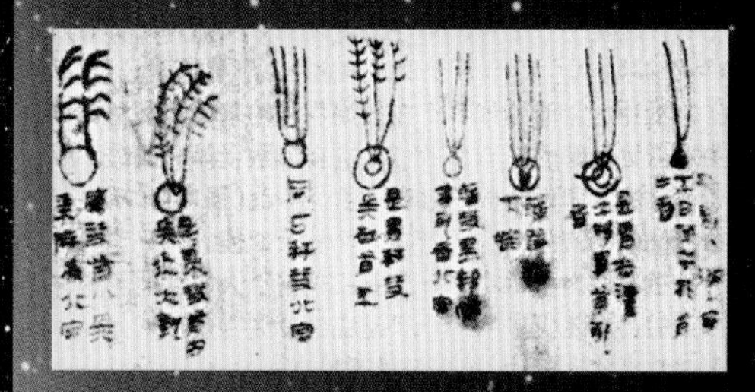

中国古书《春秋》详细记载了公元前 613 年哈雷彗星的回归情况，这是世界上最早关于哈雷彗星的记载。

从彗尾观看彗星越过地月系

百武彗星

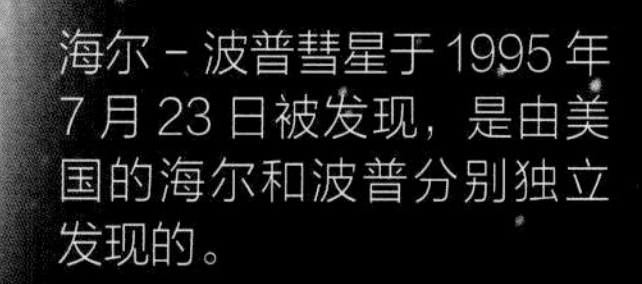

海尔 – 波普彗星于 1995 年 7 月 23 日被发现，是由美国的海尔和波普分别独立发现的。

流星

天气晴朗的夜晚，我们时常会发现一道亮光划破夜空，带着微微的余晖消失在远方，这就是流星。流星是来自行星际空间的微小固态天体，以高速进入地球大气并在夜空呈现的发光余迹现象。流星以每秒几十千米的速度掠过大气层，在地球表面之上 90 ~ 100 千米处燃烧、蒸发并辐射发光。

火流星像一个明亮的火球从天而降。在地球的大气层中每年都会出现数万个这样的火球。燃烧未尽的实体陨落地表即为陨石。

火流星

通过大气层的碎石和尘粒越大，流星就越亮。亮度超过金星乃至白昼可见的流星称为火流星。火流星的出现是因为它的流星体质量较大，进入地球大气后来不及在高空燃尽，而继续闯入稠密的低层大气，以极高的速度与地球大气剧烈摩擦，产生出耀眼的光亮。

流星从哪里来

流星来自于彗星或小行星。当彗星进入太阳系内侧以后，一路上都在不断地挥发甚至解体，在经过的轨迹上留下许多物质。同样，小行星相撞时也会产生许多碎片。这些碎屑和粉尘闯入地球大气层后，与大气摩擦燃烧而发光形成流星。流星的出现没有任何预兆，通常持续不到 1 秒。

彗星脱落的碎片进入地球大气时形成流星

2013 年 2 月 15 日坠落在俄罗斯车里雅宾斯克地区的流星

英仙座流星雨

流星雨

流星成批出现时像下雨一样，就形成流星雨。流星成群进入地球大气，看上去好像是从同一个点发射的，这个点称为流星雨的辐射点。天文学家一般以辐射点投影到所在的星座来给流星雨命名，著名的流星雨有狮子座流星雨、天琴座流星雨等，但实际上流星雨并非来自这些星座。通常流星雨出现时，我们每小时能看到几十颗到几千颗的流星。以前还出现过每小时有几十万颗流星的现象。

狮子座流星雨被称为流星雨之王

狮子座流星雨

每年11月中旬，我们都可观测到狮子座流星雨。大约每33年，狮子座流星雨出现一次极盛。早在公元931年，中国五代时期就曾记录这个流星雨极盛时的情景。到了1833年的最盛期，流星像焰火一样在狮子座附近爆发，每小时达上万颗流星。

北半球常见流星雨

名称	辐射点所在星座	极大中心日期
象限仪流星雨	牧夫座	1月1日～1月5日
天琴座流星雨	天琴座	4月19日～4月23日
英仙座流星雨	英仙座	7月17日～8月24日
天龙座流星雨	天龙座	10月6日～10月10日
猎户座流星雨	猎户座	10月15日～10月30日
金牛座流星雨	金牛座	10月25日～11月25日
狮子座流星雨	狮子座	11月14日～11月21日
双子座流星雨	双子座	12月13日～12月14日

陨石

陨石是来自太阳系空间、穿过地球大气层烧蚀残留并降落到地面的固体物质。每年至少有几千块太空岩石坠落到地球上成为陨石。除从月球取回的 382 千克岩石和土壤样品外，陨石是人类获得的来自地球之外的唯一岩石样品。陨石通常以降落地或发现地的名称命名，如陨落于准噶尔盆地的新疆铁陨石。

撞击坑

小天体高速冲进地球的大气层，压缩前端的大气，形成高温高压的冲击波撞击地面，使地面的靶岩破碎、熔融、气化和溅射，会在地面上挖掘出一个撞击坑。大部分溅射物回落在撞击坑的外围，会形成环形山形态的撞击坑。小天体在坠落的过程中会因高温高压而在高空炸裂，因此在撞击坑中难以找到小天体的残骸，撞击坑也不是陨石坠落地面形成的坑穴。目前地球上已确认的撞击坑有约 180 个，分布在 33 个国家。

陨石的种类

陨石是小天体高速冲进地球的大气层经高温高压燃烧后坠落到地面的残留体。根据化学和矿物成分，可将陨石分为三大类：石陨石、铁陨石和石铁陨石。陨石的形成有两种情况，一种是太阳星云直接凝聚形成的含有球粒的石陨石；另一种是太阳系的各类天体内部经过熔融分异形成核、幔和壳结构之后，再经历撞击破碎，幔和壳的碎块坠落到地面成为无球粒石陨石，核的碎块成为铁陨石，核和幔之间的碎块成为石铁陨石。月球岩石、火星陨石和灶神星陨石等都属于无球粒石陨石。

新疆铁陨石是降落在现今的新疆维吾尔自治区青河县的陨石，重 28 吨，是世界上第三大铁陨石。新疆铁陨石现陈列在乌鲁木齐市展览馆。

中国的“吉林 1 号”陨石重 1770 千克，是世界上最大的石陨石。吉林陨石雨的分布面积达 500 平方千米，是世界最大规模的陨石雨事件。陨石母体从西南向西北方向飞行，陨石碎块的重量由西北向西南方向依次减小。

默奇森陨石

默奇森陨石于 1969 年 9 月 28 日在澳大利亚维多利亚州的默奇森附近被发现，现存于美国华盛顿国立自然博物馆，质量超过 100 千克，属于石陨石一类中的碳质球粒陨石。默奇森陨石含铁 22.13%，水 12%，以及较多有机物。默奇森陨石是世界上被研究最多的陨石之一。

霍巴铁陨石

霍巴铁陨石降落于非洲的纳米比亚，于 1920 年被发现并鉴定为铁陨石，属于富镍无结构铁陨石，含有 84% 的铁、16% 的镍及少量的钴。霍巴铁陨石长 2.95 米，宽 2.84 米，厚 0.75 ~ 1.22 米，体形巨大，因此从未被移动过，目前仍留在坠落和发现的地点供人们参观。

默奇森陨石

霍巴铁陨石是目前已知的最大的铁陨石，重约 60 吨。

通古斯大爆炸

1908 年 6 月 30 日清晨，一个比太阳还亮的燃烧怪物拖着浓烈的烟火长尾，带着阵阵巨雷声从俄罗斯的通古斯上空呼啸而过，留下一道约 800 千米长的浓浓的光迹，消失在地平线外。伴随着一声巨响，一团蘑菇状的浓烟直冲 20 千米的高空，降下一阵由石砾和灰尘形成的黑雨。通古斯周围尘飞雾漫，灼热的气浪席卷了整个森林。超过 2150 平方千米的 6000 万棵树呈扇面形从中间向四周倒伏，1500 多头驯鹿在大火中化为灰烬；方圆 15 万千米范围内的天空布满了光华闪烁的罕见银云，每当日落后，夜空便发出万道霞光。通古斯大爆炸的起因是一颗直径 50 米的小行星或彗星高速闯入大气层，其能量是广岛原子弹爆炸的 1000 倍左右。随后出现的各种奇谈怪论，增添了通古斯大爆炸的神秘色彩，使之成为 20 世纪最大的自然之谜。

通古斯爆炸后的树林

太阳、地球和月球

SUN, EARTH AND MOON

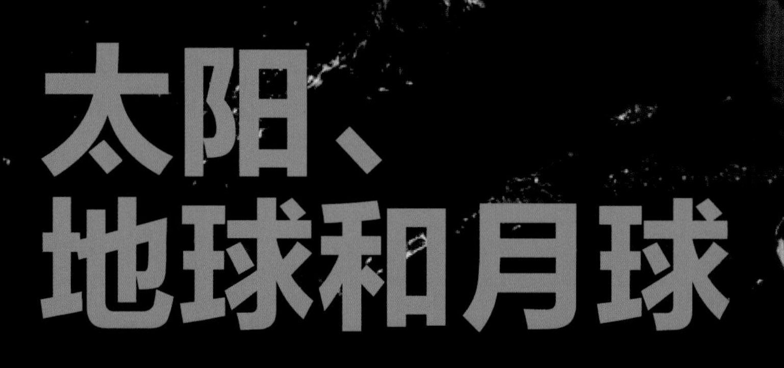

荷兰物理学家、天文学家惠更斯曾说："那些星球如此庞大，而我们所有的宏图、远航以及战争所发生的舞台——地球，与之相比是如此微不足道。"

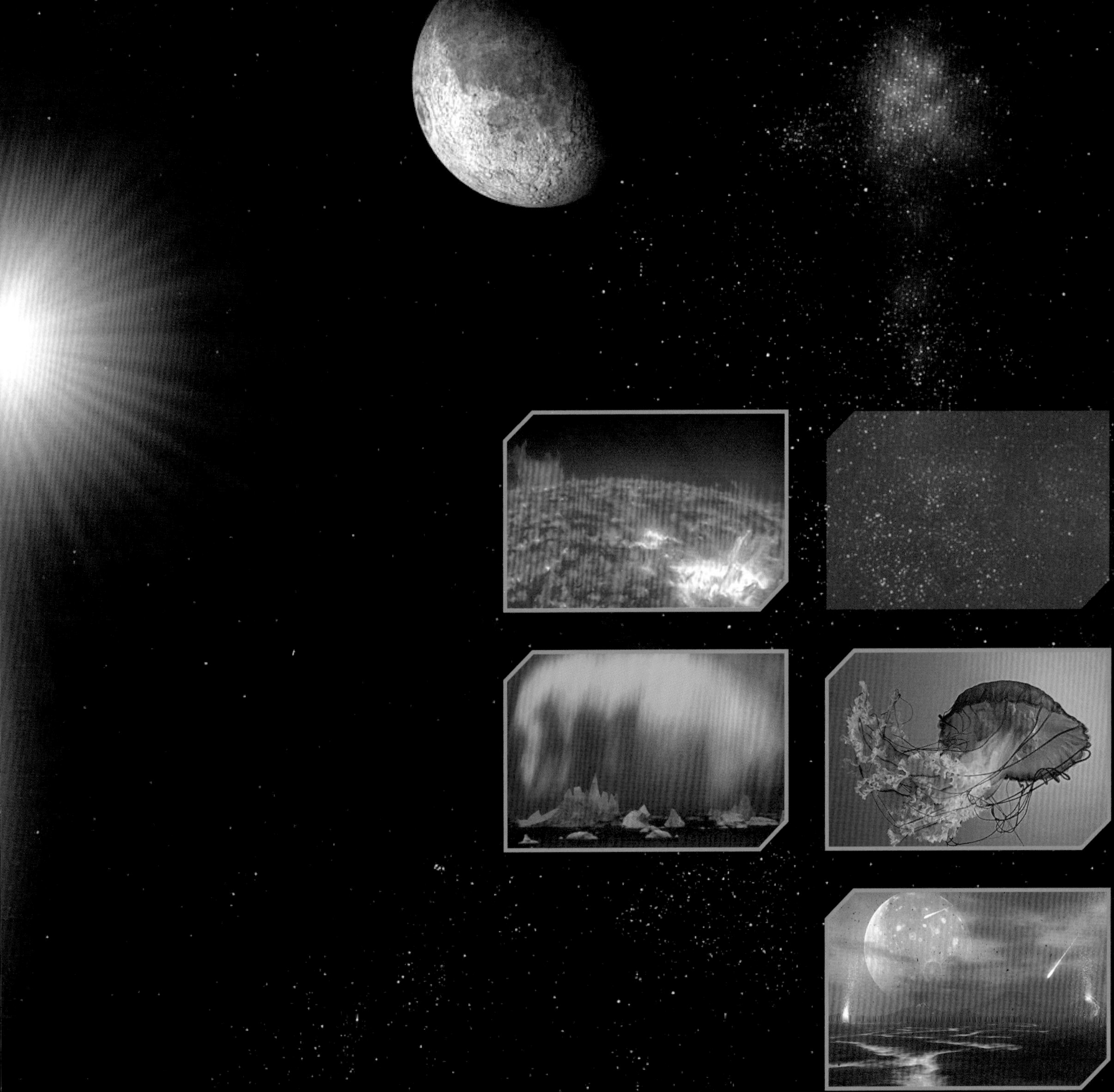

从里到外看太阳

太阳是银河系内一颗普通的恒星，也是离地球最近的恒星。太阳的直径约 139 万千米，是地球直径的 100 多倍；距离地球 1.5 亿千米；质量约 2×10^{30} 千克，占整个太阳系质量的 99.86%；太阳的化学组成约 75% 是氢元素，剩下的几乎都是氦，以及少量的碳、氖、铁和其他重元素。作为整个太阳系的中心，目前太阳的年龄约 50 亿岁，正值壮年时期。再经过约 50 亿年之后，太阳将会耗尽自身的能量，逐渐进入暮年。

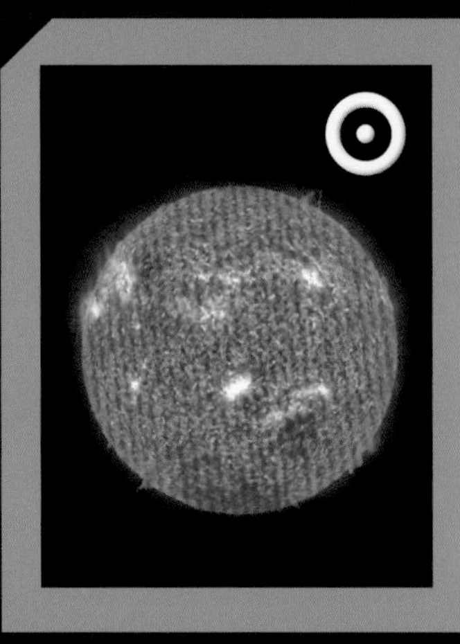

星名片

太阳
Sun

质量：2×10^{30} 千克
直径：约 139 万千米
赤道自转周期：约 26 个地球日
极区自转周期：约 37 个地球日
表面温度：5500℃
中心温度：1500 万℃以上
化学组成：氢、氦、氧、碳、氮等
行星数：8

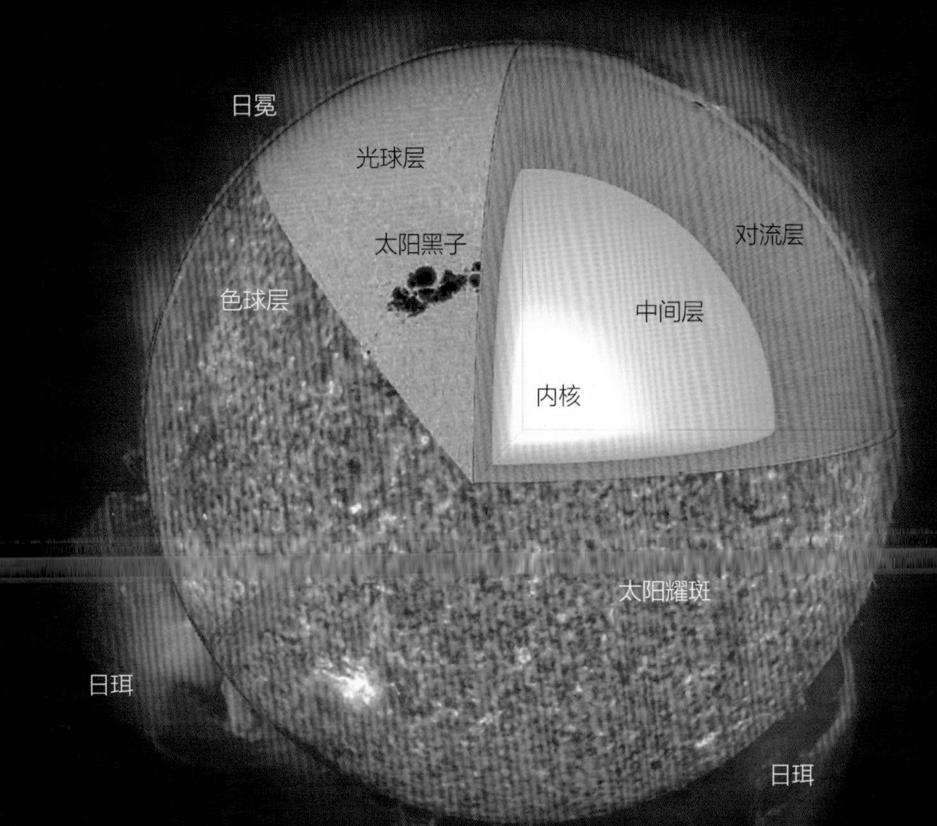

太阳的内部构造

我们平常看到的太阳，只是它大气的最里层，称为光球，温度约 5500℃。从光球表面到太阳中心，可分为对流层、中间层和内核三个层次。太阳大气的延伸虽然极为广阔，但其质量与太阳的总质量相比是微不足道的，所以太阳内部的质量基本上就是太阳的质量。内核中持续不断地进行着四个氢原子聚变成一个氦原子的热核反应，反应中损失的质量变成能量释放出来，其温度可达到 1500 万℃以上。

太阳的能量

太阳的能量影响着整个太阳系。但太阳内部的能量要经过非常复杂和漫长的过程，才能从太阳的核心到达太阳表面，最后变成光和热来到我们身边。能量在太阳内部传输的速度非常慢，而且不断地改变方向。天文学家估计，热核反应产生的能量从太阳中心来到光球层，得花上最少一万年甚至十几万年的时间。

太阳的形成和演化

太阳已经诞生约 50 亿年，目前正处在演化进程的中间阶段。演化途径主要取决于它的能量变化。太阳的一生大体可分为五个阶段，即主序星前收缩阶段、主序星阶段、红巨星阶段、氦燃烧阶段、白矮星阶段。太阳是一颗典型的主序星。由于太阳的氢含量高，释放能源非常稳定，太阳的状态也非常稳定。

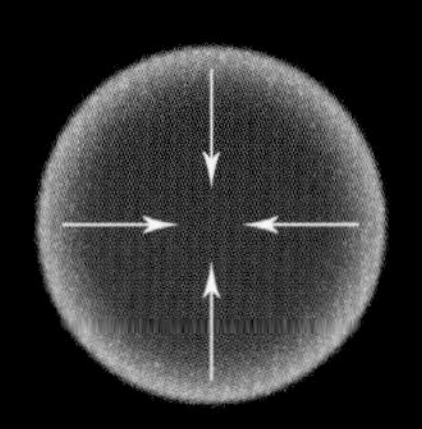

主序星前收缩（3×10^7 年）

主序星，中心氢燃烧。（8×10^9 年）

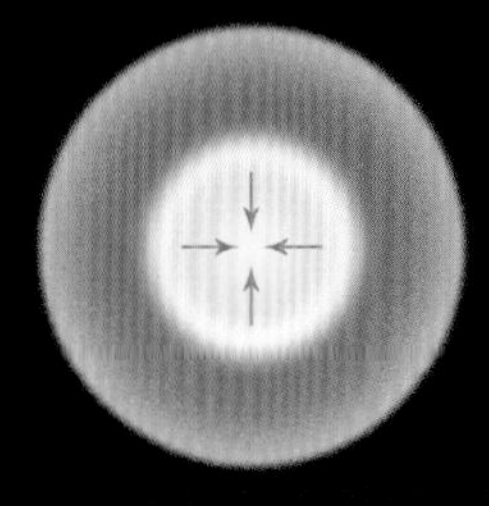

红巨星，外层氢燃烧。（4×10^8 年）

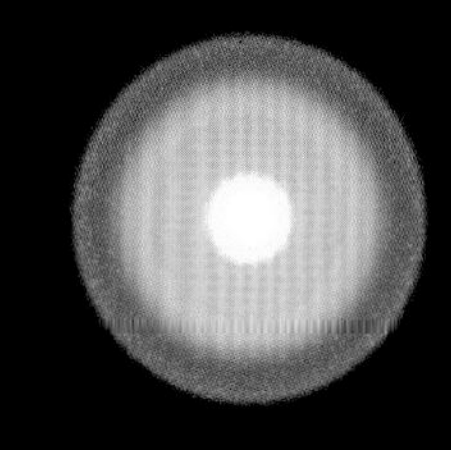

中心氦和外层氢燃烧（5×10^7 年）

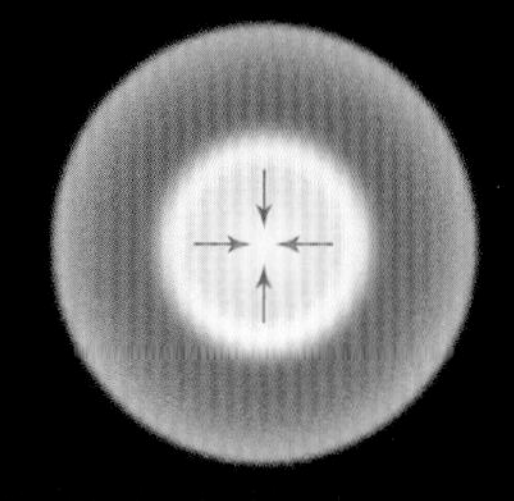

白矮星（5×10^9 年）

太阳的形成和演化

太阳大气

太阳本质上是一个炽热的高温气体球。太阳的大气层从里向外分为光球、色球和日冕三个层次，它们的辐射可到达地球。我们能通过各种观测仪器对这些辐射进行测量和分析，从而探明它们的结构。

光球层温度约为 5500℃

光球

我们在地球上用肉眼看到的明亮日轮就是太阳光球层，其厚度约为 500 千米，大气密度约为我们呼吸的空气密度的 1%，但它能产生远比其他气层强烈的可见光辐射。实际上太阳在可见光波段的辐射几乎全部源自光球，太阳半径也是按光球定义的。

色球

色球层位于光球层上方。从色球底至 1500 千米高度处的色球比较均匀。更高层的色球实际上是由纤维状的针状体构成，就像燃烧的草原，其高度可延伸至 7000 多千米。色球层的温度比光球层高，但发出的光非常弱，仅为光球亮度的万分之一。人们用肉眼是看不到色球的，必须用专门的色球望远镜或在日全食期间暗黑的天空背景下，才能看到红色的色球层。

日冕

色球层之上就是日冕，它是太阳的最外层大气。日冕的总厚度有几百万千米，不断地向太阳系空间抛出太阳风。日冕的温度高达百万摄氏度，但非常稀薄。它的亮度比色球更暗，我们必须用日冕仪或在日全食时才能看见它。

日食期间看到的日冕呈银白色

太阳光的颜色

太阳发出的光由红、橙、黄、绿、青、蓝、紫 7 种颜色构成。当它们都能通过地球大气层时，我们看到的太阳光就是白色的。但是，在清晨和黄昏，当斜射的阳光穿过厚厚的大气层时，只有红、橙、黄 3 种颜色的光能通过大气中的水珠和尘埃，所以这时我们看到的是红彤彤的太阳。

太阳光看似是白色的，通过分光镜分析，便会发现其实它主要由 7 种颜色组成。

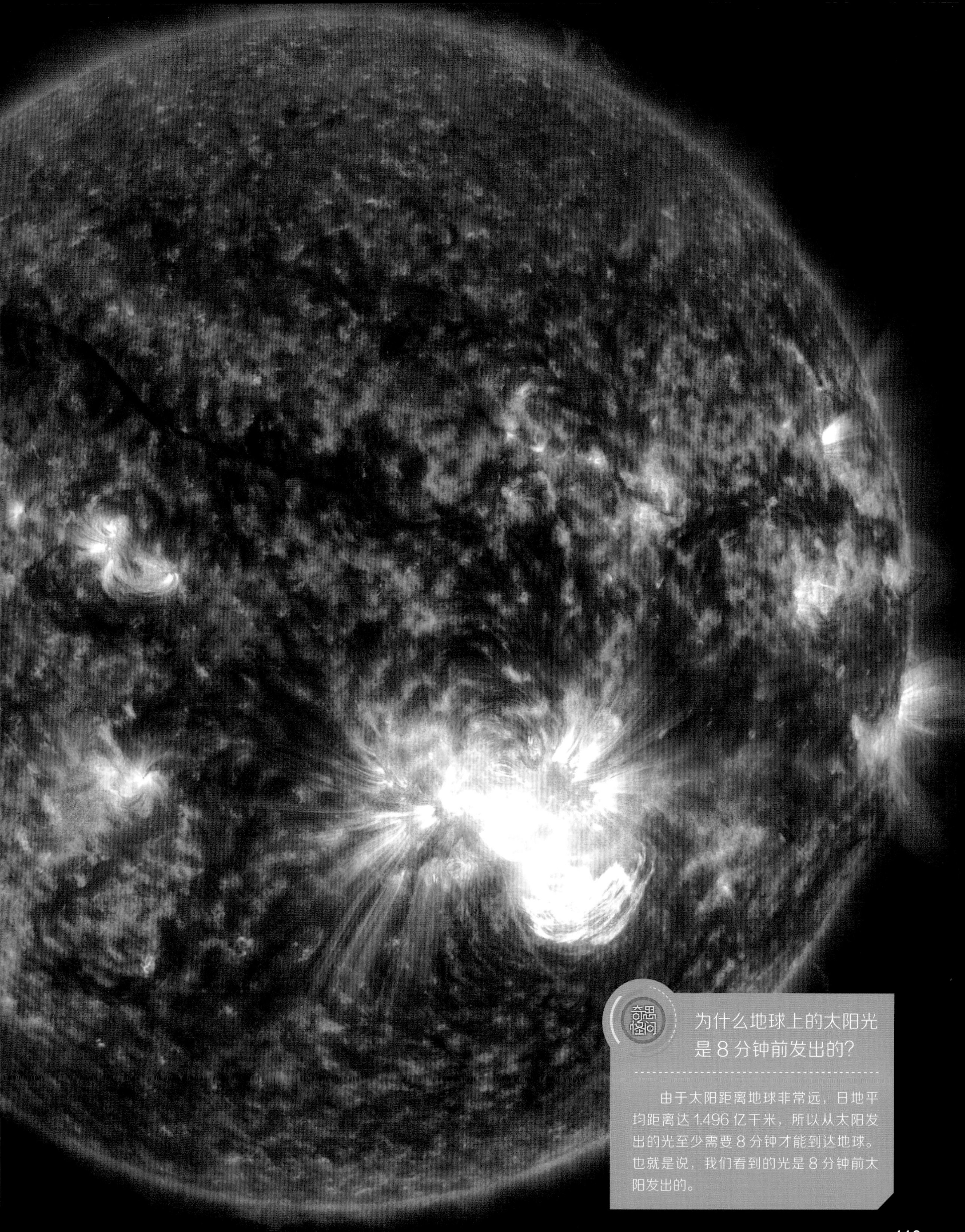

奇思怪问

为什么地球上的太阳光是 8 分钟前发出的？

由于太阳距离地球非常远，日地平均距离达 1.496 亿千米，所以从太阳发出的光至少需要 8 分钟才能到达地球。也就是说，我们看到的光是 8 分钟前太阳发出的。

太阳活动

太阳看起来很平静，实际上那里的活动剧烈而丰富。太阳活动主要有黑子、日珥、耀斑等，太阳黑子多时，其他活动也比较频繁。黑子附近的光球中总会出现光斑；黑子上空的色球中总会出现谱斑，其附近经常有日珥；黑子上空的日冕中则常出现凝块等不均匀结构。同时，最剧烈的活动现象——太阳耀斑绝大多数也发生在黑子上空的大气中。

太阳耀斑

耀斑是发生在太阳大气中的一种猛烈的“爆发”，指的是在太阳表面局部区域突然出现的大规模的能量释放过程。耀斑总是发生在色球和日冕之间的过渡区域，一般每当黑子数量特别多时，耀斑的现象也随之增多。观测表明，太阳耀斑的电磁辐射能量和粒子发射分别来自太阳大气中不同的区域。

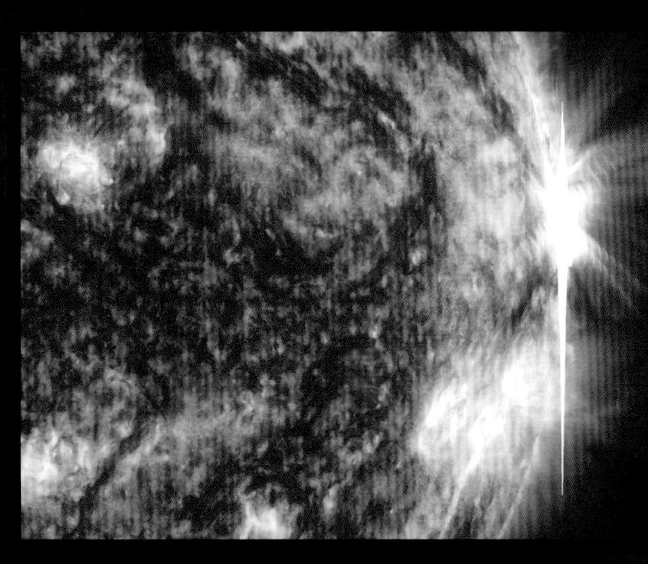

2013 年 10 月 29 日，空间望远镜拍摄到太阳上的巨型耀斑。

太阳活动会干扰手机信号吗？

太阳耀斑爆发时发射的电磁波进入地球电离层，引起电离层扰动，使得经电离层反射的短波无线电信号被部分或全部吸收，造成地球上的无线电短波通信衰减或中断，所以太阳活动强烈时，手机信号质量有可能下降。

日珥

在日全食时，我们可以观测到太阳的周围“镶”着一个红色的环圈，上面跳动着鲜红的“火舌”，这种火舌状物体称为日珥。日珥的主体在日冕当中，底端与色球相连。日珥是非常奇特的太阳活动现象，其数目和面积与 11 年的太阳活动周期有关，随黑子相对数的增减而变化，其温度为 5000℃ ~ 8000℃。

太阳的磁力线

太阳磁场

遍布于太阳大气和太阳内部的磁场，其结构相当复杂。最强的磁场出现在以太阳黑子为中心的活动区中，太阳上高纬度的两极地区的磁场极性相反。太阳的绝大部分物质是高温等离子体，太阳的物态、运动和演变都与磁场密切相关。太阳黑子、耀斑、日珥等活动现象，更是直接受磁场支配。

太阳风

太阳连续不断地向空间发射粒子流，形成太阳风并穿越太阳系。太阳风是从日冕区连续向外发射的等离子体，主要是质子和电子。太阳风的动力来自太阳对流层中产生的非辐射能流，其作用与鼓风机相似。彗星在靠近太阳时，星体周围的尘埃和气体会被太阳风吹到后面去，使彗星产生“尾巴”。

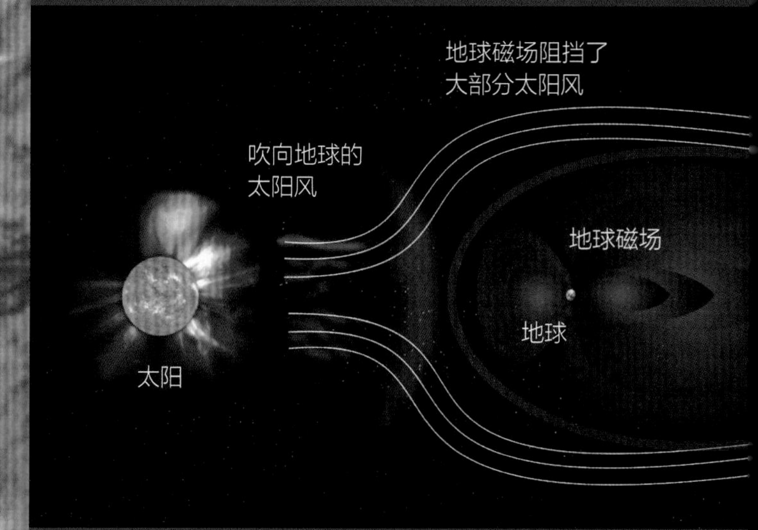

日冕物质抛射

从 20 世纪 70 年代开始，科学家通过放置在空间飞行器上的日冕仪观测发现，太阳最外层大气日冕中存在相当频繁的瞬变现象，主要是日冕物质抛射。它表现为几分钟至几小时内从太阳向外抛射物质，使很大范围的日冕受到扰动。

2000 年，太阳和日球层观测台拍摄到日冕物质抛射。巨型日冕物质被抛到了距离太阳表面 200 万千米的空间。

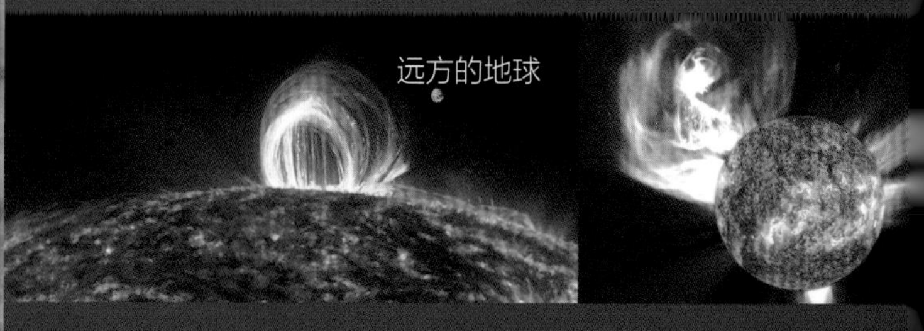

太阳黑子

太阳黑子是太阳表面出现的暗黑斑块，是最常见和最容易观测到的一种太阳活动现象。中国《汉书 · 五行志》中记载，成帝河平元年（公元前 28 年）三月某日“日出黄，有黑气，大如钱，居日中央”，这应是世界上最早的关于太阳黑子的记录。公元前 43 年 ~ 公元 1638 年，中国史书上已发现有 112 条太阳黑子目视记录。西方国家从 1610 年开始用望远镜断断续续地观测太阳黑子，1818 年后有较常规的每日黑子观测，从而有了比较完整而连续不断的太阳黑子观测资料。

AR12194 号太阳黑子

2014 年 10 月，太阳表面出现的 AR12192 号黑子群是 1990 年以来人类观测到的最大黑子群，其直径和木星相当，足足比地球大了约 14 倍。

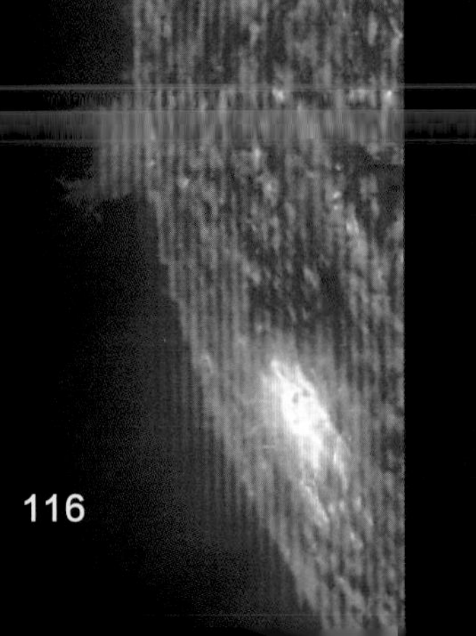

在高能紫外波段，太阳表面喷发出的等离子体温度高达 60000 度。

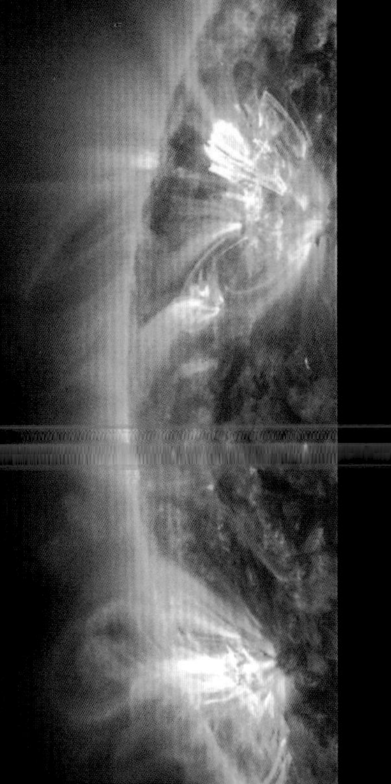

高能紫外波段观测到猛烈喷发的环状弧同样显示，太阳表面的这些等离子体被加热到数百万度的高温。

在这些猛烈喷发出等离子体的位置，有着明显的太阳黑子存在。黑子自身具有很强的磁场，太阳表面的剧烈活动都来自这里。

2011 年 8 月 15 日至 17 日，太阳动力学观测台拍摄了太阳表层区域的活动情况。

太阳黑子奇观

黑子观测

在普通望远镜的焦平面上放置照相底片拍摄太阳，或用附加强减光滤光片的望远镜对太阳目视观测，就能看到太阳表面经常出现的暗黑斑块，即太阳黑子。当太阳在地平线附近或遇到薄雾天气时，日面上如有特大的黑子，我们往往用肉眼就能看到。

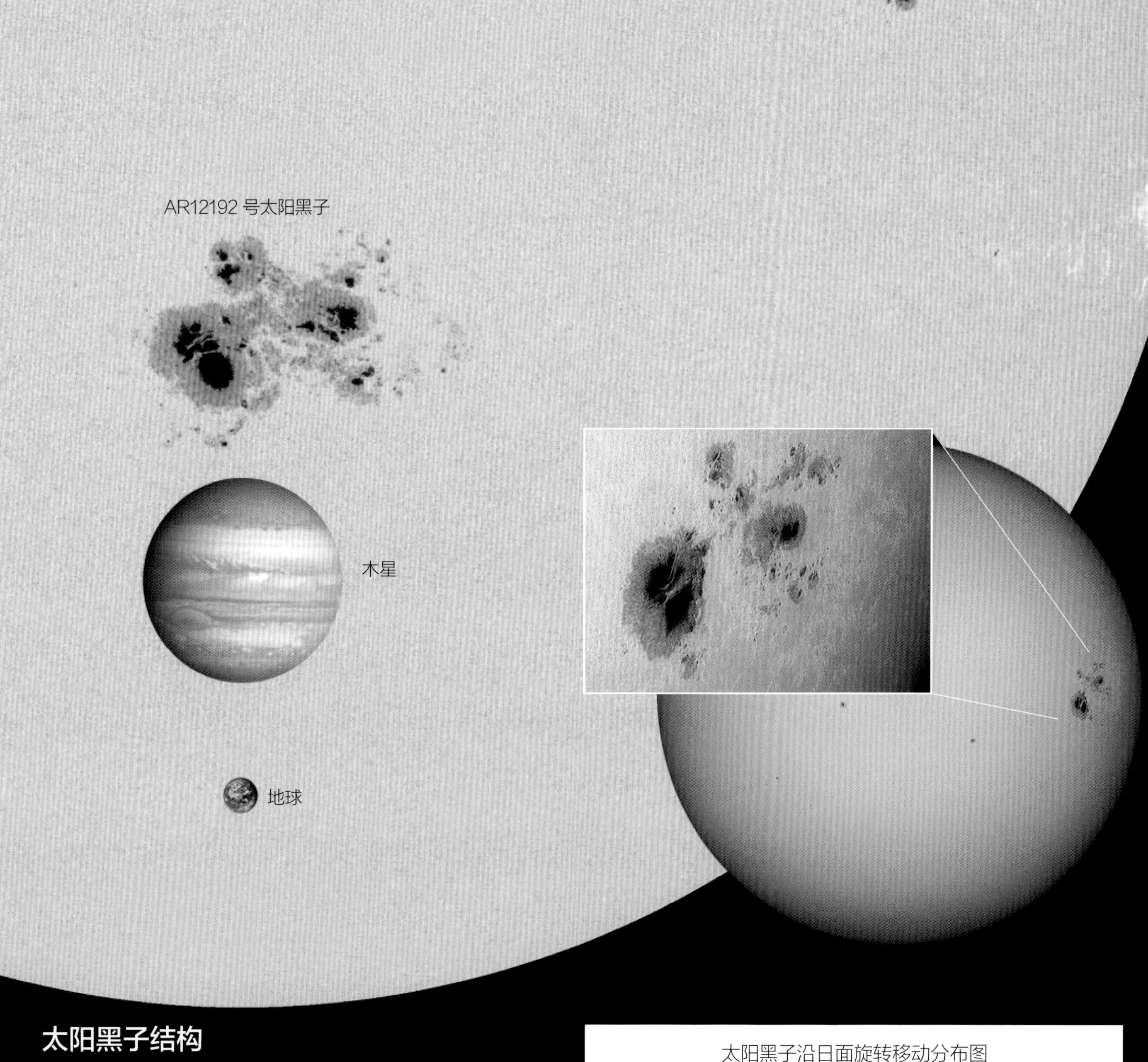

太阳黑子结构

黑子是太阳大气中的旋涡状气流，它挨近光球表面，有单个的和成对的，多数成群出现，称黑子群。大黑子群由数十个大小不等的黑子组成。单个黑子都有很强的磁场，黑子越大，磁场越强。较大的黑子结构复杂，其中心区常有一块或几块特别暗黑的核块，称为本影。围绕本影的淡黑区域称为半影。光谱观测表明，本影区和半影区的温度均比太阳表面无黑子区域的温度低。

蒙德蝴蝶图

黑子的形态不断发展，在太阳表面持续移动位置。天文学家发现，黑子在日面上的纬度位置随时间向赤道方向迁移，大约每 11 年太阳黑子的数目会达到一次最大值。这就是黑子的活动周期。如果以时间为横轴、以黑子纬度为纵轴作图，将会得到一串蝴蝶形的图样，称为蒙德蝴蝶图。

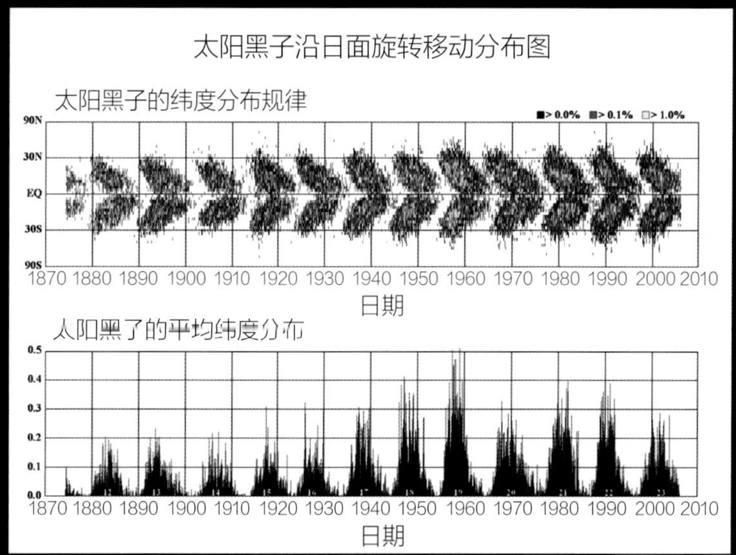

我们的地球

地球诞生于约 46 亿年前，是一颗美丽的蔚蓝色的行星。地球是太阳系中的一颗行星，太阳是银河系中 1000 多亿颗恒星中的一颗恒星，而宇宙中还有无数个和银河系类似的巨大星系。地球平凡而渺小，只相当于宇宙中一粒微小的灰尘。地球又是如此独特而伟大，它既有奔腾的水作为“血液”，又有磁层、电离层、大气层作为“保护衣”。它不像金星、木星的生存环境那般严酷，也不像火星、月球的表面那样荒芜。它是我们的家园，是我们最亲密、最熟悉的一颗行星。

地球表面

地壳的外层就是地球的表面。地球表面由陆地和海洋组成，其中约 71%的面积是海洋，陆地只占据约 29%。地球虽然已诞生约 46 亿年，它的表面却非常年轻。人类迄今为止发现的最古老的岩石，也只有 30 多亿年的历史，这是因为地球表面处于沧海桑田般的持续变化之中。地球内力作用形成的板块运动、大陆漂移、火山和地震活动等，以及外力作用形成的大气活动、风力、水体和冰川等，使地球表面不断被破坏和“更新”。

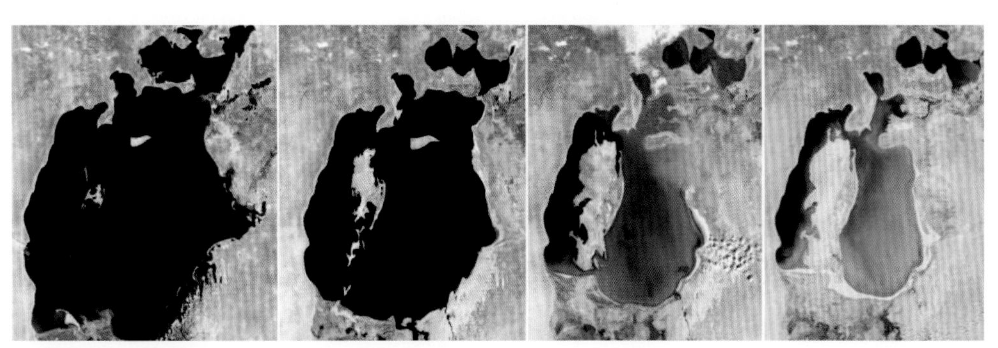

位于哈萨克斯坦和乌兹别克斯坦交界处的咸海，从 1973 年到 2001 年之间发生了巨大的变化。

地球上的陆地

岛屿和大陆构成了地球上的陆地。岛屿有群岛、半岛等许多类型。大陆的地貌则更为丰富，既有陡峭的山地，也有深邃的峡谷；既有平坦的平原，也有起伏的丘陵；既有广袤的高原，也有低洼的盆地；既有水草繁茂的湿地，也有干旱苍茫的荒漠。陆地上的平原是人类文明的摇篮，如今世界上的大部分人都居住在平原上。

板块运动

人们在高山上发现了原本生活在海洋中的生物的化石；南美洲和非洲间隔着大洋，可两大洲上却出现了相近的古生物化石。为什么会存在这些现象呢？原来，地壳是由若干个坚硬的岩石板块组成的，每个板块都会运动。板块运动时，会载着板块上的大陆一起漂移，大陆就像乘客一样“乘”在板块上行进。板块运动可以造就高山、峡谷，也常导致火山爆发、地震。

喜马拉雅山就是印度板块向北挤压亚欧板块后隆升的年轻大陆

在浩瀚的宇宙中，地球极为平凡而渺小，也极为独特而美丽。

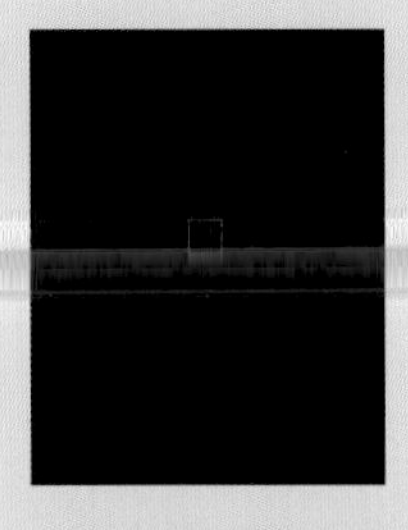

在距离地球极其遥远的宇宙深处看，宇宙星光点点。我们似乎看到了一个“星团”。

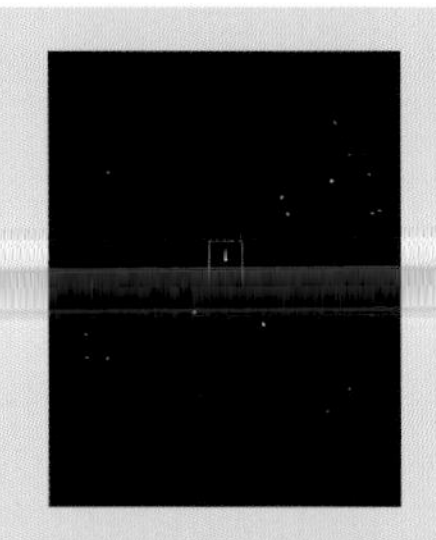

放大这个“星团”，我们似乎看到一颗“星星”。

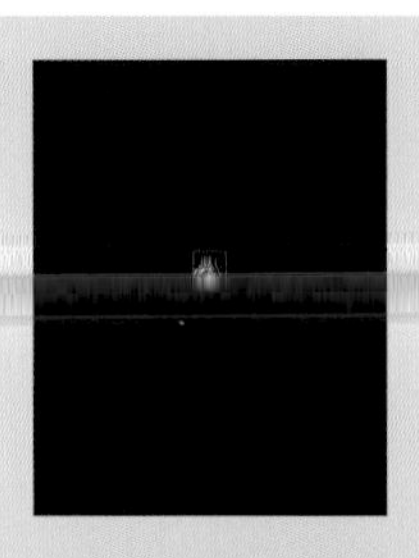

让我们把镜头再拉近一些，原来这不是一颗星星，而是银河系。

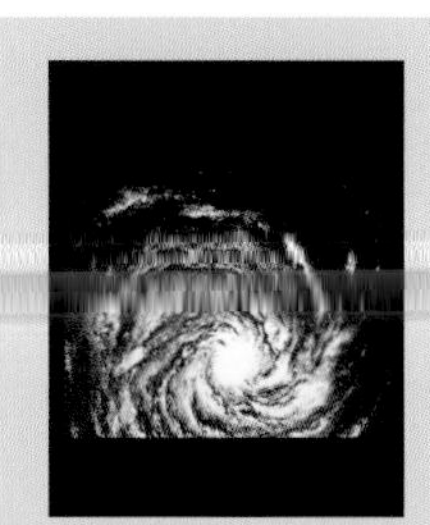

放大银河系，我们会看到白色的旋涡，那是银河系里数不清的星星和星云发出的光芒。

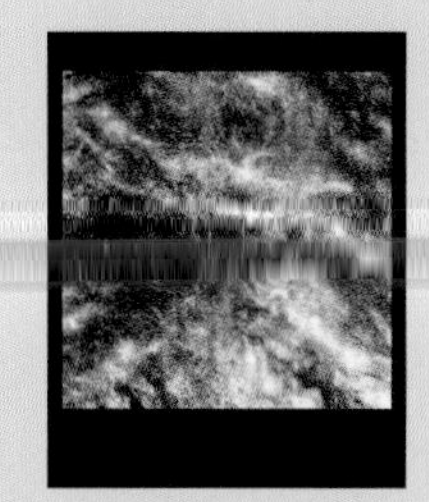

把镜头拉近到距离地球 1 万光年的数量级，银河系里的星星和星云看上去数不胜数。

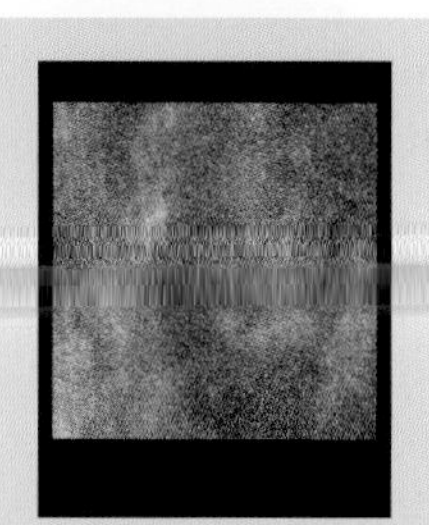

把镜头拉近到距离地球 1000 光年的数量级，眼前的星星还是密密麻麻的。

地球上的水

浩瀚的宇宙中，地球之所以独特，是因为地球上的水。地球的蔚蓝之美，源于地球表面 71% 的浩瀚海洋；地球的生命之光，也源于地球上 13.6 亿立方千米的生命之水。地球是太阳系中唯一拥有大量液态水的星球，地球上 97.3% 的海洋水，2.14% 的冰川、冰盖水，以及 0.56% 的地下水、湖泊水、江水、河水等，共同孕育了地球上的生命，使地球成为一个生机盎然的世界。

从太空看地球的云、海洋和陆地

恒星与地球生命

如果全人类一起跳跃，地球会怎么样？

如果分布在世界各地的人一起跳跃，那彼此跳跃的力量会相互抵消。所以地球上的人首先需要聚集到一个地方。那么，假使 70 多亿地球人聚集到同一个地方，一起向上跳跃 30 厘米，会怎么样呢？很遗憾，因为全人类的质量和地球的质量相比无足挂齿，所以地球的位置仅仅会移动氢原子直径百分之一的微小距离，并且随着人类回到地面，地球也会回到原位。但是，这场跳跃产生的震动却会引发一场高达 9 级的地震，足以毁灭一个城市。

从宇宙看地球

地球表面大部分被海洋所覆盖。当阳光照射到地球上时，阳光中的蓝色光最容易被海洋中的海水所散射，所以从宇宙中看，地球是蓝色的。而包裹着地球的大气层，因为富含水汽等成分，就好像一层罩在蓝色地球外的白色薄纱。因此 1961 年，人类第一位航天员加加林进入太空，第一次用人类的双眼眺望地球时，才会发现它是一颗“身披”半透明“白纱”的蔚蓝行星。

把镜头拉近到距离地球 1 光年，终于出现了一颗格外明亮的“星星”。

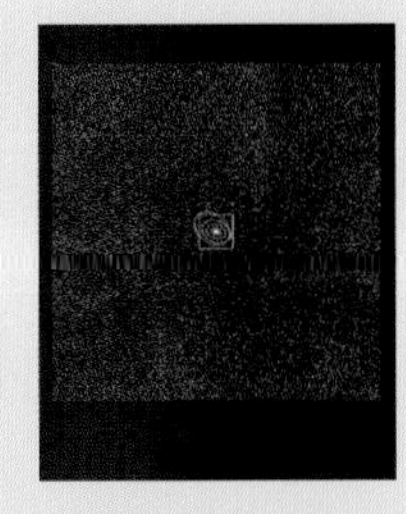

放大这颗“星星”，原来这是太阳系。

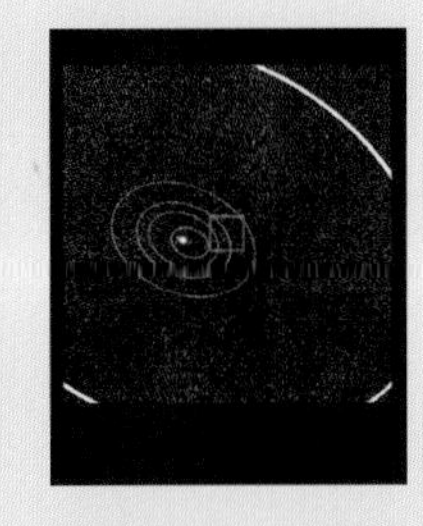

继续放大太阳系，看到了一条熟悉的轨道。

再靠近一些，终于看见了，那是一颗有卫星环绕的行星。

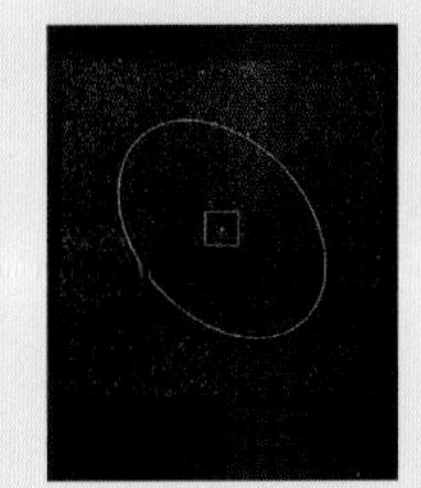

不断放大镜头，我们终于隐约能看见那颗行星了。

在 10 万千米外的远处，这颗行星终于初现“容颜”。

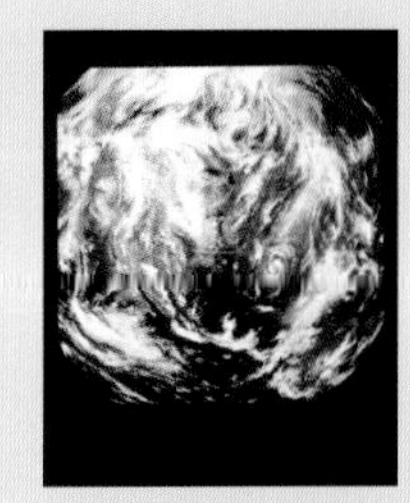

从 1 万千米外的空中看，这颗蔚蓝的行星就是我们的地球。

地球大气

外层是距离地球表面 500 千米以上的大气层。外层再往上，就进入行星际空间了。这里仅有的少量空气分子常常飘出外层，“逃”向行星际空间，一去不复返，所以外层又称逃逸层。

如果我们从航天飞机或人造卫星上看地球，会发现地球“披”着一件淡蓝色和白色相间的美丽“外衣”，这就是大气。大气像一个调节器，时刻调节着出入其中的辐射热量，使地球表面的温度适宜生物生存，而不像月球、火星那样昼夜温差过大。大气还像一个隐形的盾牌，为地球上的生命抵挡了来自太阳系空间小天体的撞击和有害辐射。

极光

热层位于中间层的上部，温度随高度的上升而迅速上升，约 500 千米高的热层顶部气温可达 1200℃左右。

这一层能反射地面发出的无线波

流星

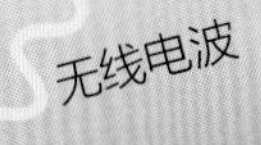

臭氧层

大气的成分

地球大气中包含氧气、氮气、二氧化碳、水汽和臭氧等多种气体，其中含量最多的是氮气。地球上的各种生物都依赖大气中的氧气生存。没有大气，就不会有包括我们人类在内的任何生命。地球大气中还有呈悬浮状态的气溶胶质粒，包括液态和固态质粒。液态质粒包括霾滴和云雾滴，固态质粒包括尘、花粉、孢子、真菌、细菌等。

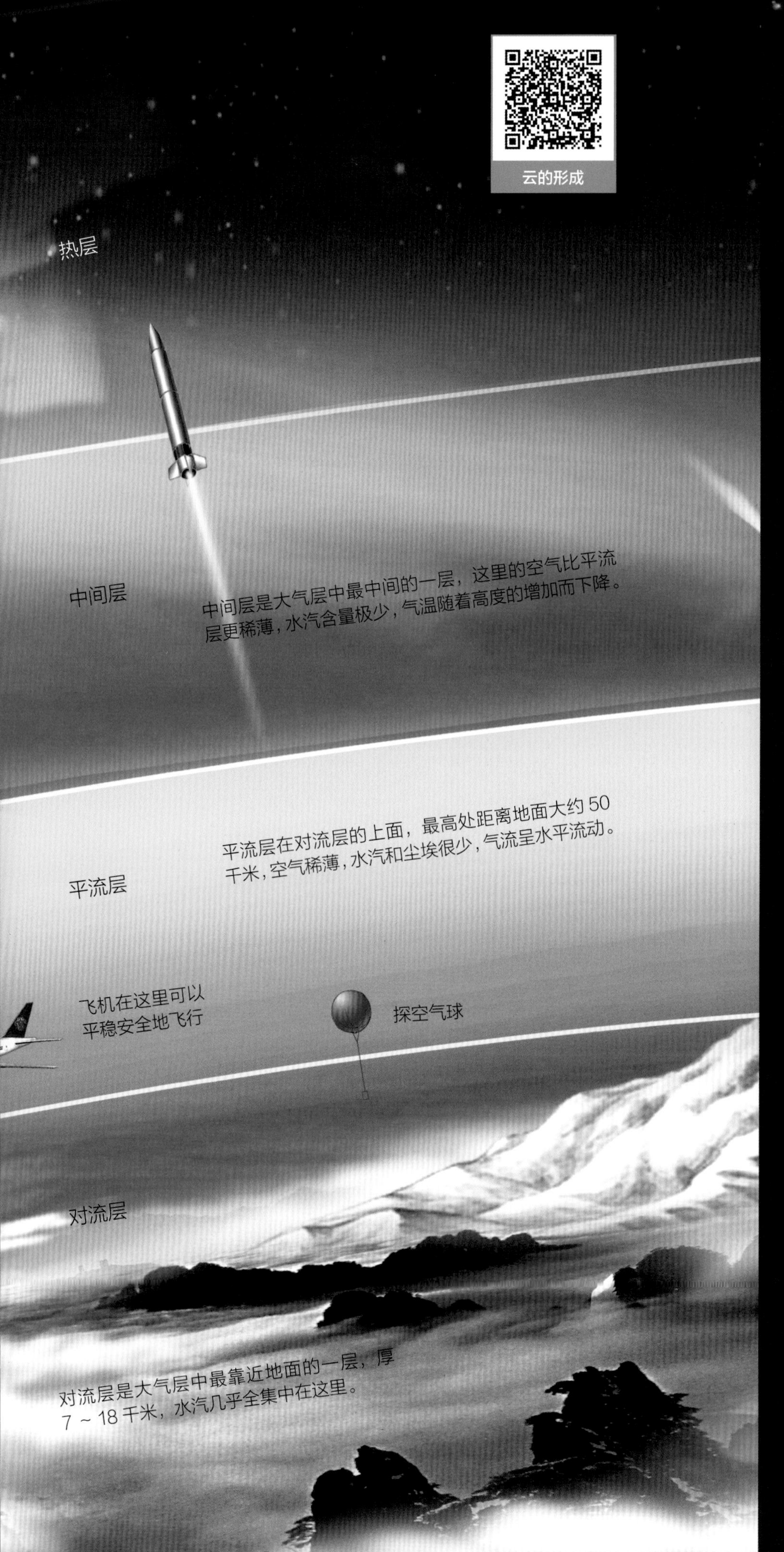

大气层

地球的大气层厚约 1000 千米，分为 5 个不同的层次，从低到高依次为对流层、平流层、中间层、热层、外层。大气中的气体和水汽绝大部分集中在底部，越往高处空气越稀薄。大气不仅随地球一起转动，而且相对于地球表面有复杂多变的运动。

臭氧层

距离地球表面 15 ~ 40 千米高的大气层是臭氧层。臭氧层能有效地吸收太阳光中的紫外线，从而使地面上的生命免受紫外线的伤害。但近年来，由于人类在制造和使用空调、电冰箱的过程中，向大气中排放了大量含氟利昂的化合物，臭氧层遭到破坏。如今，南极上空的臭氧层已经出现了一个巨大的空洞。如果空洞继续扩大，进入到地面的太阳紫外线会大大增多，皮肤癌的发病率会升高，农作物的生长也会受到影响。

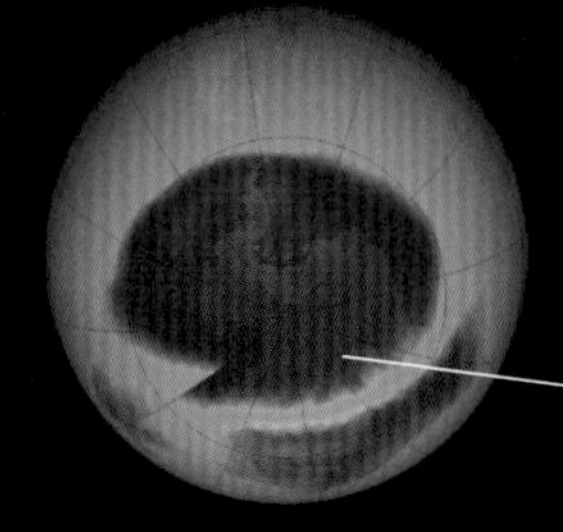

2017 年的南极上空臭氧层空洞

各种天气现象

大气中的水汽集中在大气层的对流层，大气的垂直对流运动，形成了云、雨、雪、雷暴等各种复杂的天气现象。水汽的蒸发和凝结，能吸收和放出热量，影响到大气的温度和运动变化。

地球四季

地球之美，不仅在于它有广袤的雨林、辽阔的平原、蜿蜒的河流、绵延的群山、浩瀚的海洋，还在于地球上的大部分地带，一年有四季更迭，万物有枯荣变化。春、夏、秋、冬四个季节循环往复，一年又一年地组成地球的生命年轮。那么四季是怎样产生的呢？这要从地轴和地球的公转说起。

阿尔卑斯山的夏季

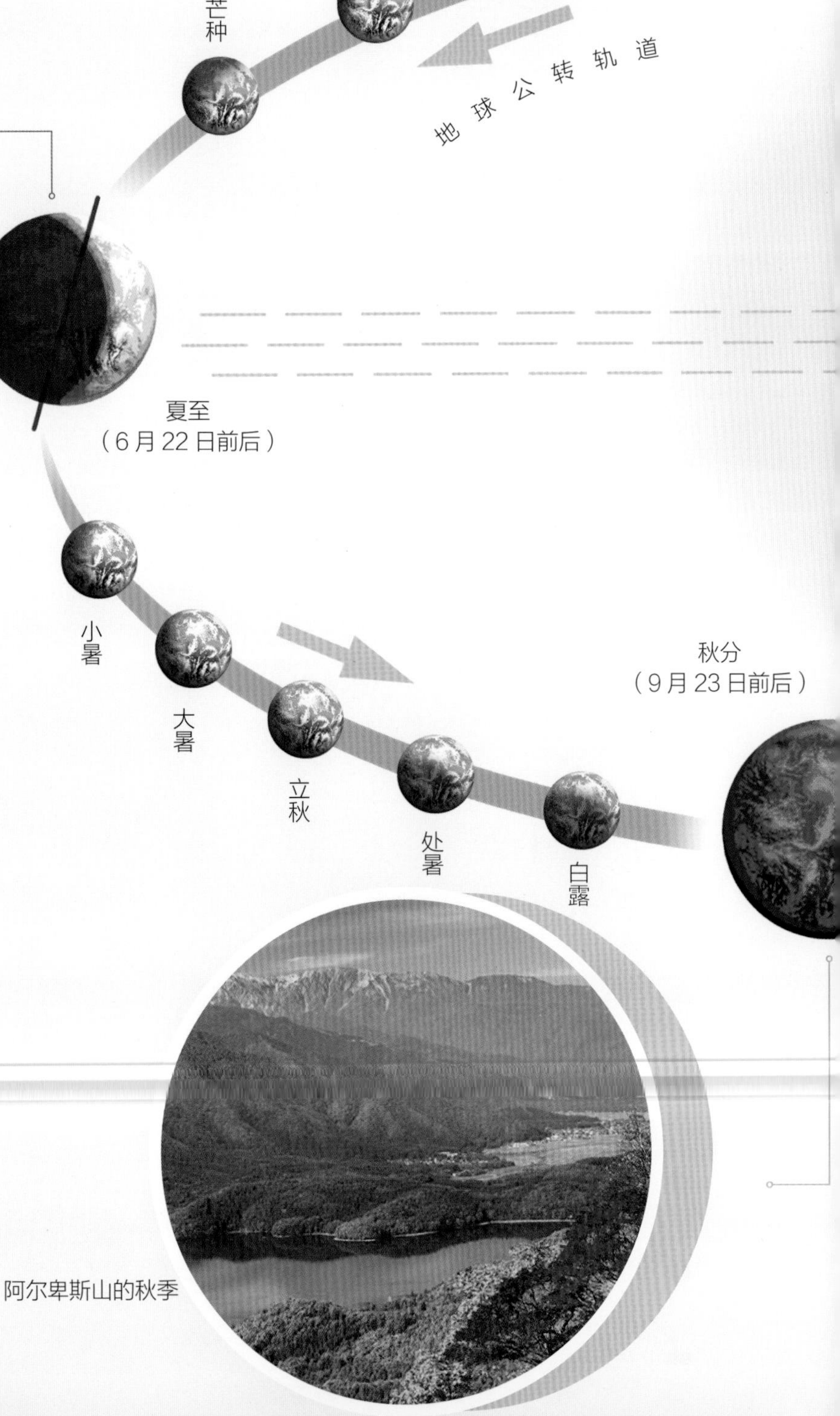

阿尔卑斯山的秋季

地轴与地球公转

把地球的南极和北极连起来，能形成一条与赤道垂直的竖线，这条竖线被我们称为地轴。地球就是不停地绕着地轴自转的。地轴与地球的公转轨道并不是垂直的，两者之间有一个约66° 的夹角。也就是说，地球总是倾斜着“身体”绕太阳公转的。

季节的形成

由于地球总是斜着“身体”绕太阳公转，所以每年6月～8月，太阳光会直射在地球的北半球，使北半球得到的热量多，温度高，形成夏季，而此时，南半球的太阳光是斜射的，得到的热量少，温度低，就会形成冬季。到了每年12月至次年2月，太阳光会直射南半球，这时南半球形成夏季，北半球形成冬季；每年3月～5月和9月～11月，太阳光直射地球的赤道附近，这时北半球和南半球得到的热量差不多，都处于全年中温度适中的季节，就会形成春季和秋季。

二十四节气

中国古代的劳动人民为了不误农时，取得好收成，根据每年气候的循环变化，创立了世界上独一无二的农事历——二十四节气。二十四节气里的每一个节气，都对应着地球在公转轨道上的一个位置。每个节气的天气特征，都与此时公转轨道上地球和太阳的相对位置有关。上半年的节气一般在每个月的 6 日、21 日，下半年的节气一般在每个月的 8 日、23 日，会有前后一两天的误差。

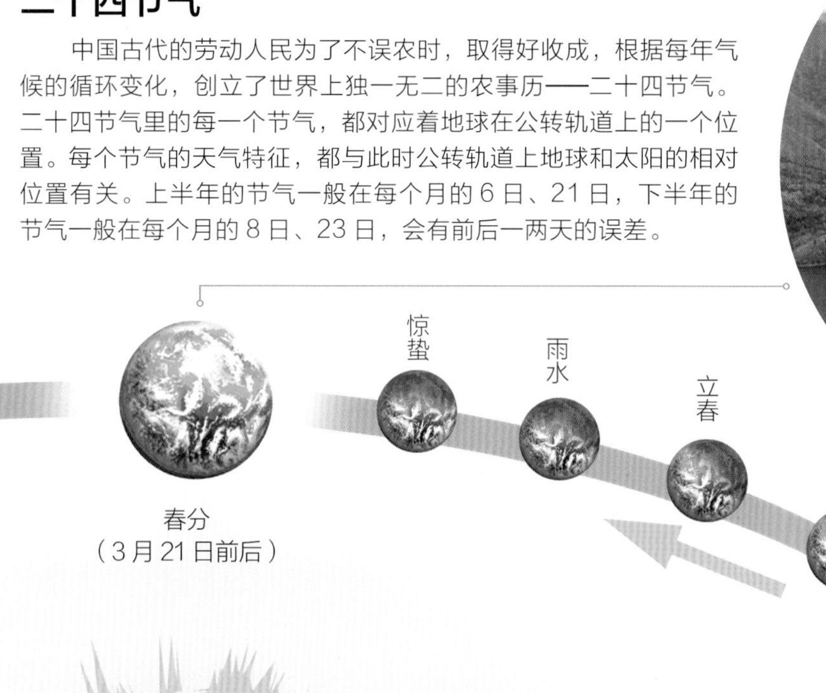

阿尔卑斯山的春季

阿尔卑斯山的冬季

西方的星座与中国的节气有关系吗？

中国古人根据昼夜的长短、中午日影的高低等因素，把地球绕太阳公转的轨道平均分为 24 份，每隔 15° 就对应一个节气。西方的黄道十二星座则是把地球公转轨道平面与天球相交的大圆——黄道划分为 12 份。由此可见，中国的二十四节气和黄道十二星座的划分方式有不谋而合之处。

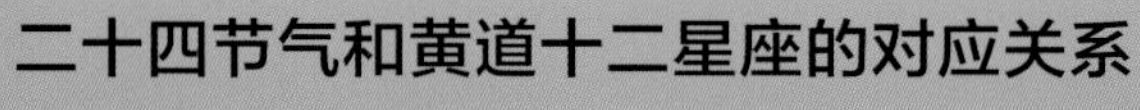

二十四节气和黄道十二星座的对应关系

节气	星座	节气	星座	节气	星座
立春	宝瓶	芒种	双子	寒露	天秤
雨水	双鱼	夏至	巨蟹	霜降	天蝎
惊蛰	双鱼	小暑	巨蟹	立冬	天蝎
春分	白羊	大暑	狮子	小雪	人马
清明	白羊	立秋	狮子	大雪	人马
谷雨	金牛	处暑	室女	冬至	摩羯
立夏	金牛	白露	室女	小寒	摩羯
小满	双子	秋分	天秤	大寒	宝瓶

火山和地震

火山和地震都是自然现象。它们是地球内部能量向外剧烈释放的过程，大多数是由地球内部板块的相对运动造成的。地球上火山和地震较多的地方，大多位于板块的交界地带，如日本、智利等。在地球形成的早期，火山喷发和地震比较频繁。经过几十亿年的演变，内部能量释放逐渐趋于平静，现在陆地上还在喷发的活火山已经不多了，大地震发生的频率也大大降低了。

火山喷发

地球内部物质的不断运动，在地幔局部地区会产生岩浆，并形成岩浆房。在一定的情况下，岩浆会侵入岩层，并沿着岩层的裂缝猛烈地喷出地面，形成火山喷发。火山喷发涌出的炽热岩浆温度高达 1200℃。地球上，正在喷发或周期性喷发的火山称为活火山；早已不再喷发，而且火山构造已经被严重破坏，只留存着很久之前喷发遗迹的火山称为死火山；暂时停止活动，但可能再次喷发的火山称为休眠火山。许多著名的火山，如日本的富士山和非洲的乞力马扎罗山等都是休眠火山。

火山锥

炽热的岩浆
迅速向下流动

火山弹

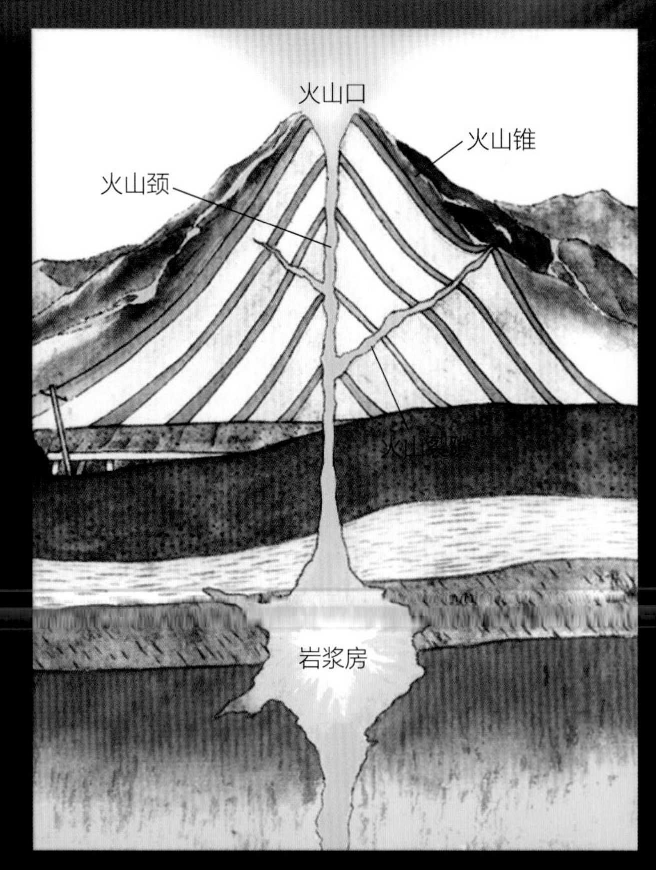

火口湖

火山喷发后，常在山顶留下一个漏斗状的深坑，称为火山口。雨雪降落在火山口里，时间久了，火山口里不断积水，就会形成一个湖泊，我们把这种湖称为火口湖。火口湖大都是圆形的，面积虽不大，往往却很深，常常因为景致壮观、瑰丽而成为旅游胜地。世界著名的火口湖有中国长白山的天池、湖光岩和日本的北藏王山火口湖等。

地震

地球上板块与板块之间进行相互挤压、碰撞，当压力不断增加至足够大时，地壳就会突然发生断裂和错位，瞬间释放出巨大的能量，引起大地的强烈震动，这就是人们在地面上感受到的地震。3 级以上的地震人们可以感觉到，5 级以上的地震会导致树倒屋塌，更大的地震则能在几分钟内让城市变成废墟。

2008 年 5 月 12 日，发生在中国四川省的汶川地震，震级高达 8 级。

地球生命

虽然浩瀚的宇宙中有不计其数的大小星球，地球却显得格外与众不同，因为它是人类已知的唯一一个有生命存在的星球。地球像一位母亲，养育了形形色色的微生物、植物、动物，孕育了一个生机勃勃的生命世界。地球生命的诞生和繁衍，离不开地球提供的绝佳条件：水、氧气、适宜的温度和屏蔽辐射的磁场。

原始的地球

地球刚诞生时，地球的原始大气层被强烈的太阳风所驱赶而逃逸。没有大气层的保护，地球常被小天体撞击，加之那时地壳还比较薄，所以火山喷发非常频繁。地球内部蕴藏的水分子和含水矿物在火山喷发的过程中变成水汽，飘在空中，然后通过降雨落到地面，地面上便有了积水。低洼处的积水连成一片，逐渐形成地球生命的摇篮——原始海洋。

生命的起源

35 亿年前形成的地球沉积岩里，已经有原始生物蓝藻和绿藻的遗迹了。虽然我们还不知道最初的地球生命是怎么出现的，但可以确定，最初的生命大约诞生在 40 亿年前。科学家推测，地球上最初的生命和病毒类似，是一种结构非常简单的单细胞生物。正是因为有了这种不起眼的小生命，大气中氧气的含量才不断增加，地球上才随之诞生了更多的生命。

从火山中喷出的气体，构成了地球最早期的火山气体大气层。

演化

随着原始海洋的出现、大气中氧气不断增加，地球不再仅是单细胞生物的世界。约 10 亿年前，多细胞生物诞生了；无脊椎动物随后出现；不久，有脊椎的鱼类也诞生了；接着，更高级的爬行动物和哺乳动物陆续出现。地球上丰富多样的生命，都是通过漫长而复杂的演化而出现的。演化不但创造了新的生物物种，也让各类地球生命更加适应生存环境。

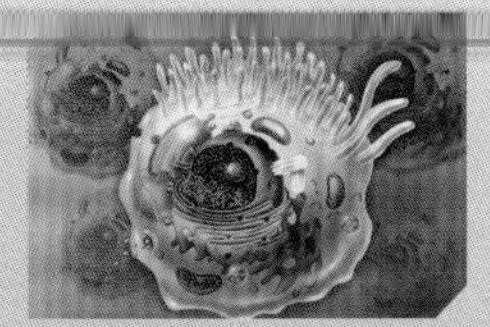

40 亿年前

地球上最初的生命诞生

35 亿年前

地球上已经有了蓝藻和绿藻

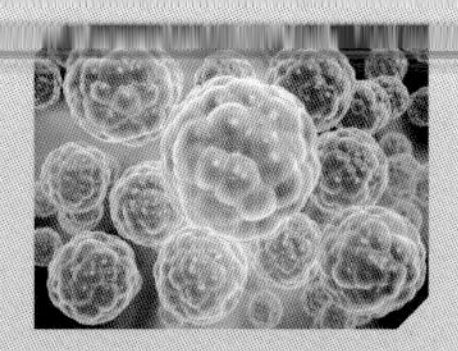

10 亿年前

多细胞的生物诞生

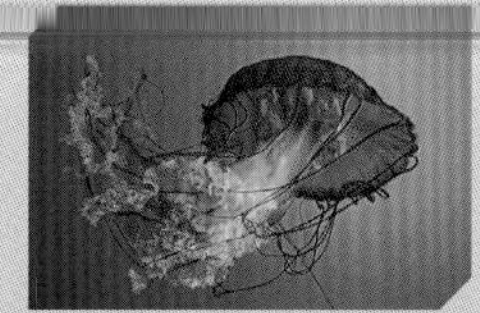

7 亿年前

蠕虫、水母等复杂的动物出现在原始海洋里

生物圈

地球上生活着 30 多万种植物、150 多万种动物，还有数量庞大的微生物。这些生物和它们生存的环境的总和，就是生物圈。生物圈由大气圈的下部、岩石圈的上部、水圈三个部分组成。生活在大气圈下部的主要是鸟类；繁衍在岩石圈上部的是绝大多数的植物、动物和微生物；栖息在水圈的则是一些水生植物、微生物，还有鱼类、两栖动物和一些哺乳动物。生物圈是地球生命的宝贵家园。人类要在地球上生存和发展，必须保护好生物圈。

物种灭绝事件

地球至今 46 亿年的生命历程里，有许多生物物种诞生，也有许多生物物种由于生存环境恶化等原因而灭绝。最著名的大概要数恐龙等地球上 70% 物种的灭绝事件。生活在侏罗纪和白垩纪的恐龙一度是“地球霸主”。有充分的证据证明，在大约 6500 万年前的晚白垩纪末，一颗直径约 10 千米的小行星撞击在墨西哥尤卡坦半岛的魔鬼角，在半岛的陆地和连接的海洋里，形成了直径 180 千米的希克苏鲁伯撞击坑。小天体撞击的后续效应彻底摧毁了地球表面的生态系统，导致地球 70% 的生物物种灭绝。在经历了漫长的生态修复过程后，地球才恢复了生机，新物种不断出现。

超新星爆炸

5.7 亿年前
地球上出现了许多长着硬壳的无脊椎动物

4.9 亿年前
有脊椎的鱼类出现

3.6 亿年前
爬行动物出现

1.5 亿年前
最早的哺乳动物诞生

地球极光

当太阳下山后，地球的夜空就像一块漆黑、深邃的幕布。在璀璨群星的装点下，这块幕布显得格外美丽壮观。广袤的天幕上，除了漫天闪烁的繁星、一闪而过的绚烂流星，还有在两极地区才能看到的炫目迷人的“夜空舞纱”，这就是神奇的极光。

极光的产生

地球具有地磁场。部分太阳带电粒子沿着地磁场的磁力线进入地球磁场北极和南极的上空，同高层大气中的氧原子和氮原子碰撞，使它们获得能量并激发，且以光的形式释放，这就是极光。极光的面积非常大，能厚达几十千米、长达 1000 千米，并且绚丽夺目、不断跃动变幻，像轻柔飘舞的缤纷彩带，又像横亘天幕的万里长虹。出现在南极地区的极光称为南极光，出现在北极地区的极光称为北极光。

极光的颜色

太阳带电粒子具有不同的能量，在同大气中原子和分子作用的过程中，使得原子和分子获得不同的能量，并以不同频率光的形式释放出来，不同频率的光有不同的颜色。由于大气中主要是氧原子和氮原子，所以极光的颜色主要是红色和绿色。红色极光大多有弥漫状的光弧，通常分布在 200 ~ 400 千米的高空。绿色极光没有固定的形状，但大都有射线一样的光线，通常分布在 100 ~ 180 千米的高空。还有一种极光，其下部边缘处呈红色，这类极光下部的高度通常为 90 ~ 110 千米，有的甚至能低至 65 千米。人们看到的极光之所以有时是五彩缤纷的，是因为不同类型的极光在一起产生了混合效果。

极光的观测

极光出现的规律与太阳黑子数有关。太阳黑子数越多的年份，极光出现的频率也越高。观测极光需选择合适的观测地。地球南纬、北纬60°～70°的地带，有“极光带”之称，因为在这两个区域，人们观测到极光的概率非常高。越靠近赤道，人们观测到极光的概率就越低。观测时的天气也很重要，因为极光只有在晴朗无云的夜晚才能用肉眼看见。以北极光为例，每年2月、3月、10月、11月是其最佳观测季节，北美洲的阿拉斯加地区和欧洲的芬兰等地都是追寻极光的理想之地。

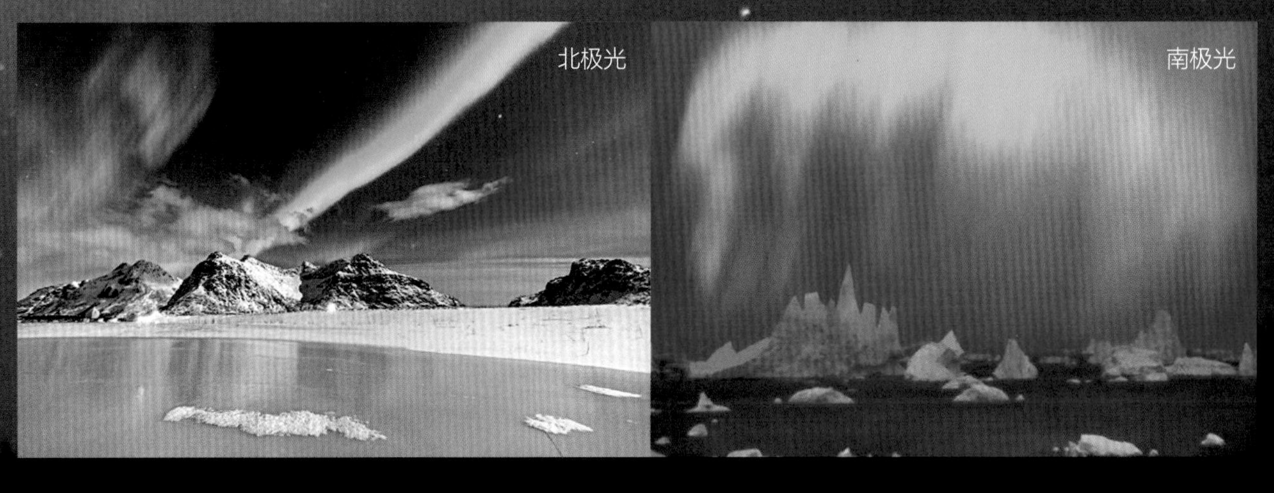

北极光

南极光

紫色极光

白绿色极光

红色极光

月球

月球俗称月亮，古称太阴、玄兔、婵娟、玉盘等。月球是地球唯一的卫星，也是离地球最近的天体。关于月球的起源有几种假说，其中，大碰撞理论认为，月球是由一颗火星大小的天体与原始地球碰撞所产生的碎片逐渐形成的，这是有最多证据支持的说法之一。月球与地球一样，也具有层圈构造，从月球表面到内核，可依次分为月壳、月幔和月核。月球上没有全球性偶极磁场，没有大气，也没有液态水。月球的引力仅为地球引力的 1/6，人类到了月球上，只要轻轻一跃，就能跳起好几米高。

月球的公转和自转

月球以椭圆轨道绕地球运转，其轨道平面在天球上截得的大圆被称为“白道”，月球轨道对地球轨道的平均倾角约为 5°。在围绕地球转动的同时，月球本身也在自转，它的自转周期与公转周期相同，均为 27.3 日，所以月球始终以固定的一面朝向地球。据测量，月球正以每年 3.8 厘米的速度远离地球。

月相

“人有悲欢离合，月有阴晴圆缺”，这里的“圆缺”就是指月相变化。在地球上，月球是唯一能用肉眼观察到盈亏和月相逐日变化的天体。月球本身不发光，其可见发亮部分是反射太阳光的部分。由于太阳、地球和月球之间的相对位置不断发生变化，人们在地球上会看到月球出现圆缺，即盈亏变化。月球从圆到圆或从缺到缺的更替周期是 29.5 日，称为一个朔望月，中国称之为“月”。

月球的阴晴圆缺变化

月球表面

我们仅凭肉眼就可观察到月球表面的状况。望远镜发明之后，天文学家开始绘制和拍摄月面图，按地形地貌的结构和特征分别冠以“环形山”“湖”“海”“谷”“洋”“湾”等名称。随着月球探测技术的发展，最终证明月球表面没有任何液态水，月海、月湖等与水有关的名称全都名不副实。事实上，月球表面疤痕累累，有大量的撞击坑，其中直径大于 1 千米的撞击坑达 33000 多个。

月球表面有许多撞击坑，这是小天体撞击后留下的“伤疤”。

月球探测

月球是人类飞离地球“摇篮”的门槛。1958 年～ 1976 年，苏联和美国共实施了 108 次月球探测，掀起第一次月球探测的高潮。第一次探月高潮实现了飞越、环月、着陆器或月球车落月探测、无人与载人登月取样返回。1969 年～ 1972 年，美国成功实现了 6 次载人登月，12 名航天员登陆月球。1990 年～ 2024 年，中国、美国、俄罗斯、日本、印度、韩国、巴西、以色列及欧洲航天局等十几个国家和组织陆续提出了“重返月球”的计划，发射了 20 多次月球探测器，迎来了第二次月球探测高潮。中国成功实施了绕月探测、落月探测、月球取样返回。

月球探测器

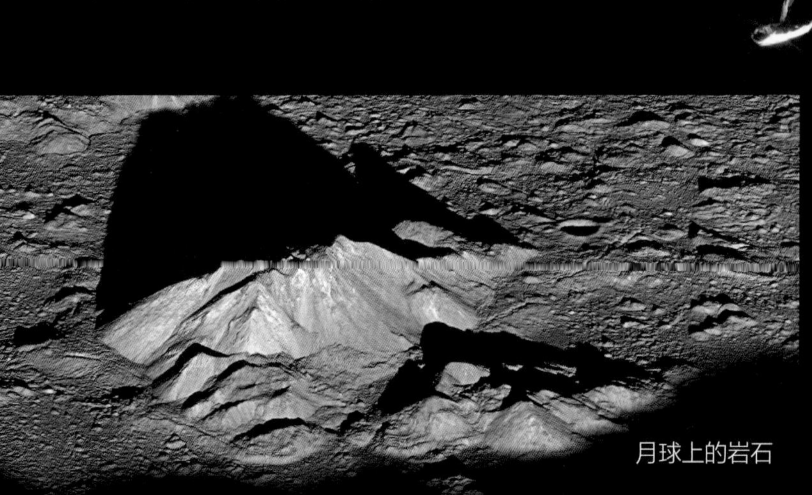

月球上的岩石

月球资源

月球表面蕴藏有极其丰富而稳定的太阳能，以及丰富的铁、钛、稀土元素、钍、铀、氦 -3 等资源。铁和钛资源主要赋存于月海玄武岩中。克里普岩是月球三大岩石类型之一，这种岩石富含钾、稀土和磷。氦 -3 是一种洁净、高效、安全的可控核聚变发电燃料，月球土壤中含有丰富的氦 -3 资源。

日食

月球围绕着地球旋转，地球又带着月球一起围绕着太阳旋转。当这三个天体运行到一定位置、排列成一条直线时，日食或月食就出现了。对这三个天体运行的位置进行计算，就能做出准确的预报：日食或月食发生的日期和具体时刻，日食或月食的类型，以及适合观测的位置等。

2008 年嘉峪关日全食

本影和半影

在太阳光照射下，地球和月球的身后都拖着一条影子。三种不同类型日食的发生，与月球的影子结构和日食时地球在月影中的位置有关。影子可分成两个部分：看上去特别黑的是太阳光进不去的部分，被称为本影；看上去不那么黑的是太阳光可进去的部分，被称为半影。

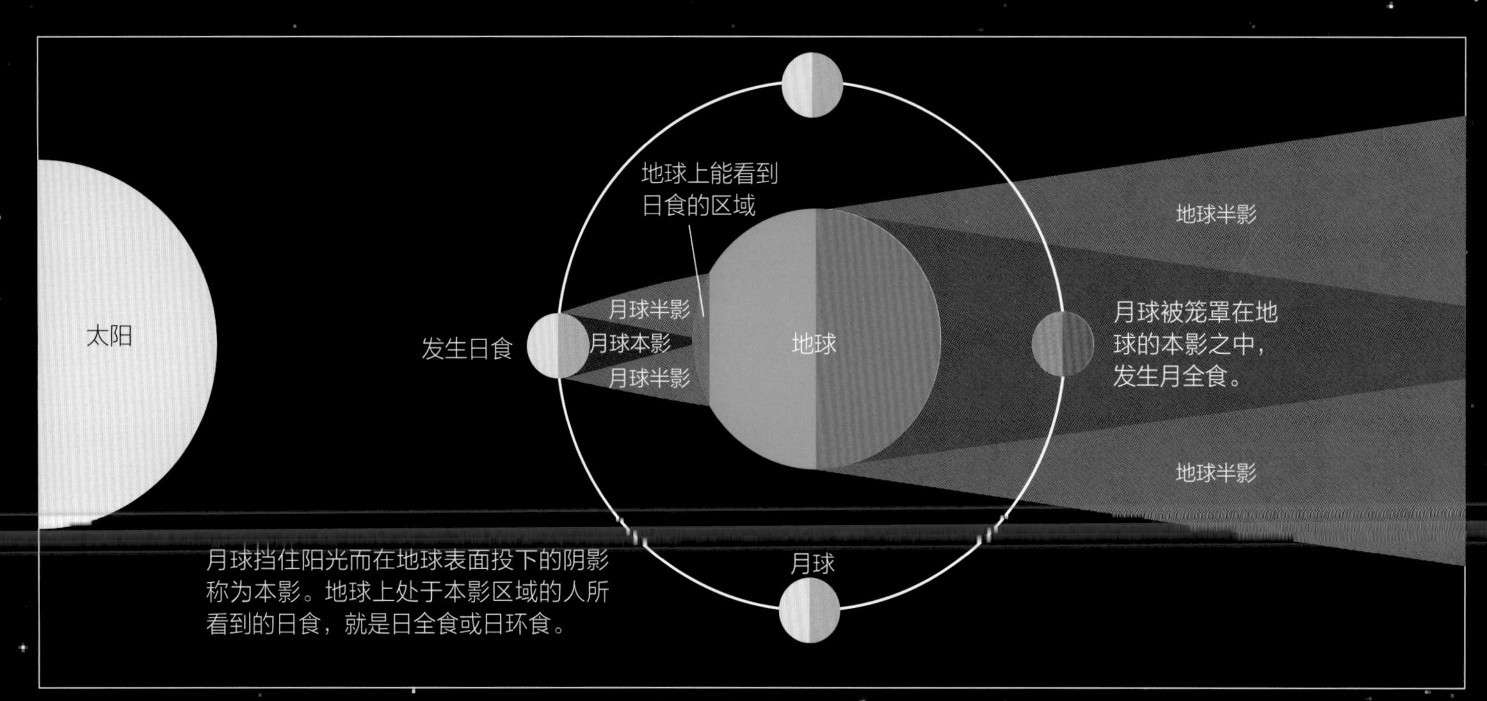

日食和月食成因示意图

2024 年～2030 年地球可见的日食			
2024 年 4 月 8 日	日全食	2028 年 1 月 26 日	日环食
2024 年 10 月 2 日	日环食	2028 年 7 月 22 日	日全食
2025 年 3 月 29 日	日偏食	2029 年 1 月 14 日	日偏食
2025 年 9 月 21 日	日偏食	2029 年 6 月 12 日	日偏食
2026 年 2 月 17 日	日环食	2029 年 7 月 11 日	日偏食
2026 年 8 月 12 日	日全食	2029 年 12 月 5 日	日偏食
2027 年 2 月 6 日	日环食	2030 年 6 月 1 日	日环食
2027 年 8 月 2 日	日全食	2030 年 11 月 25 日	日全食

贝利珠现象

在日全食刚开始或即将结束的瞬间，太阳圆面被月球圆面遮蔽成一条细圆线，月球圆面边缘高低不等的山峰有可能把细线突然切断，从而形成一串光点，好像是一串珍珠高挂天空。英国天文学家贝利于 1838 年描述过这种现象，所以它被称为贝利珠现象。

日全食时的贝利珠现象

日食的种类

当月球运行到太阳和地球之间时，从地球上看，它刚好挡在太阳前面，使部分太阳或全部太阳被遮住。日食可分为日偏食、日全食和日环食三种。太阳只有一部分被遮住的日食称为日偏食；太阳完全被遮住的日食叫日全食；有时月球离地球比较远，只能挡住太阳的中间部分，让太阳看上去像个细细的圆环，这种日食称为日环食。

日偏食

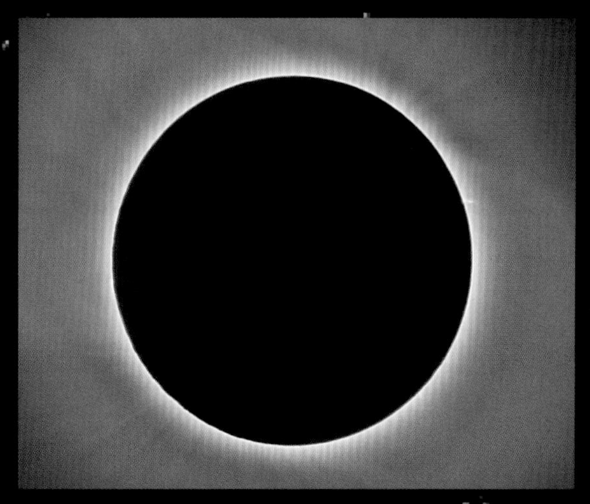

日全食

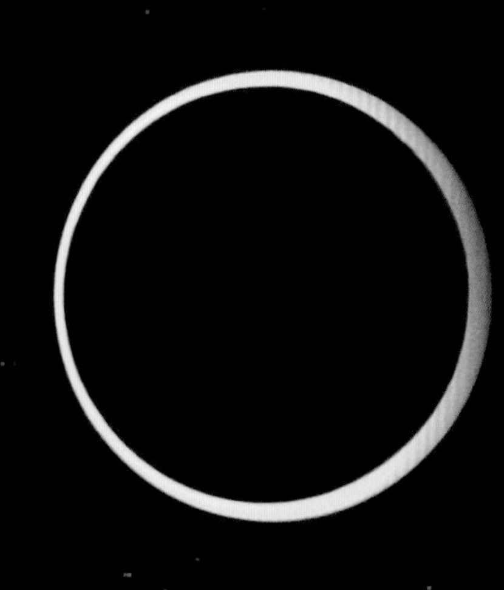

日环食

日食观测

月球自西向东运动，地面上的月影也自西向东移动。因此，西部地区的人总是比东部地区的人先看到日食。如 1999 年 8 月 11 日发生的日全食，日食观测区域从大西洋开始，经英国穿越英吉利海峡，从诺曼底登上欧洲大陆，横扫德国、奥地利、匈牙利、罗马尼亚、保加利亚等国，再经黑海进入亚洲，越过土耳其、伊拉克、伊朗、巴基斯坦和印度，最后消失在印度洋上。日食带长达 1 万多千米，但宽度仅 100 千米左右。

1999 年 8 月 11 日的日全食延续时间最长的地点，是罗马尼亚的勒姆尼库沃尔恰城附近。为纪念此事，罗马尼亚发行了一张面额 2000 列伊的塑料纪念钞。

如果没有采取合适的眼睛防护措施，不要以肉眼直接观看日食。因为尽管绝大部分太阳被遮住了，但剩余的日冕所发出的光仍会灼伤你的眼睛。

月全食和月偏食

每到农历十五或十六时，月球会运行到和太阳相对的方向。这时如果地球和月球的中心大致在同一条直线上，月球就会进入地球的本影，而产生月全食。如果只有部分月球进入地球的本影，就会产生月偏食。当月球进入地球的半影时，应该是半影食，但由于它的亮度减弱得很少，不易被察觉，所以不称为月食。

月食

月球运行到地球背向太阳一侧时，月球从地球本影中穿过，形成月食。计算结果表明，发生月食的机会比日食少，但每次月食出现时，地球上夜间半球的居民都可看到月食。因此，对任一地区来说，人们看到月食的机会反而比日食多，观看月食也比观看日食要安全得多。

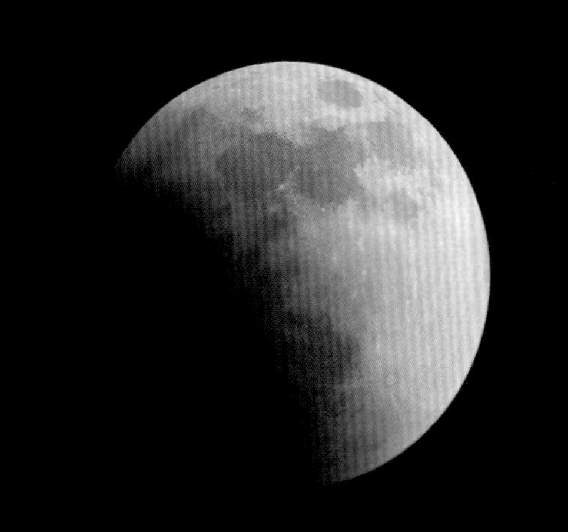

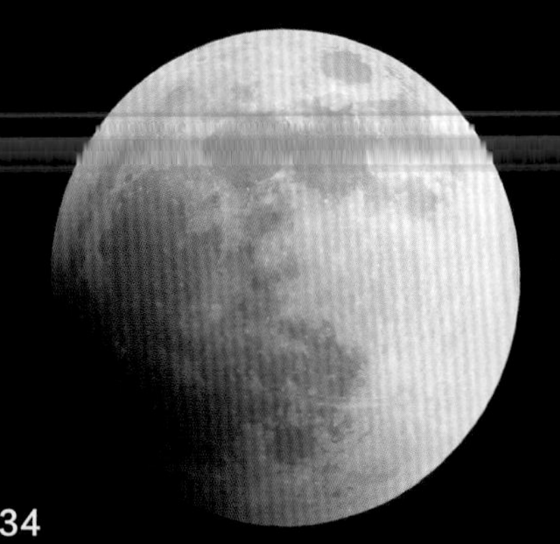

2024 年～ 2030 年地球可见的月食	
2024 年 9 月 17 日	月偏食
2025 年 3 月 13 日	月全食
2025 年 9 月 7 日	月全食
2026 年 3 月 3 日	月全食
2026 年 8 月 27 日	月偏食
2028 年 1 月 11 日	月偏食
2028 年 7 月 6 日	月偏食
2028 年 12 月 31 日	月全食
2029 年 6 月 25 日	月全食
2029 年 12 月 20 日	月全食
2030 年 6 月 15 日	月偏食

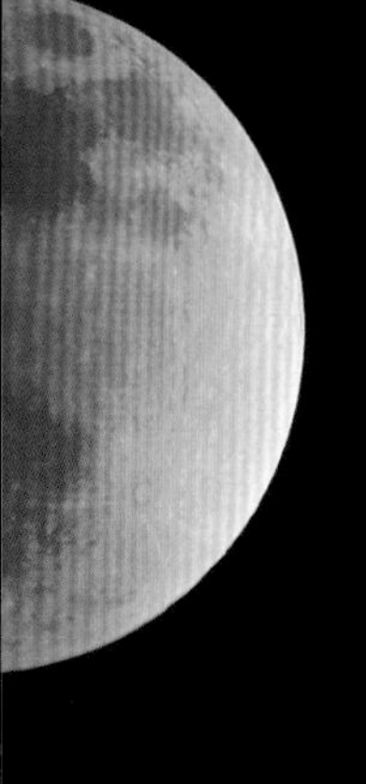

传说16世纪初，哥伦布航海到了南美洲的牙买加，与当地土著人发生了冲突，遭到围困。略懂天文知识的哥伦布想起这天晚上会发生月全食，就向土著人大喊："再不拿食物和水来，就不给你们月光！"到了晚上，月亮渐渐被一团黑影吞没，最后变成一个依稀可辨的古铜色圆盘。哥伦布的话应验了。土著人见状诚惶诚恐，纷纷跪拜在哥伦布面前祈求宽恕。哥伦布化险为夷。

古人观月食

古时候，人们不懂得日食和月食发生的科学道理，对日食和月食心怀恐惧。中国古人看见月食这种奇怪的现象，认为是"天狗吞月"，必须敲锣打鼓才能赶走天狗。公元前2283年美索不达米亚的月食记录是世界最早的月食记录，其次是公元前1136年中国的月食记录。月食现象一直推动着人类认识的发展。早在汉代时期，中国天文学家张衡就弄清了月食原理。公元前4世纪，亚里士多德发现月食时看到的地球影子是圆的，从而推断出地球为球形。

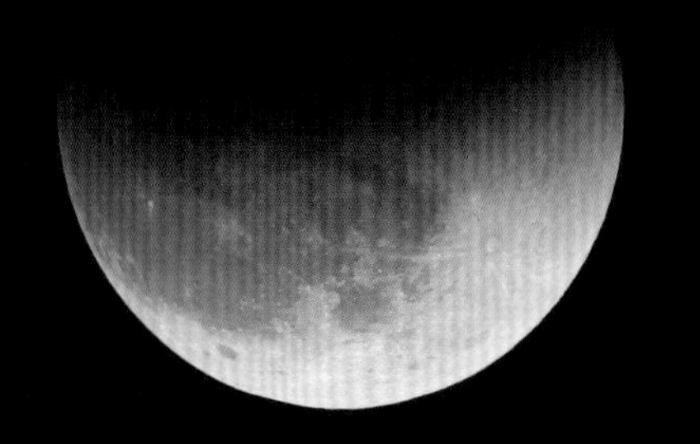

为什么不是每个月都发生日食或月食？

月球每个月都会运行到地球和太阳之间，或在地球背向太阳的那一边，但却不是每个月都发生日食或月食。因为月球绕地球的轨道与地球绕太阳的轨道之间，有一个约为5°的夹角，这样从地球上看起来，月球常常是从太阳和地影的上面或下面转过，因此就不会发生日食或月食。由于地球的影子大，遮住阳光的范围大；而月球的影子小，遮住阳光的范围小，所以，月食持续的时间一般比日食长。

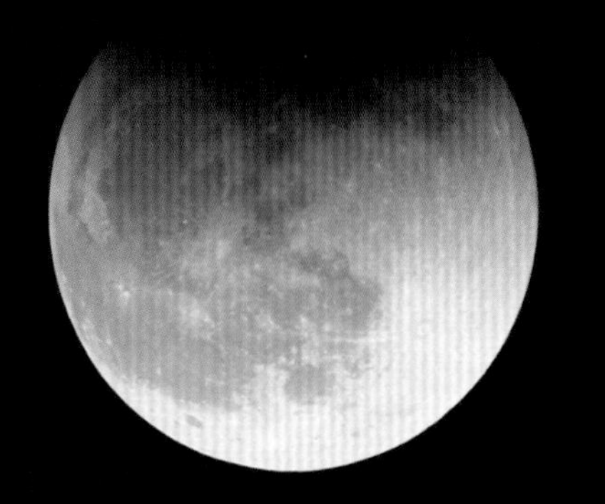

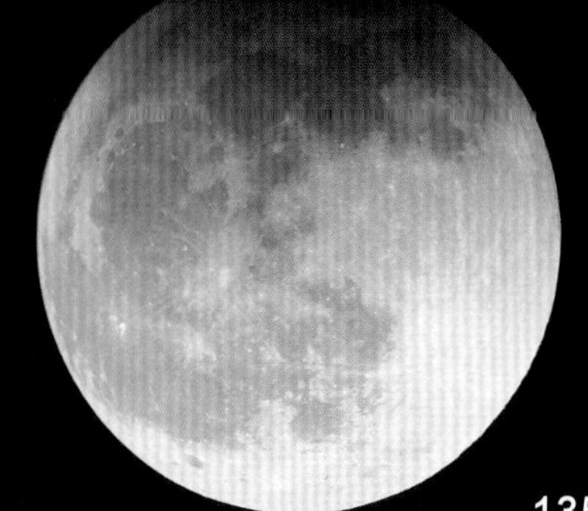

眺望宇宙的眼睛

LOOK INTO THE UNIVERSE

法国波兰裔科学家玛丽 · 居里曾说："人类看不见的世界，并不是空想的幻影，而是被科学的光辉照射的实际存在。尊贵的是科学的力量。"

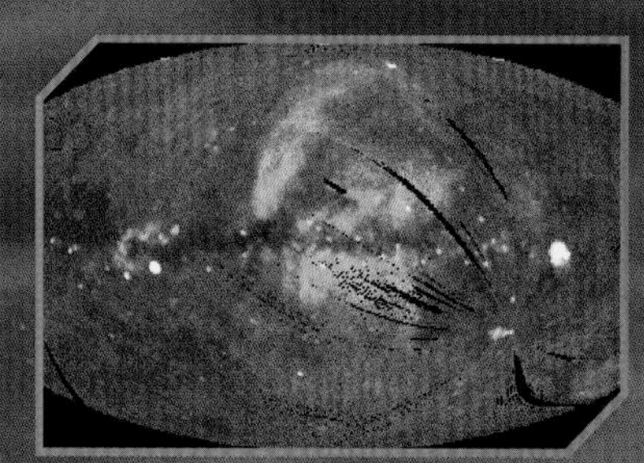

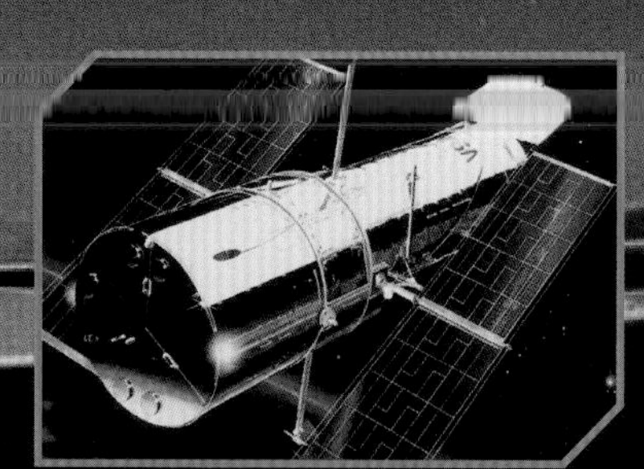

神奇的光

光是一种电磁辐射，它从低频率到高频率可以分为无线电波、红外线、可见光、紫外线、X 射线和 γ 射线等种类。我们对各类天体的性质、结构和演化情况的了解，几乎完全依靠天体发出的各种辐射所带来的信息。通过架设探测各种辐射的望远镜进行观测，我们就可以了解天体的物理性质和化学性质。

无线电波

无线电波一般由电子震荡引起。虽然我们看不到它，但它与我们的生活息息相关，如微波炉、手机发出的辐射，都是无线电波。1932 年，美国天文学家央斯基发现银河系中存在着无线电波，射电天文学由此诞生。接收无线电信号的望远镜就是射电望远镜。

可见光

可见光是我们肉眼能看见的电磁辐射，其波长为 400 纳米 ~ 760 纳米。可见光只占电磁辐射中非常少的一部分。如果把所有的电磁波从北京排列到天津，可见光只占一张公交卡的大小。用来收集可见光的光子或将可见光成像的设备就是光学望远镜。

以可见光观测到的图片

以红外线观测到的图片

以 X 射线观测到的图片

红外线

1800 年，英国科学家赫歇尔用三棱镜将太阳光分解开，在各种不同颜色的色带位置上放置了温度计，试图测量各种颜色的光的加热效应。他意外地发现，位于红光外侧的那支温度计升温最快，这表明红光之外还存在一种肉眼看不见的辐射——红外线。20 世纪 60 年代，科学家找到探测红外辐射的有效手段，红外天文学得到迅速发展。天文学家们发现，恒星、行星状星云、星系、类星体等都能发出红外辐射。如今，红外天文学正成为实测天文学最重要的领域之一。

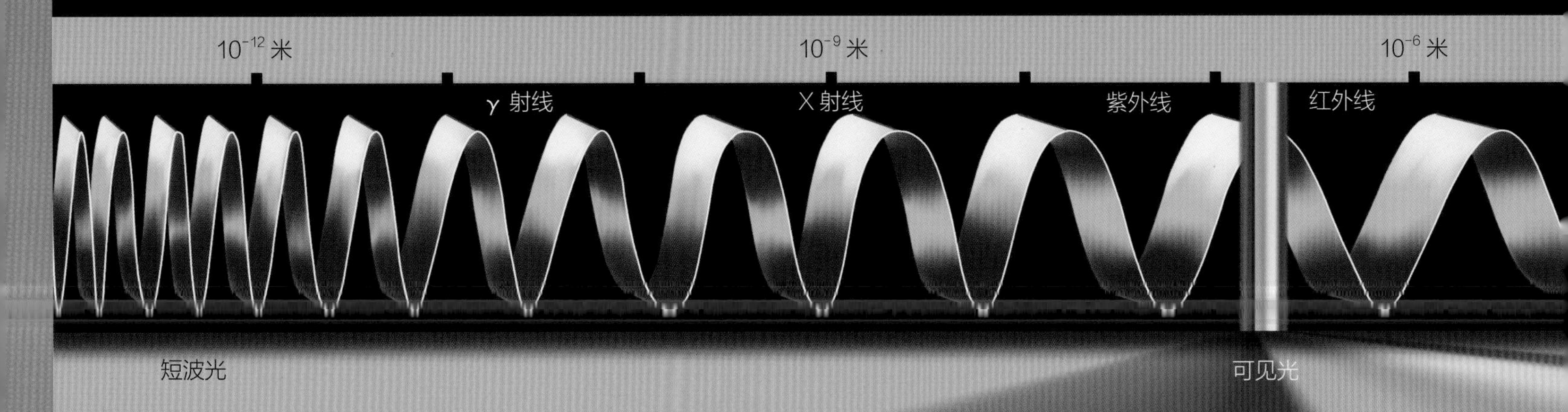

X 射线

X 射线是比紫外线的波长更短的一种辐射，穿透能力很强。天体发出的 X 射线会受到地球大气的严重阻碍，所以天文学家主要利用大气层外的望远镜对其进行探测。X 射线天文学能帮助人类获得光学天文学和射电天文学无法得到的信息。例如，蟹状星云 X 射线脉冲辐射和对应的光学脉冲几乎有相同的周期，很难通过光学观测手段被发现，但通过对 X 射线的观测，它最终被发现了。

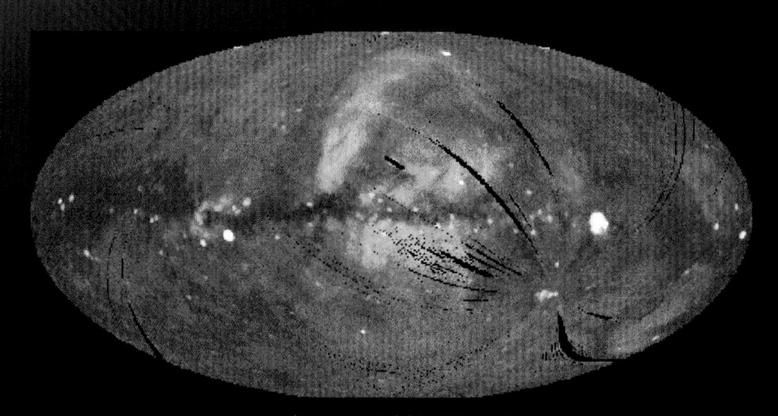

银河系 X 射线巡天图

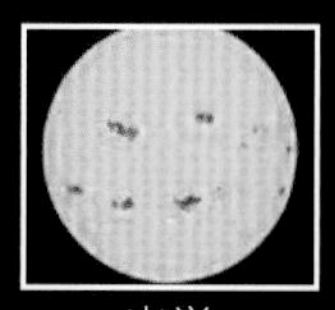

光学

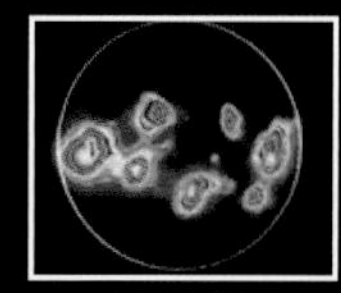

紫外线

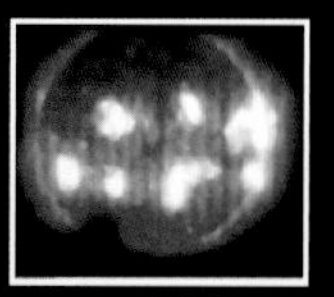

X 射线

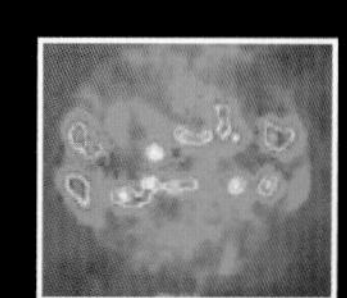

射电

不同辐射波段的太阳图像

γ 射线

γ 射线是波长短于 0.001 纳米的电磁波，日常生活中不常见，需要通过 γ 核辐射源或核反应（如原子弹爆炸）才产生。γ 射线是可穿透整个宇宙的电磁波中能量最高的波段，也是电磁波谱中波长最短的部分。宇宙中，γ 射线可由超新星爆炸、黑洞、正电子湮灭等形成，甚至可由放射衰变产生，所以 γ 射线天文学主要的研究对象是超新星、黑洞等，此外还有太阳耀斑。

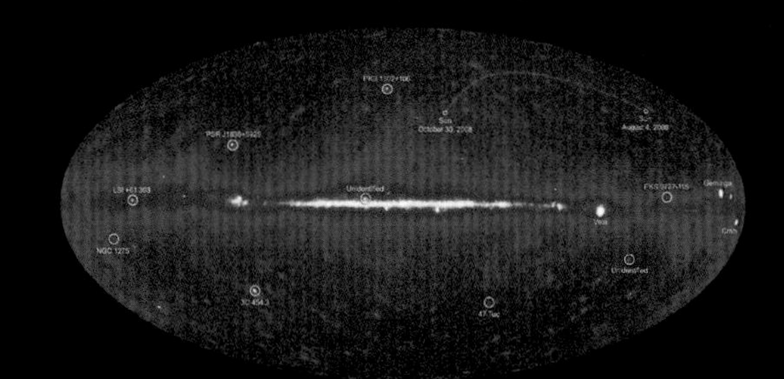

银河系 γ 射线巡天图

紫外线

紫外线位于光谱中X射线和可见光之间的频率范围，为不可见光。玻璃、大气中的氧气和高空中的臭氧层，对紫外线都有很强的吸收作用，因此紫外观测要放在大气层外的太空才能进行。紫外波段的观测在天体物理学上有重要的意义，20 世纪 60 年代开始，人们就对紫外天文展开了观测和研究，发展了紫外波段的 EUV（极端紫外）、FUV（远紫外）、UV（紫外）等多种探测卫星，覆盖了全部紫外波段。

大气窗口

并非所有来自宇宙的电磁辐射都能够顺利地穿过大气层到达地表，只有部分电磁辐射能通过大气层这个“窗口”，“照”到地球表面。如地球大气层中的臭氧层，不仅能吸收到达地球的大部分紫外线，还能吸收许多波长在毫米、亚毫米波段的电磁辐射。所以，天文学家对许多天体电磁辐射的探测，必须通过大气层外的人造卫星进行。

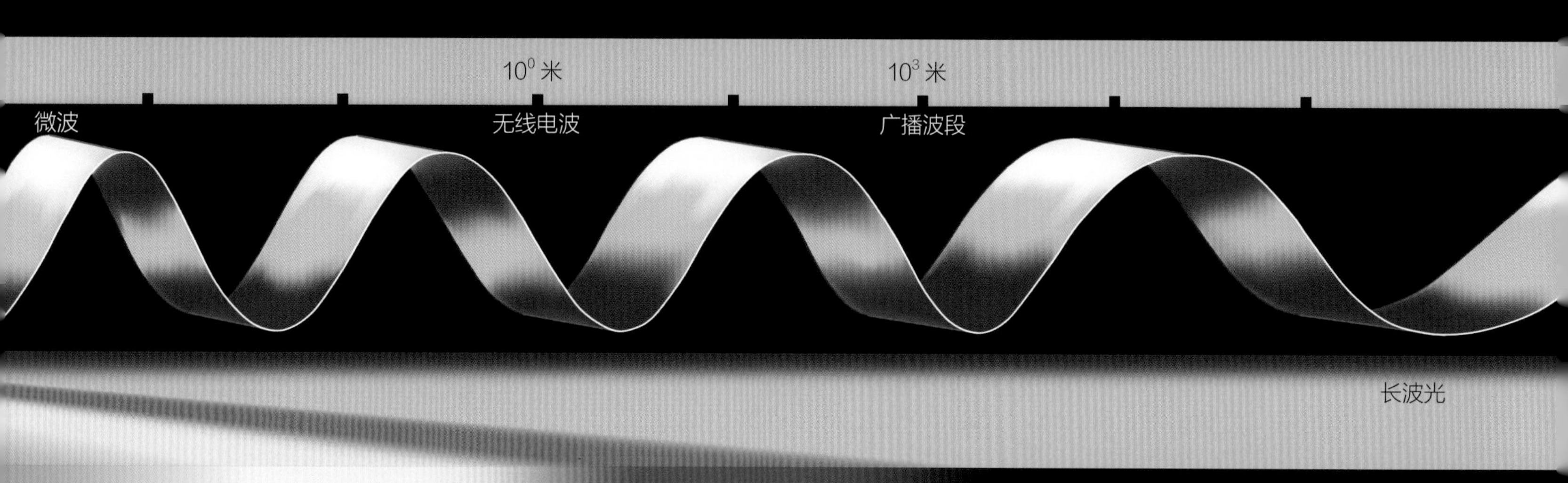

古人观天

从古到今，人们对宇宙太空一直充满了好奇和强烈的探索欲望。在没有望远镜的古代，人们也将掌握的科学技术很好地运用到了观天中。在人类漫长的文明发展史中，古人在观天方面取得了很多成果。

星名片

郭守敬

1231 年～1316 年（元代）

国籍：中国

领域：天文学、数学、水利

成就：创制了简仪和高表等多种天文仪器

著作：与许衡、杨恭懿等编制了《授时历》，首次提出一个回归年为 365.2425 天，几乎和现行的 365.2422 天一致。

古观象台上的 8 件天文观测仪器造型优美、雕刻精细，具有中国传统特色，体现了中国古代高超的冶金、铸造工艺技术。此外，它们也是东西方文化交流的历史见证。

北京古观象台

北京古观象台始建于明正统七年（1442 年），是中国明清两代的天文观测中心，台顶上安放着 8 件古代大型铜铸天文观测仪器。古观象台最早的天文仪器主要是明代制造的浑仪和简仪。当时的人们先是用木料仿制宋代浑仪和元代简仪，然后运回北京校验，再用铜浇铸，最后终于制成了这两件仪器。清康熙至乾隆年间，古观象台又陆续增设了天体仪、赤道经纬仪、黄道经纬仪、地平经仪、象限仪、纪限仪、地平经纬仪和玑衡抚辰仪 8 件仪器。

浑仪是古代天文学家使用最广泛的观天仪器。明代正统年间制造的浑仪在支架上放有带刻度的子午环、地平环、赤道环、黄道环和白道环等，这些环可以绕极轴旋转，以帮助古人确定星星的方位。

浑仪

中国自西汉时起已开始制造观天仪器。在浑天说的基础上，中国古人发明了测定天体方位时必不可少的“宝器”——浑仪。浑仪有中空的窥管，将窥管对准一颗星星，通过窥管指示的刻度和周围圆环上的刻度，就能确定这颗星星在天上的方位。

公元前 2 世纪

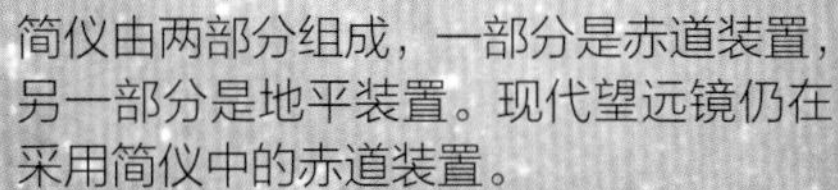
简仪由两部分组成，一部分是赤道装置，另一部分是地平装置。现代望远镜仍在采用简仪中的赤道装置。

简仪

中国元代科学家郭守敬在唐代和宋代浑仪的基础上，于 1276 年创制了简仪。简仪去除了浑仪中的一些圆环，减少了使用浑仪时会遇到的障碍。简仪的设计和制造水平在当时处于世界领先地位，直到 300 多年后的 1598 年，丹麦天文学家第谷才发明了与之类似的装置。

13 世纪

第谷的墙式象限仪

第谷是望远镜发明之前伟大的天象观测者，被人们誉为“观测天文学大师”。第谷发明了许多天文仪器，其中最著名的是墙式象限仪。这个仪器依附在一面南北向的墙上，主体部分是一个半径为 1.8 米的铜制的圆弧，圆弧上面有精细的刻度，另外还安装有一个观测天体的瞄准器。在大圆弧的南端有一面东西向的墙，墙的上方有一个方形孔，瞄准器就是透过这个孔来观测天体的。

第谷认为地球在宇宙中心，静止不动，行星绕太阳运转，而太阳则率领诸行星绕地球运行。

第谷（1546 年 ~ 1601 年）

用第谷的墙式象限仪可以测定天体的地平高度、天体过子午圈的时刻等

16 世纪

光学天文望远镜

在光学望远镜诞生之前，人类只能通过肉眼看星空。1609 年，意大利科学家伽利略发明了第一架具有科学意义的望远镜，获得了一系列重要的发现，天文学从此进入了望远镜时代。可以毫不夸张地说，没有望远镜的诞生和发展，就没有现代天文学。

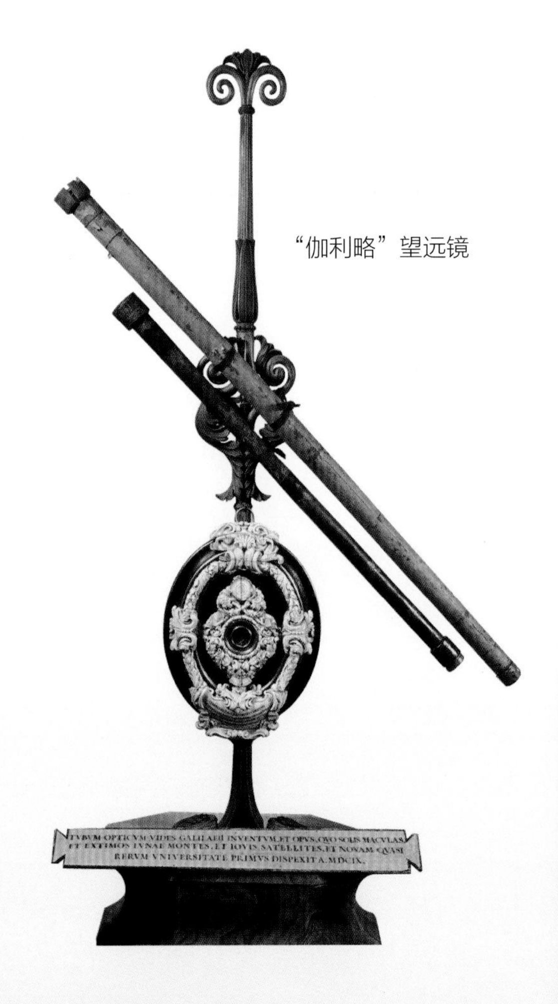
“伽利略”望远镜

星名片

伽利略·伽利雷

Galileo Galilei

1564 年～1642 年
国籍：意大利
领域：数学、物理学、天文学、仪器制造
成就：提出运动相对性原理，发现木星有四个卫星等许多前所未知的天文现象，设计和制造比例规、温度计等仪器。
著作：《两门新科学的谈话》《星际使者》《关于太阳黑子的信》《两大世界体系的对话》等

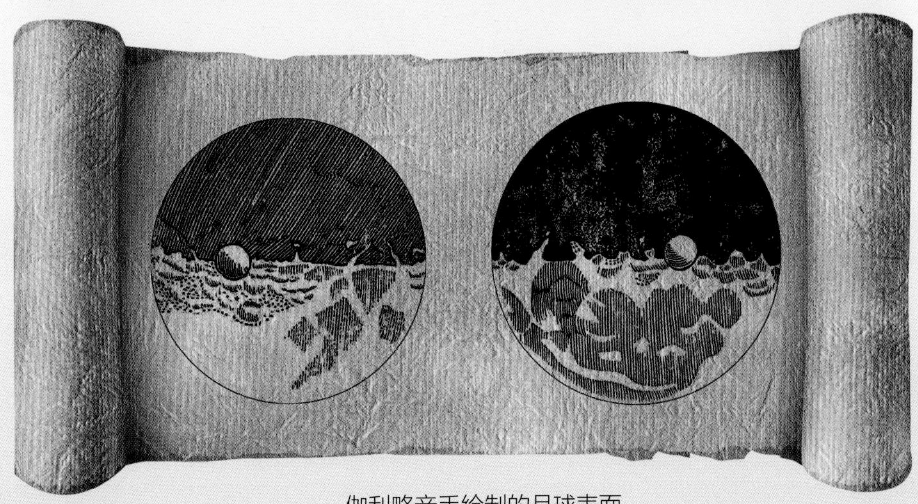
伽利略亲手绘制的月球表面

望远镜的诞生

1608 年，一位荷兰眼镜商偶然发现用两块镜片可以看清远处的景物。意大利科学家伽利略得知这个消息后，亲手磨制了望远镜，并将它指向天空。人类由此第一次发现：原来月球表面高低不平，覆盖着山脉，还有火山口的裂痕。后来，伽利略又发现了木星的四个卫星和太阳的黑子运动，并得出太阳在转动的结论。伽利略向世人证明了望远镜在天文观测中的重要作用。

赫歇尔的“大炮”

英国的赫歇尔是制造望远镜最多的天文学家，被誉为“恒星天文学之父”。与开普勒、伽利略不同，赫歇尔制造的是牛顿式反射望远镜，这种望远镜使用一个弯曲的镜面将光线反射到一个焦点上，比使用透镜将物体放大的倍数要高数倍。1789 年，赫歇尔制造出口径为 122 厘米的反射望远镜，其镜筒长达 12.2 米，远看像一座大炮，人们将它戏称为“赫歇尔的大炮”。

借助自己发明的“大炮”，赫歇尔发现了土星的两颗卫星、天王星及其两颗卫星。

罗斯伯爵的“城堡”

爱尔兰的罗斯伯爵受到赫歇尔的鼓舞，倾注毕生精力研制望远镜，“城堡”望远镜是他最得意的作品。这架望远镜口径为 2.4 米，镜筒长 17 米。如此巨大的尺寸，使得这架望远镜只能被安放在两堵高墙之间。罗斯伯爵用他的“城堡”看清了 M1 星云的许多细节，发现这个星云就像伸出腿的螃蟹，“蟹状星云”的名字由此而来。

罗斯伯爵的“城堡”望远镜

叶凯士折射望远镜

克拉克父子的折射镜

19 世纪，美国的克拉克父子喜爱天文学几乎达到痴迷的程度，甚至自己动手研制巨型折射望远镜。他们通过自己制造的里克望远镜，发现了天狼星的伴星和火星的两颗卫星。后来，他们又制造了一台叶凯士望远镜。里克望远镜和叶凯士望远镜至今仍是世界上最大的两台折射望远镜。

海尔的“三部曲”

美国天文学家海尔是制造望远镜的奇才，他连续设计制造了口径为 1.5 米、2.5 米和 5 米的三架大型反射望远镜，堪称望远镜制造史上的“三部曲”。美国天文学家亚当斯用海尔的 1.5 米望远镜首次拍到天狼星伴星的光谱，发现这是一颗白矮星；哈勃用海尔的 2.5 米望远镜发现了河外星系的存在。可惜后来海尔与世长辞，未能看到自己设计的 5 米望远镜完工。后人为了纪念他，把这架望远镜命名为“海尔”望远镜。

美国帕洛马天文台内的 5.08 米口径“海尔”望远镜

望远镜的参数

口径、分辨力、视场是表示望远镜性能的三个重要参数。口径指望远镜物镜的直径，口径越大，望远镜的制造难度就越大，但其集光能力也更强，更容易看见暗弱的天体；分辨力是望远镜能分辨出天体细节多少的能力，望远镜口径越大，分辨力越强，就越容易看见微小的天体；视场指望远镜观察景物的范围，视场越大，观测范围就越大。

多波段天文望远镜

自然界的物体会发出射电辐射、红外辐射、可见光、紫外辐射、X 辐射和 γ 辐射。根据这种现象，天文学家设计建造出能对多个波段的辐射进行观测的望远镜——多波段望远镜。好比去医院体检时，医生既要观察你的外表，又要拍摄 X 射线影像，才能全面了解你的身体状况，天文学家通过多波段望远镜研究天体大致也是这样的道理。

毫米波 / 亚毫米波望远镜

观测毫米波和亚毫米波段上星际分子的活动，对我们进一步认识星际分子十分有利。为此，天文学家设计发明了毫米波 / 亚毫米波望远镜。通过这种望远镜，人们目前已经在宇宙中发现了 100 多种化合物分子，离解开生命起源密码的目标又近了许多。不仅如此，通过毫米波 / 亚毫米波望远镜，我们还可以穿透遮掩星系核心的尘埃，了解星系内部的结构和演化；也能穿透分子云，看到其内部恒星形成的过程。这都是光学望远镜无法做到的。

APEX 毫米波 / 亚毫米波射电望远镜常专用于研究“低温宇宙”

射电望远镜

射电望远镜又称无线电望远镜，是 20 世纪 40 年代发展起来的一种天文观测工具，形状与雷达接收装置非常相像。20 世纪 60 年代，天文学上的四大发现——脉冲星、类星体、星际有机分子、微波背景辐射，都是通过射电望远镜观测到的。

脉冲星示意图

美国阿雷西博射电望远镜

红外望远镜常被置于高山区域，世界上较好的地面红外望远镜大多集中安装在美国夏威夷的莫纳克亚。

红外望远镜

红外望远镜是可以观测到宇宙天体发射的红外线的望远镜。物体只要有温度就会产生红外线。天文学家通过红外线望远镜观测宇宙天体，就是基于这个原理。虽然红外望远镜的诞生晚于光学望远镜和射电望远镜，但它一问世就发现了宇宙中非常重要的物质——宇宙尘埃。

当代天文望远镜

望远镜的问世已有 400 多年。如今，随着望远镜研制技术的发展，光学望远镜的口径越来越大，射电望远镜的灵敏度越来越高，还有越来越多的各波段望远镜被送入了太空。正因为有了这些当代天文望远镜的帮助，当代天文学才有了宇宙加速膨胀、宇宙中存在暗物质和暗能量等重要的发现。

亚毫米波射电望远镜阵

我们都知道，用两只眼睛比用一只眼睛看东西更清楚。望远镜也一样。一架望远镜就像一只眼睛，如果把许多相同的望远镜连在一起，形成干涉阵，就像拥有了许多眼睛，能大大提高望远镜的空间分辨率。位于夏威夷岛上的亚毫米波射电望远镜阵就是这样一座干涉阵，它也是世界上第一座亚毫米波干涉阵。利用它进行的研究能帮助天文学家揭示宇宙生命的起源。

亚毫米波射电望远镜阵

甚大望远镜

甚大望远镜是欧洲南方天文台在智利建造的大型光学望远镜，由四台相同的 8.2 米口径望远镜组成，组合后的等效口径可达 16 米。这四台望远镜既能单独使用，也能组成光学干涉仪进行高分辨率观测。它们是以当地人使用的马普敦哥语命名的，分别为 Antu、Kueyen、Melipal 和 Yepun，含义为太阳、月球、南十字和天狼星，这些名字是一个智利女学生在欧洲南方天文台发起的一次比赛中提出的。

甚大望远镜

埃费尔斯堡 100 米望远镜

埃费尔斯堡 100 米望远镜

埃费尔斯堡 100 米望远镜坐落于德国波恩市南部的森林中。建造这样一台 100 米口径的射电望远镜，就好比把一个比足球场还大的天线举到空中，还要保证它运转自如，其技术难度可想而知。德国科学家首次把主动反射面技术引入这台望远镜的建造，在国际上率先实现了这一技术的革新。

“凯克”I 望远镜

“凯克”II 望远镜

“凯克”望远镜内部图

“凯克”望远镜

“凯克”望远镜是建在夏威夷的一座光学、红外天文望远镜，由“凯克” Ⅰ 和“凯克” Ⅱ 两台望远镜组成。“凯克”望远镜的所在地不仅海拔高达 4200 多米，而且远离城市，视宁度也很好，十分适宜观测。“凯克”望远镜的观测精度可达到纳米级别，综合观测能力不在“哈勃”空间望远镜之下。借助于它，天文学家发现了银河系内部存在一个大质量的黑洞。

“凯克”望远镜夜晚发出的光束

空间望远镜

地球大气会阻挡很多波段的辐射，对地面观测造成影响。为了克服这个困难，起初天文学家通过热气球进行天文观测，后来为了从根本上克服大气对天文观测的不利影响，天文学家开始建造空间望远镜。按观测波段和观测对象，空间望远镜可分为光学－红外空间望远镜、天体测量空间望远镜、空间太阳望远镜、空间红外望远镜、空间紫外望远镜、X射线空间望远镜和 γ 射线空间望远镜。

哈勃空间望远镜

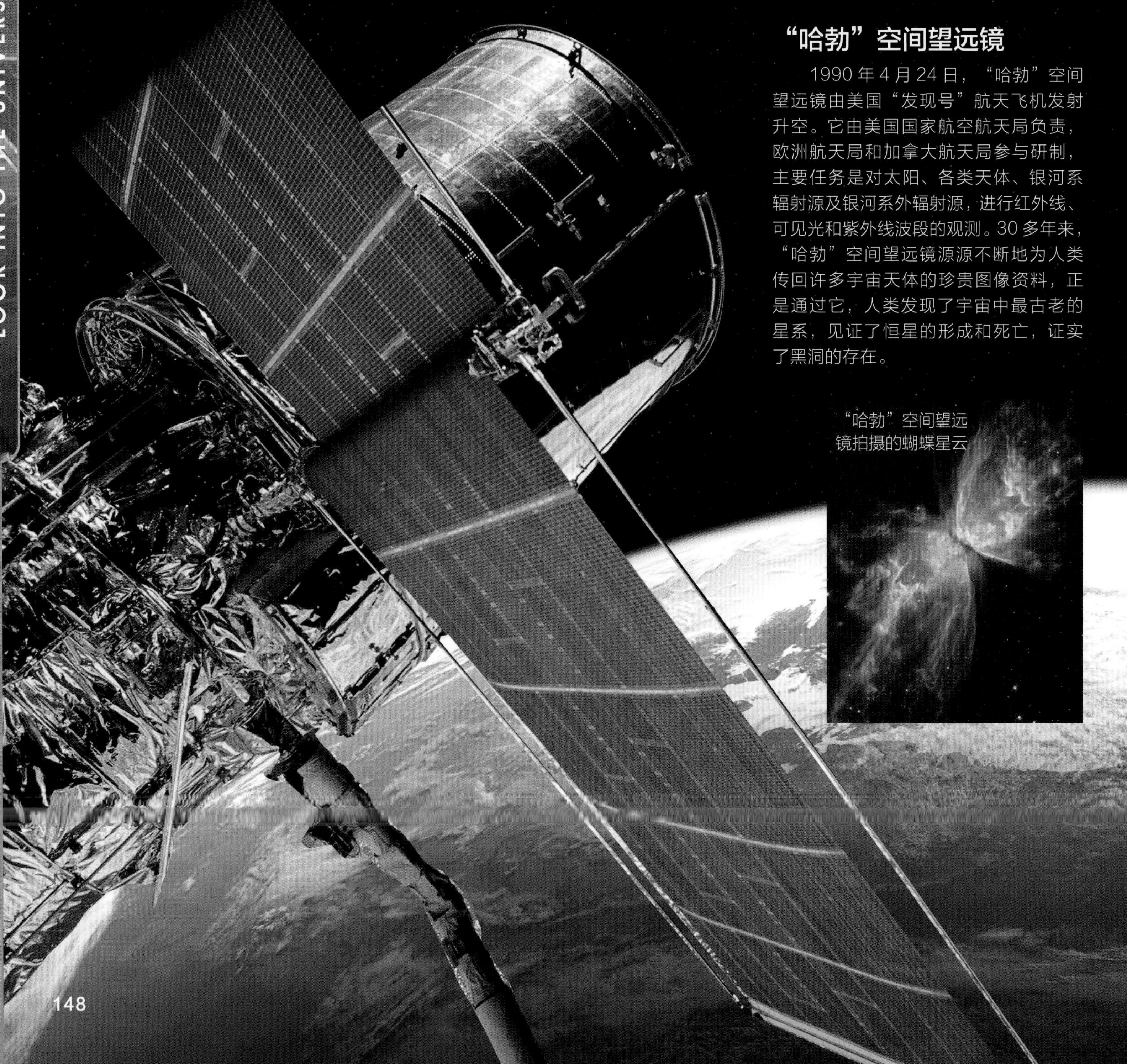

“哈勃”空间望远镜

1990 年 4 月 24 日，“哈勃”空间望远镜由美国“发现号”航天飞机发射升空。它由美国国家航空航天局负责，欧洲航天局和加拿大航天局参与研制，主要任务是对太阳、各类天体、银河系辐射源及银河系外辐射源，进行红外线、可见光和紫外线波段的观测。30 多年来，“哈勃”空间望远镜源源不断地为人类传回许多宇宙天体的珍贵图像资料，正是通过它，人类发现了宇宙中最古老的星系，见证了恒星的形成和死亡，证实了黑洞的存在。

“哈勃”空间望远镜拍摄的蝴蝶星云

宇宙背景辐射探测器

宇宙背景辐射探测器由美国研制，于 1989 年 11 月 18 日升空，1993 年 12 月 23 日停止工作。它最大的贡献是探测出微波背景辐射，使宇宙大爆炸理论进一步得到证实。它还证实：银河系相对于背景辐射有一个相对的运动速度。2006 年，美国科学家斯穆特因和马瑟因领导宇宙背景辐射探测器小组取得杰出的研究成果，获得了诺贝尔物理学奖，宇宙背景辐射探测器被诺贝尔奖委员会评价为宇宙学成为精密科学的“起点”。

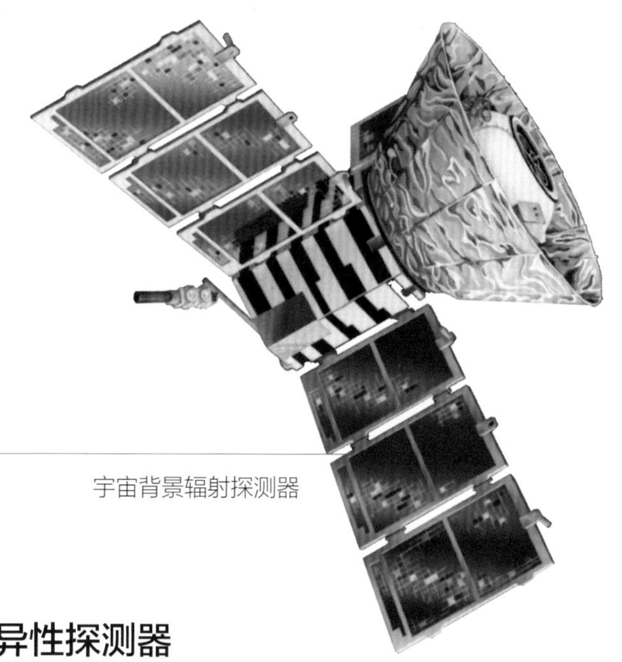

宇宙背景辐射探测器

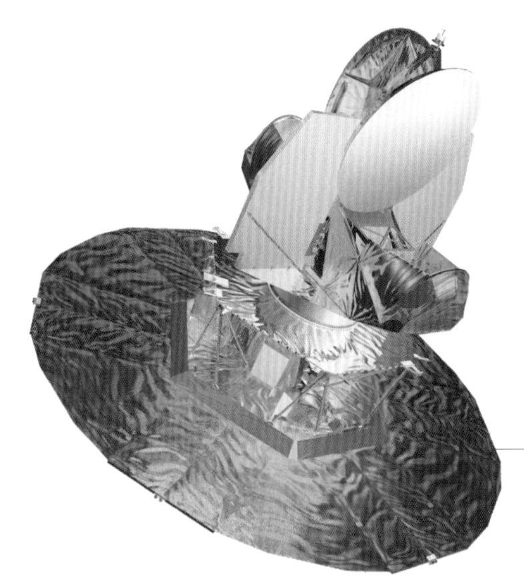

“威尔金森”微波各向异性探测器

“威尔金森”微波各向异性探测器由美国研制，于 2001 年 6 月 30 日发射成功，2010 年 10 月 28 日停止工作。“威尔金森”微波各向异性探测器获得的宇宙微波背景图为天文学和物理学提供了许多观测数据，许多宇宙学中的基本问题，比如宇宙的年龄——137 亿年，就是天文学家借助“威尔金森”微波各向异性探测器获得的宇宙微波背景图提供的相关信息确定的。2003 年，美国科学家斯克兰顿领导的小组利用“威尔金森”微波各向异性探测器的观测数据，发现了暗能量存在的直接证据。

“威尔金森”微波各向异性探测器

红外天文卫星

红外天文卫星由美国、荷兰、英国合作研发，是人类向太空发射的第一个红外天文卫星。卫星配有 12 微米、25 微米、60 微米和 100 微米四种不同波段的探测器。红外天文卫星于 1983 年 1 月 25 日发射升空，后因液态制冷剂耗尽，于 1983 年 11 月 10 日停止工作，结束了历时 9 个半月的太空之旅。卫星在轨期间共发现了 30 多万个新天体，拓展了人类对宇宙的认识。

红外天文卫星

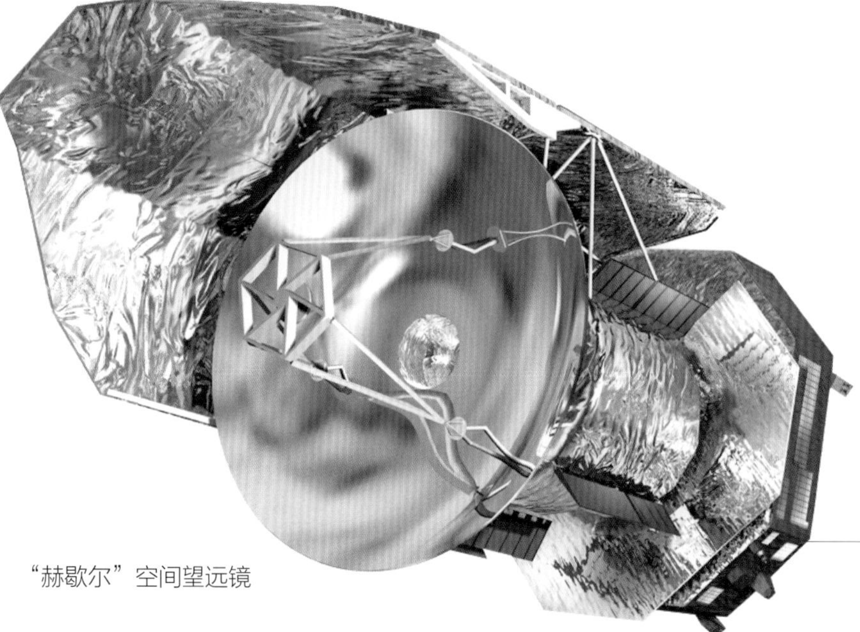

“赫歇尔”空间望远镜

“赫歇尔”空间望远镜以著名英国天文学家赫歇尔的名字命名，2009 年 5 月 14 日由欧洲航天局发射升空，是迄今为止人类发射的最大的远红外线望远镜。“赫歇尔”空间望远镜帮助天文学家对恒星、星系的形成及演化进行了研究。科学家根据“赫歇尔”空间望远镜对哈特彗星的观测结果，推测出地球上的大部分水最初可能来自彗星的撞击。2013 年 6 月 17 日，“赫歇尔”空间望远镜因为致冷剂耗尽而结束了使命。

“赫歇尔”空间望远镜

未来天文望远镜

未来，天文观测能力将迈上新台阶，进入以下一代空间望远镜、地基极大望远镜主导的多功能望远镜观测时代。2021 年，“詹姆斯·韦伯”空间望远镜发射，一系列大型的先进望远镜，包括欧洲极大天文望远镜、平方公里阵列望远镜、巨型单孔径望远镜等，也将相继投入使用。

平方公里阵列望远镜

平方公里阵列望远镜由 3000 多个外形很像大锅的天线组成。这些天线将分布在多个地区，加在一起的光线收集区总面积可达 1 平方千米，因此得名“平方公里阵列”。它建成后，将成为世界上最大的射电望远镜。它的灵敏度比世界上现有最好的望远镜高出 50 倍，可以更加全面地观测星空，降低“鱼漏网”的概率。

平方公里阵列望远镜在澳大利亚和南非都分布有偶极子天线阵。它将致力于回答关于宇宙的一些基本问题，如第一代天体如何形成、星系如何演化、宇宙磁场如何起作用以及引力、暗物质和暗能量的本质是什么等。

欧洲极大天文望远镜

欧洲极大天文望远镜 建立在智利海拔 3060 米的阿塔卡马荒漠高原上，其主镜重 5.5 吨，直径达 39 米。天文学家们希望借助这架望远镜研究行星诞生的奥秘，并探索宇宙中是否存在外星人。科学家们坚信，这架望远镜将会给人们对于宇宙的认识带来革命性的影响。

欧洲极大天文望远镜的概念设计图

“詹姆斯·韦伯”空间望远镜

“詹姆斯·韦伯”空间望远镜的名字取自美国国家航空航天局第二任局长詹姆斯·韦伯。“詹姆斯·韦伯”空间望远镜于2021年12月25日发射，定点在拉格朗日点上，距离地球约150万千米。它的主镜口径约6.5米，由18块镜片组成，是一个没有镜筒的空间望远镜，主要进行红外观测。它将代替“哈勃”空间望远镜，帮助人类进一步观测深邃的宇宙。

“詹姆斯·韦伯”空间望远镜的主要任务是研究早期宇宙的状态，即拍摄宇宙“婴儿照”。

30米望远镜的结构设计图

30米望远镜

30米望远镜是一座由美国加州大学和加州理工学院负责研制，加拿大、日本、中国、巴西、印度等国参与建造的地面大型光学望远镜。这台望远镜建在美国夏威夷莫纳克亚山上，将会观测北半球的广阔星空，并进行关于暗能量、暗物质等的进一步研究，其强大的洞察宇宙的能力将促成天文学研究的跨越式发展。

中国天文望远镜

从光学望远镜到射电望远镜，从学习国外到自主研发，如今中国已经拥有许多领先世界的望远镜，如世界上获取光谱效率最高的望远镜——“郭守敬”望远镜、世界上最大的单天线射电望远镜——500 米口径球面射电望远镜等。

500 米口径球面射电望远镜

500 米口径球面射电望远镜

500 米口径球面射电望远镜位于贵州省，利用喀斯特地区的洼坑作为望远镜台址，于 2020 年顺利通过国家验收，正式开放运行。这台望远镜是世界上最大的单口径射电望远镜，能帮助中国把空间测控能力由地球同步轨道延伸至太阳系外缘；能跟踪探测日冕物质抛射事件，服务于空间天气预报；还能用于搜寻、识别星际通信信号，寻找地外文明。

“郭守敬”望远镜的研究目标主要是河外星系的观测、银河系结构和演化、多波段目标证认三个方面

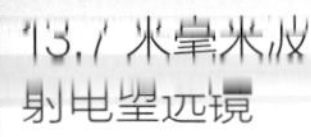

13.7 米毫米波射电望远镜

紫金山天文台 13.7 米毫米波射电望远镜

紫金山天文台 13.7 米毫米波射电望远镜位于美丽的青海，建成于 1990 年，是中国毫米波段的一台大型设备。它的口径为 13.7 米，主要用于宇宙毫米波射电天文观测。利用这台望远镜观测到的数据，天文学家在恒星、宇宙的起源和演化的研究上取得了一大批成果。

“郭守敬”望远镜

“郭守敬”望远镜又称大天区面积多目标光纤光谱天文望远镜，建成于 2008 年，建在国家天文台河北兴隆观测基地。它突破了天文望远镜大视场与大口径难以兼得的难题，能同时获得 4000 个天体的光谱。截至 2022 年底，“郭守敬”望远镜已发布了约 2000 万天体条光谱数据。

21 厘米射电望远镜阵

21 厘米射电望远镜阵是“宇宙第一缕曙光”探测项目的别称。宇宙曾经历过一个漫长的黑暗时期，直到第一代恒星诞生才有了第一缕曙光，光芒才逐渐照亮了整个宇宙。21 厘米射电望远镜阵就是世界上最早搜寻宇宙第一缕曙光的大型射电望远镜阵列，于 2006 年建成。科学家们希望通过它看到宇宙中第一代恒星发出的光芒，进而了解第一代恒星诞生的全部历史，了解宇宙是如何从黑暗走向光明的。

21 厘米射电望远镜阵建在电波环境相对干净的新疆乌拉斯台山谷中，共有 1 万根天线。

2.16 米光学望远镜

国家天文台 2.16 米光学望远镜位于兴隆观测基地，是中国最重要的天体物理观测设备之一，被誉为中国天文学发展史上的一个里程碑。它由中国自行研制，于 1989 年正式投入使用，曾是国内最大的光学望远镜。它可以观测到 25 等以上的亮星，相当于能够看到 20000 千米之外一根火柴燃烧的亮光。

天文台

天文台是负责地球大气外天体的观测和研究的机构。在天文台里，天文望远镜是天文学家的眼睛。美国夏威夷的莫纳克亚山、西班牙的加那利群岛和智利的安第斯山脉，是世界上最好的三大天文观测地，因此这三个地方建有许多天文台。

天文台内部结构示意图

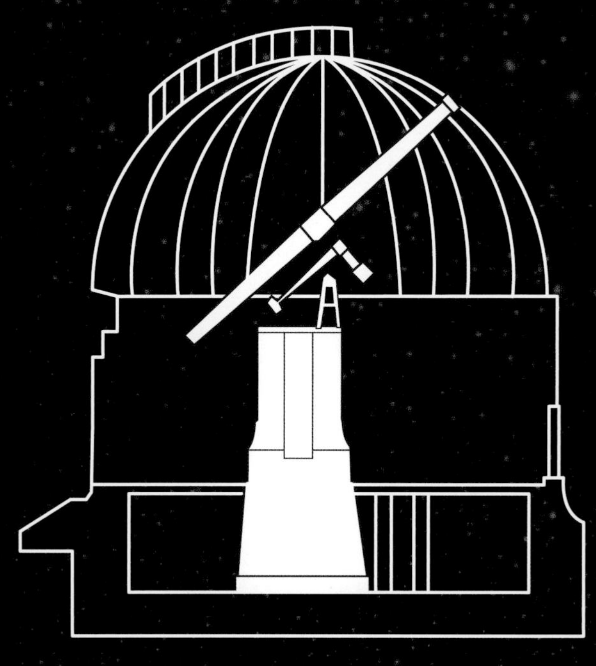

为了使用方便和便于保护，望远镜都固定安装在圆顶观测室内。

泰德峰天文台的望远镜群

西班牙加那利群岛

西班牙加那利群岛位于非洲，人迹罕至，没有外界光源的干扰，利于天文观测。由于纬度较低，这里能看到北半球的所有星星和南半球的部分星星。群岛上配备了大量世界级的天文观测设施。特内里费岛的泰德峰天文台拥有著名的“威廉·赫歇尔”天文望远镜；拉帕尔马岛的穆察克斯天文台则配备了口径达 10.4 米的加那利大型望远镜。加那利大型望远镜是世界最大的光学望远镜，天文学家们希望利用它在宇宙中搜寻类似地球的星体。

夏威夷莫纳克亚天文台

莫纳克亚天文台坐落于美国夏威夷大岛莫纳克亚山的顶峰上，海拔 4205 米。这里空气洁净，气流稳定，是世界上最适合进行天文观测的基地之一。山顶上排列着世界各国的天文台，能观测从毫米波到光学波段的天体辐射。美国的 8.1 米北半球双子星望远镜、日本的 8.3 米昴星团望远镜、凯克天文台的两座口径 10 米的光学/近红外线望远镜等都“落户”在此。

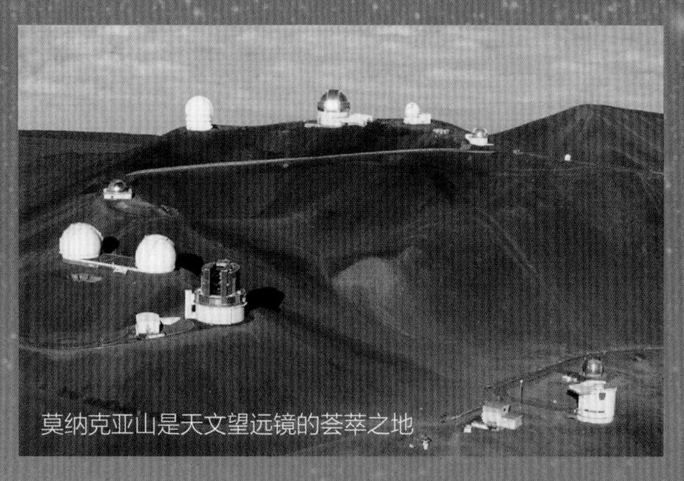

莫纳克亚山是天文望远镜的荟萃之地

格林尼治皇家天文台

英国格林尼治天文台始建于 1675 年，台址选在伦敦东南郊的格林尼治皇家花园。建台后，人们主要利用它来进行时间校准、恒星方位研究、航海天文、天文历书等方面的工作。1767 年，格林尼治天文台开始出版以格林尼治时间为准的《航海天文年历》。1884 年，世界上统一将通过格林尼治天文台的格林尼治子午线定为本初子午线，并作为世界时区的计算起点。

在智利设立天文台

智利是世界上最狭长的国家，得天独厚的地理位置和良好的大气层质量，使它成为天文研究的理想场所，许多国际天文科研机构都在智利设立了天文台。如今，阿塔卡马天文台、拉西拉天文台、帕瑞纳天文台、托洛洛山美洲际天文台等 30 多个天文台，都设在智利。

帕瑞纳天文台是欧洲南方天文台甚大望远镜的所在地，位于智利的帕瑞纳山上。这里有极好的观测条件，很多天文发现都源自这里。

干燥的气候和几乎不存在的光污染，使阿塔卡马沙漠成为探索南半球天空中天文研究热点的最佳天文观测地点之一。夜空下的阿塔卡马沙漠上，阿塔卡玛大型毫米波 / 亚毫米波望远镜阵列十分壮观。

阿塔卡马天文台

阿塔卡马沙漠位于安第斯山脉和太平洋之间，这里的自然环境与火星类似，是世界上最干燥的地区之一。现在，这里拥有世界上最大、最强的天文台。2013 年在这里建成的阿塔卡玛大型毫米波 / 亚毫米波阵列，由 66 组射电望远镜共同组成，用来探索宇宙的最深处。

中国的天文台

相传，中国早在 4000 多年前就建立了天文台，不过那时的天文台称为清台。建于明代的北京古观象台是世界上最古老的天文台之一。现在，中国有国家天文台、紫金山天文台和上海天文台三大天文台。这些天文台的天文望远镜大多建在远离城市的山上，这里大气较稳定、干扰小，几乎不会有雾霾天气，而且没有明亮的灯光干扰天文观测。

在怀柔观测站，我们可以得到太阳的详细资料。科学家们用这里的望远镜研究以太阳耀斑为主的活动区，还可以预报太阳活动对空间环境和通信的骚扰。

国家天文台

国家天文台成立于 2001 年 4 月，总部设在北京。国家天文台系统设有 30 多个领域的前沿研究团组，在河北、西藏、云南、新疆、内蒙古等地建有观测台站。国家天文台目前正在开展的项目包括 500 米口径球面射电望远镜、“郭守敬”望远镜以及探月工程等，在太阳物理方面颇有建树。

中国科学院国家天文台西藏羊八井观测站始建于 2009 年，台址海拔 4300 米，是国家天文台在西藏建造的第一个专业天文台站。经科学监测，这里是优秀的光学、红外、毫米波 / 亚毫米波及射电等多波段天文台站。

密云射电天文观测基地有一面 50 米口径的天线，是为完成探月工程任务而新建的。

上海佘山天文台

紫金山天文台

紫金山天文台成立于 1950 年，总部位于南京的紫金山上，在中国有紫金山科研科普园区、青海观测站、盱眙天文观测站等 7 个野外业务观测台站，各野外台站的中大型望远镜共有 10 余架。天体物理和天体力学是紫金山天文台的主要研究方向。

紫金山天文台

上海佘山天文台

上海佘山天文台建于清光绪二十六年（1900 年），是中国最早的现代意义上的天文台，也是中国近代天文学的重要发源地之一。百年来，它为中国积累了大量珍贵的天文资料，已被列为全国重点文物保护单位。

南极冰穹 A

南极冰穹 A 是南极四个重要冰穹之一，是一个 60 千米 ×15 千米的平台。冰穹 A 之外的另三个冰穹已被其他国家“占领”，并建立了永久天文台。2009 年，中国在南极冰穹 A 设立了考察站及天文台。这里的冬季全是黑夜，没有太阳光、尘埃、水汽的干扰，大气环境可与太空相媲美，是地面上进行天文观测的绝佳场所。

南极巡天望远镜“AST3-2”是中国在冰穹 A 地区布放的第二台南极巡天望远镜。其主镜口径达 680 毫米，有效通光口径达 500 毫米，采用了大视场折反射望远镜光学系统，具备指向跟踪和自动调焦等功能，是南极现有最大的光学望远镜。它配备的单片 CCD 相机像素达 1 亿，一次曝光可覆盖约 4.3 平方度的天空，相当于 18 个月亮的大小。

天文台在雾霾天能工作吗？

有的天文台建得较早，离市区较近，易受城市雾霾的影响，如国家天文台兴隆观测站。虽然与市区相比，兴隆观测站所在的市郊雾霾程度较轻，但遇到雾霾天，这里的光学望远镜和红外望远镜仍会受很大影响，几乎无法观测。不过，雾霾对射电望远镜却基本没影响，因为影响其观测的主要是大气中水汽的含量，而不是大气中细颗粒物的含量。而且射电望远镜对电磁环境的要求高，一般建在人烟荒芜的地方，不会有被雾霾干扰的问题。

天文馆

想了解天文学，除了阅读书籍，天文馆也是一个不可不去的好地方。天文馆既是天文知识库，有讲述各方面天文知识的精彩展览，也是一个天象大舞台，在科普剧场放映令人大开眼界的天象节目。天文馆的“心脏”是天象仪。有了天象仪，天文馆才算得上是名副其实的天文馆。德国的德意志博物馆天文馆、美国的阿德勒天文馆、中国的香港太空馆等，都是世界上著名的天文馆。

格里菲斯天文台

格里菲斯天文台位于美国洛杉矶，与著名的好莱坞山遥遥相对，是仰望星空的好去处，也是俯瞰整个洛杉矶的绝佳场所。作为好莱坞的“邻居”，格里菲斯天文台在《爱乐之城》等好莱坞电影里都曾“客串”出场。这里有一幅世界上最长的天文画卷，画卷根据海量观测数据制作而成，画面长46.3 米，里面绘制有 100 万个星系、50 万颗恒星和 1000 颗小行星。依照捐赠人的愿望，如今格里菲斯天文台不仅可以免费参观，甚至连用馆内的望远镜进行观测也是免费的。

香港太空馆

中国的香港太空馆是世界上第一座拥有全自动天象节目控制系统的天文博物馆。这里的何鸿燊天象厅装有东半球第一座全天域电影放映设备，每天都有超高清的全天域天象节目放映；这里的太空科学展览厅拥有许多体验设施，可以让你像真正的航天员一样模拟飞行，还可以体验模拟在只有 1/6 地球引力的月球上漫步的奇妙感受。这里还有科幻小说展览区，能够让喜欢太空科幻小说的朋友大饱眼福。它拥有独特的蛋形“外壳”，已成为香港的一个著名地标。

瓦伦西亚大眼球天文馆

在西班牙的瓦伦西亚，有一个美丽的“大眼球”远近闻名，这就是欧洲最大的天文馆——瓦伦西亚大眼球天文馆的所在地。把人类瞭望宇宙的灵魂之窗——眼睛，作为人类瞭望宇宙的知识之窗——天文馆所在建筑的外形，可谓匠心独运。这座天文馆拥有西班牙乃至欧洲最大的球幕，投影面积达 900 平方米。除了展示星空的蔡司天象仪外，这里还有先进的巨幕电影（IMAX）、数字球幕等播放设备，能逼真地展示各种天文影像，让人大饱眼福。

阿德勒天文馆

阿德勒天文馆建立于 1928 年，坐落在美国芝加哥美丽的伊利诺伊湖畔，是美国第一座天文馆，也是西半球第一座现代天文馆。阿德勒天文馆堪称天文馆界的先驱，一直引领着世界天文馆的发展。这里建立了世界上第一个表演交互式全天域三维图像的太空剧场，开创了一个馆里有两个圆顶剧场的先例，还拥有世界上分辨率最高的数字影院。这座影院不仅有纳米拼接技术制成的超大无缝屏幕，还有 2 组超级计算机和 20 个军用级投影机。这里的展品也十分丰富，包括 1529 年制造的日晷、赫歇尔制作的望远镜，还有中国古代的天球仪和星图。

德意志博物馆天文馆

德国的慕尼黑是世界上第一个建立天文馆的城市。德意志博物馆的天文展览是世界上最大的天文展览，它的展览重点在古典天文学和天体物理学方面。1913 年，奥斯卡·范·米勒向德国的蔡司公司提出制作一台能够展示天体的位置和运行状态的天象仪。12 年后，世界上第一台天象仪终于在慕尼黑的德意志博物馆天文馆公开亮相。这台仪器能在半球型的银幕上放映 4500 颗恒星的图像，制造出一片足以以假乱真的人造星空，吸引了无数天文爱好者的眼球。德意志博物馆天文馆也因为拥有这台天象仪而成为世界第一座天文馆。

北京天文馆

北京天文馆是中国国家级自然科学类专题博物馆，也是中国目前唯一一座大型专业天文科普场馆。场馆分 A 馆、B 馆两部分。A 馆始建于 1955 年，1957 年正式对外开放；2004 年，B 馆也正式落成，与观众见面。天文馆拥有天象厅、宇宙剧场、3D 剧场、4D 剧场等几个主要的科普剧场，以及天文展厅、大众天文台、天文教室等各类科普教育设施，是儿童、青少年及天文爱好者的科普乐园。

北京天文馆拥有 60 多年的专业天文科普经验，以及目前世界上最先进的光学天象仪、数字天象仪和互动体验展览展示设备，能够让观众拥有精彩的天文科普体验。

北京天文馆宇宙剧场

北京天文馆宇宙剧场是中国大陆首家球幕立体宇宙剧场，有着倾角为 15° 的标准半球全天域银幕。剧场内播放超高分辨率的细腻画面，搭配高浸入式显示技术，使画面艳丽感人，3D 效果卓越超群。球幕系统拥有庞大的天文数据库，启用实时模式，通过立体显示，将复杂的天体运动清晰呈现出来。

北京天文馆天象厅

北京天文馆天象厅是目前世界上最好的球幕剧场之一，拥有先进的天象设备和精彩的球幕天象节目。天象厅的球幕内部直径达 23 米，能容纳 400 名观众同时观影，内部采用红、绿、褐、蓝四区排列，确保每一位观众都有一个良好的欣赏体验视角；世界首创的 13.1 声道立体环绕声系统，能够让每个观众都体验到独特的环绕声音效果。

天象厅采用新型的蔡司光学天象仪，分辨率极高、色彩丰富、对比度极好的投影机，在球幕上模拟出真实的自然星空，天象变幻、太阳系穿梭、宇宙探索等精彩的天文画面，使观众身临其境，感受太空绚丽和壮观的景象。

3D 剧场

影片放映中突然喷水让观众猝不及防

北京天文馆 3D 剧场

北京天文馆 3D 剧场是个阶梯形的小巨幕影院，剧场采用了先进的播放设备，播放 4K 高清科普节目，画面效果真实、清晰。戴上立体眼镜，如梦似幻的立体世界立即映入你的眼帘，先来一只来自白垩纪的霸王龙，又来一头远古的冰原巨兽，接着是一只凶猛的大白鲨……

北京天文馆 4D 剧场

北京天文馆 4D 剧场可容纳 200 名观众同时观看，播放的科普节目极具特色。观众观赏影片时需戴上特殊的偏振立体眼镜。根据影片情节的发展，特效设备会产生出喷水、喷风、闪电、捅背、滚珠、耳风和拍腿等特效，与影片真实同步表现，让观众在生动有趣的故事中学习到科学知识，在惊险刺激的冒险中探索自然的奥秘。

北京天文馆展厅

北京天文馆的展厅给观众提供了丰富多彩的各种展览，从四季星空到航空航天，从太阳本身到太阳系家族等，精彩的展项、丰富的内容、直接的体验，都能够给观众带来天文知识和学习的乐趣。

飞向太空

SPACE FLIGHT HISTORY

美国航天员阿姆斯特朗走出登月舱踏上月球时说：“这是我个人的一小步，但却是人类的一大步。”

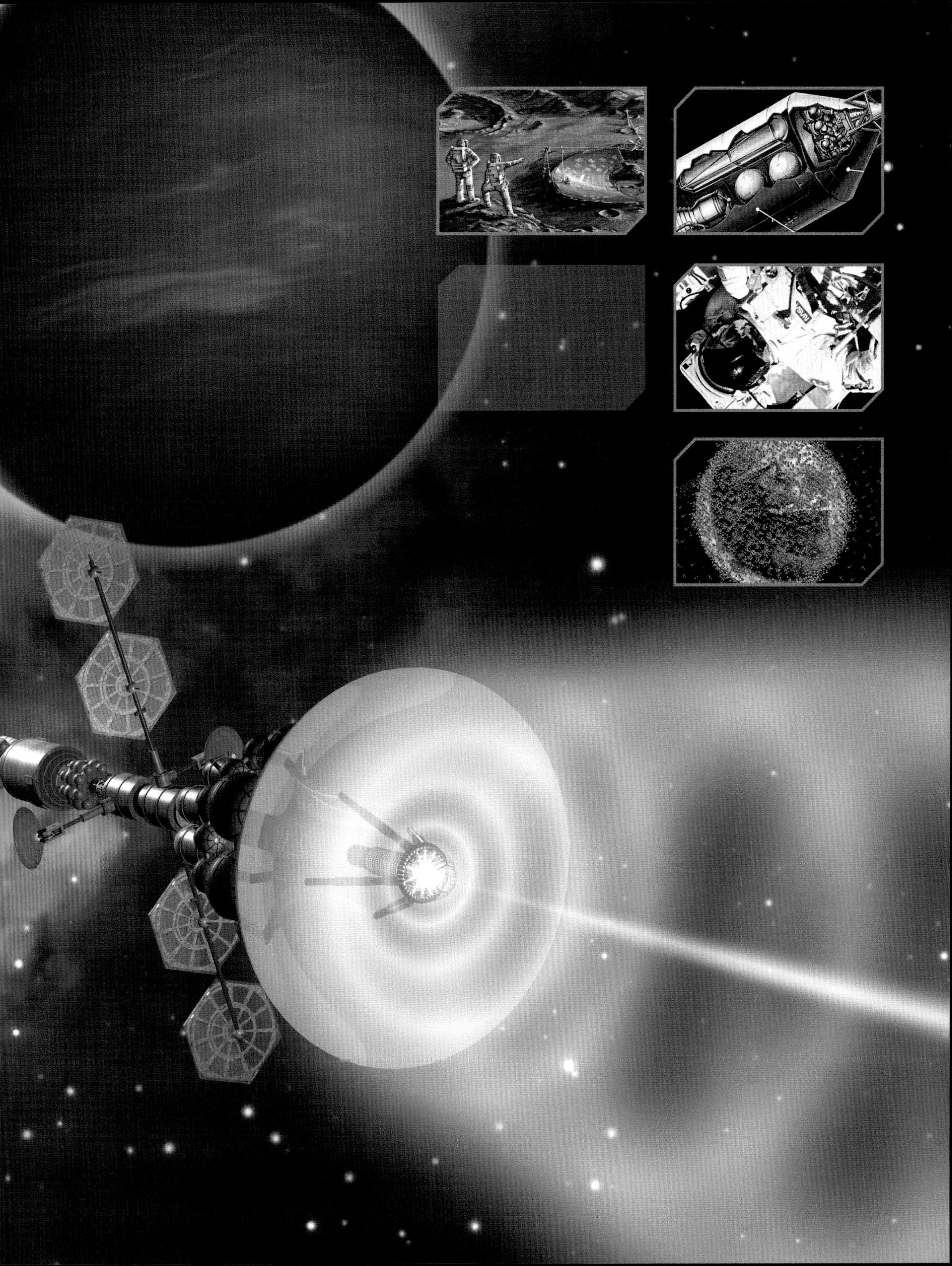

运载火箭

运载火箭是由多级火箭组成的运载工具，它的任务是把人造地球卫星、载人航天器和空间探测器等有效载荷送入预定轨道。运载火箭是第二次世界大战后在导弹的基础上开始研发的，第一枚成功发射卫星的运载火箭是苏联用洲际导弹改装的“卫星号”运载火箭。

美国“宇宙神5号”运载火箭为两级火箭，高58.3米，直径3.81米，起飞质量546.7吨，近地轨道运载能力9.75吨～29.42吨，地球同步轨道运载能力4.75吨～13吨。“宇宙神”系列运载火箭是20世纪50年代由“宇宙神”洲际导弹演变而来的，于2002年8月首次发射。“宇宙神5号”运载火箭在美国深空探测计划中承担着运载任务，2006年1月，“宇宙神5号”火箭成功发射了“新视野号”探测器。

载人火箭

载人火箭是用来发射载人飞船的，因为有航天员乘坐在里面，所以对其可靠性、安全性的要求特别高。载人火箭的顶部会装一个逃逸塔，一旦主火箭发生事故，逃逸火箭会带着飞船逃离，然后打开降落伞，使飞船返回舱安全返回地面。

火箭升空

火箭升空前，工作人员要对火箭上的电子设备进行测试，然后加注燃料。火箭进入发射程序后，燃料泵向发动机燃烧室里送入燃料，然后点火，发动机就产生了推力。当推力超过火箭的自重和固定设备的受力极限，火箭就会向上升起。垂直上升到一定高度后，火箭会进入程序转弯，向着预定的轨道飞行。到了一定的高度，火箭助推器及工作完毕的各级火箭燃料耗尽，就会自动脱离。

苏联研制的“能源号”运载火箭曾发射“暴风雪号”航天飞机，它的近地轨道运载能力为105吨，地球静止轨道运载能力为20吨。这个火箭发射了2次，1988年以后因“暴风雪号”航天飞机下马而停用。

多级火箭

运载火箭一般由火箭本身和整流罩组成，被运送的航天器就放在整流罩里。运载火箭一般有 2 ~ 4 级，最下方的火箭称为第一级，起飞时一级发动机首先点火工作，燃料用完之后脱落掉回地面，然后依次点燃各级发动机。有时候，为了运送很重的飞船或卫星，需要在第一级火箭旁边再捆绑几个火箭，这几个火箭称为助推火箭。

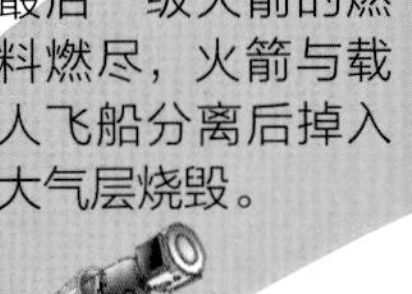

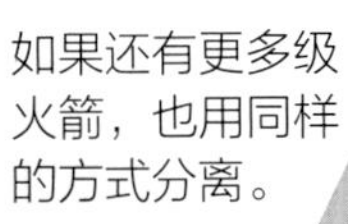

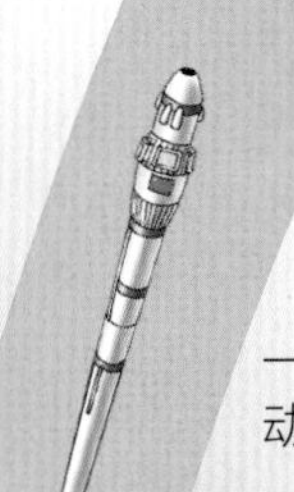

火箭发动机

现在的运载火箭一般采用液体燃料的发动机，所以火箭的大部分体积都被燃料贮箱所占据，发动机看上去只是附着在燃料贮箱下面的一个小设备。也有一些火箭采用固体燃料发动机，长长的药柱就装在发动机里面，占据了火箭的大部分体积，发动机的尾部是喷管。

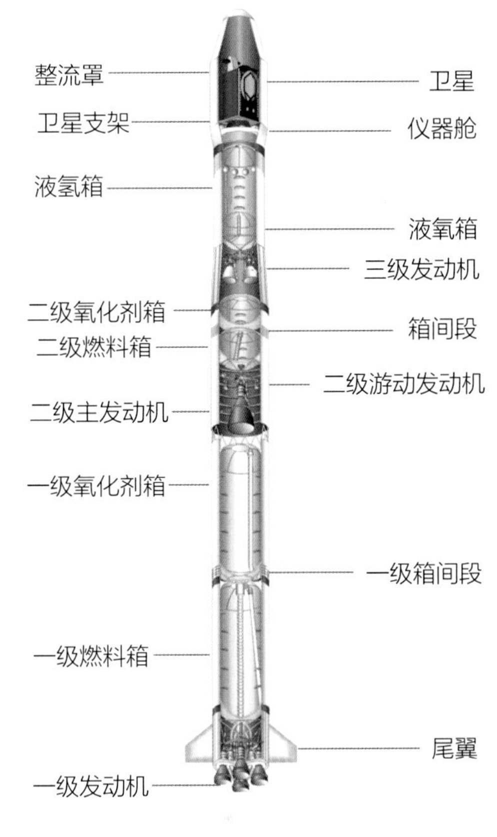

中国“长征三号”A 火箭结构示意图

宇宙速度

科学家研究发现，物体在飞行速度达到一定值时，就可以不再落回地面，这个速度称为宇宙速度。第一宇宙速度为 7.9 千米 / 秒，是指物体绕地球做圆周运动的速度；第二宇宙速度为 11.2 千米 / 秒，是指物体完全摆脱地球引力束缚，飞离地球所需要的最小初始速度，在地球引力的作用下它并不是直线飞离地球，而是按抛物线飞行；第三宇宙速度为 16.7 千米 / 秒，是指在地球上发射的物体摆脱太阳引力束缚，飞出太阳系所需的最小初始速度。

火箭的力量从哪来？

我们知道，气球充满气后再松开充气口，它就会一边喷气一边飞。火箭就是根据喷气推进原理制成的。燃料在火箭发动机内燃烧，产生的高温高压气体在喷管里经历一个先压缩后膨胀的过程，然后以很高的速度和压力喷出去。在反作用力的推动下，火箭飞向空中。火箭受到的反作用力越大，火箭的推力就越大，能运载的航天器就越重。

航天器

航天器又称太空飞行器、空间飞行器，是按照天体力学规律在太空中飞行的人造物体。也就是说，航天器的飞行一般只受到各种天体引力的作用，空气摩擦阻力对轨道很高的航天器的影响很小。航天器主要的任务是探索太空或利用地外资源。目前世界最大的航天器是“国际”空间站，它由 16 个国家或地区组织参与建设，1998 年开始建站，于 2011 年完成建造任务，转入全面使用阶段。

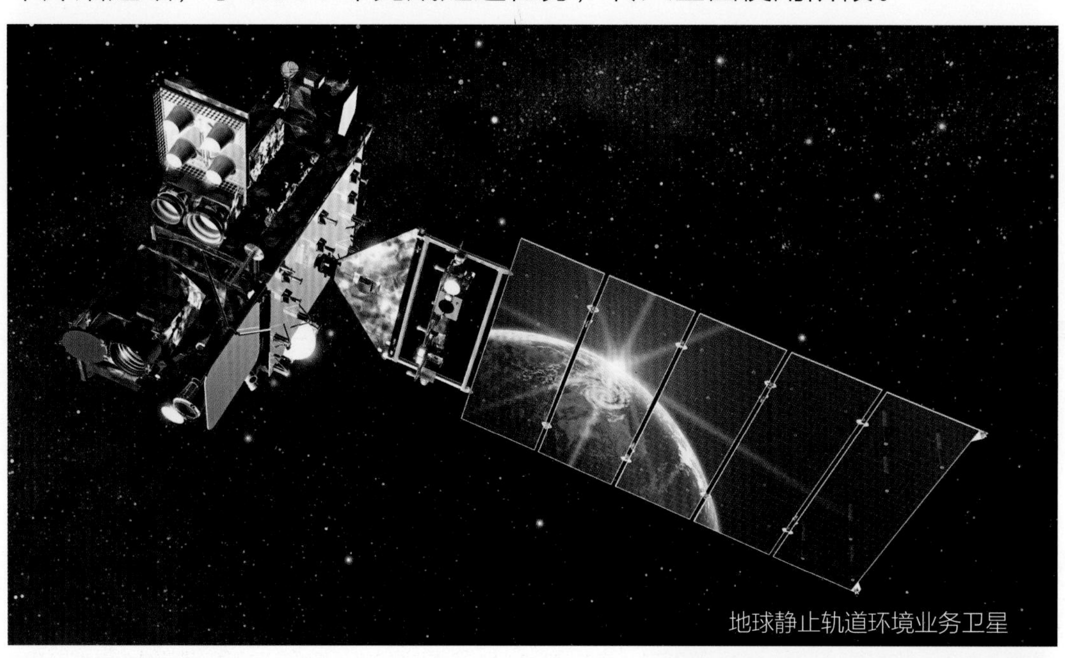

地球静止轨道环境业务卫星

航天器的种类

航天器有多种分类方法，可按其轨道性质、科技特点、质量大小、应用领域等进行分类，按应用领域可分为军用航天器、民用航天器和军民两用航天器。航天器还可分为无人航天器和载人航天器。无人航天器包括人造地球卫星、空间探测器等，载人航天器包括载人飞船、航天飞机、空间站等。各种航天器中，数量最多的是人造地球卫星，尤其是承担通信、遥感、导航等功能的各种应用卫星。

航天器的系统组成

航天器由不同功能的若干系统组成，一般分为专用系统和保障系统两类，专用系统又称有效载荷，用于直接执行特定的航天任务；保障系统又称通用载荷，用于保障专用系统正常工作。专用系统种类很多，随航天器执行的任务不同而异，但保障系统往往是相同或类似的，一般包括结构系统、热控制系统、电源系统、姿态与轨道控制系统、无线电测控系统、返回着陆系统、应急救生系统和计算机系统。

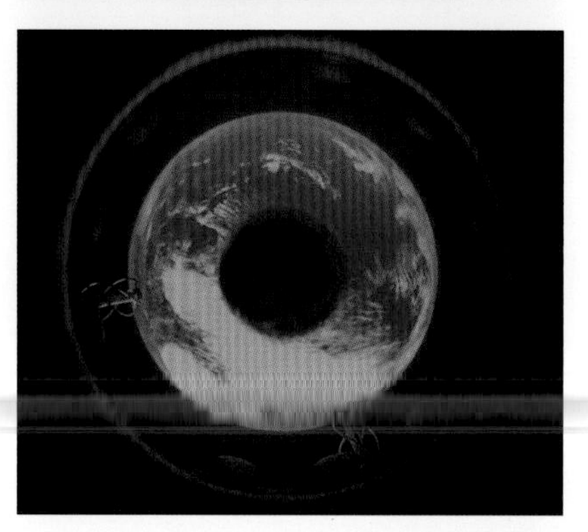

2010 年，浙江大学成功研制并发射了中国首颗公斤级卫星——“皮星一号”A 卫星。卫星在运行到第 14 圈时，用自带相机拍下了地球照片，并传回了地面。

飞得最远的航天器

美国“先驱者 10 号”探测器曾是飞得最远的航天器，在人类最后一次与其联系时，“先驱者 10 号”距离地球 122.3 亿千米。这个纪录一直保持到 1998 年 2 月。目前飞得最远的航天器，当数美国于 1977 年 9 月发射的“旅行者 1 号”。它先后探测了木星和木星卫星，土星和土星卫星、土星环，天王星，海王星等，并测量太阳风粒子、探测太阳风顶，现在“旅行者 1 号”已经飞离地球约 200 多亿千米。太阳系的半径为 15 万亿千米 ~ 30 万亿千米，而“旅行者 1 号”只飞越了太阳系半径的千分之一。“旅行者 1 号”任重而道远。

“旅行者 1 号”探测器

“先驱者 10 号”探测器

第一个摆脱地球引力的航天器

1959 年 1 月，苏联成功发射“月球 1 号”探测器。由于地面控制系统出现问题，末级火箭的点火时间出现误差，导致“月球 1 号”没有按计划撞击月球，而是在距离月球表面约 6000 千米处掠过月球，成为第一个摆脱地球引力场的航天器。“月球 1 号”质量为 361 千克，奔月速度达到 11.17 千米 / 秒，它在飞行过程中获取了月球磁场、宇宙射线等数据，是人类发射成功的第一个空间探测器，也是第一个抵达月球附近的探测器。在“月球 1 号”发射之前，苏联曾三次发射失败，“月球 1 号”是苏联发射的第 4 个月球探测器，是“月球号”系列探测器中的第一个成员。

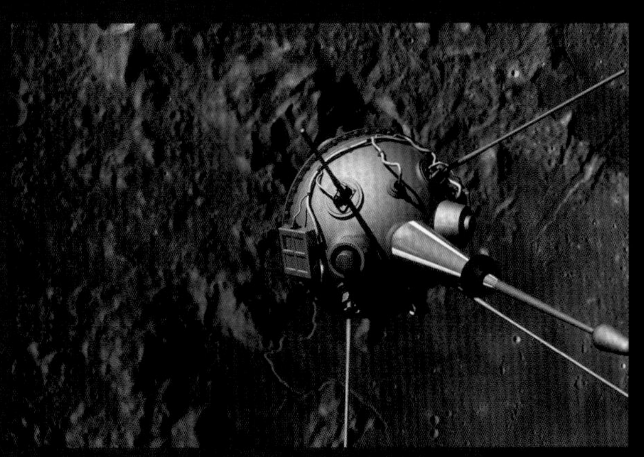

“月球 1 号”最终的命运是成为第一颗绕太阳公转的人造天体，它的公转周期为 450 天。

人造地球卫星

人造地球卫星是指环绕地球在空间轨道上运行至少一圈的无人航天器，简称人造卫星或卫星。人造地球卫星的种类非常多，可分为技术试验卫星、应用卫星和科学卫星。技术试验卫星用于研究卫星本身的某种新技术，应用卫星直接服务于人们的社会活动，科学卫星用于发现和研究宇宙或其他领域的科学现象。也有人按照军用卫星和民用卫星来划分卫星的种类。1957年10月4日，苏联发射了世界第一颗人造地球卫星。

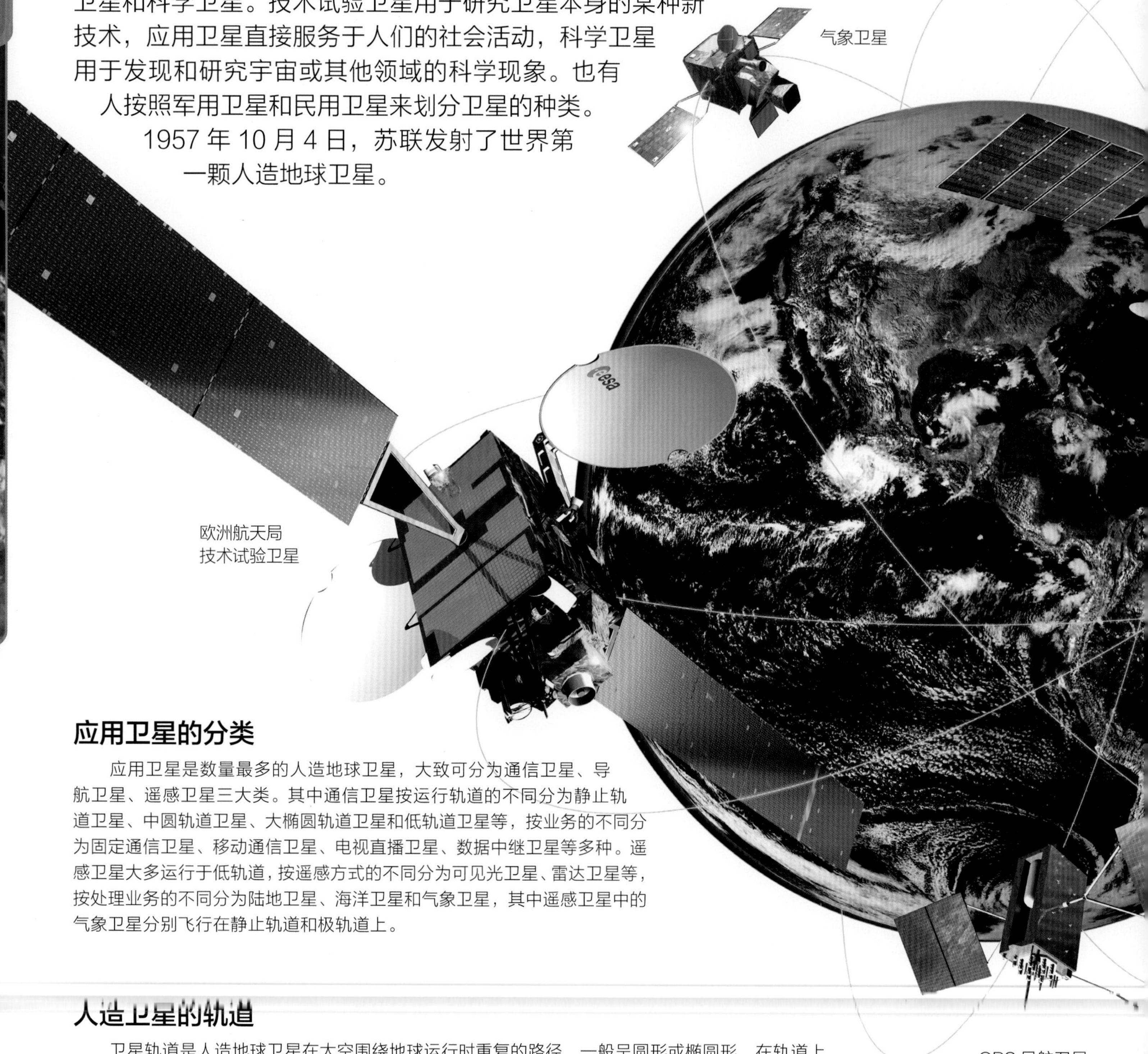

气象卫星

欧洲航天局
技术试验卫星

应用卫星的分类

应用卫星是数量最多的人造地球卫星，大致可分为通信卫星、导航卫星、遥感卫星三大类。其中通信卫星按运行轨道的不同分为静止轨道卫星、中圆轨道卫星、大椭圆轨道卫星和低轨道卫星等，按业务的不同分为固定通信卫星、移动通信卫星、电视直播卫星、数据中继卫星等多种。遥感卫星大多运行于低轨道，按遥感方式的不同分为可见光卫星、雷达卫星等，按处理业务的不同分为陆地卫星、海洋卫星和气象卫星，其中遥感卫星中的气象卫星分别飞行在静止轨道和极轨道上。

人造卫星的轨道

卫星轨道是人造地球卫星在太空围绕地球运行时重复的路径，一般呈圆形或椭圆形。在轨道上，卫星同时受到离心力和向心力的作用，这两个方向相反的力相互平衡后，卫星就能稳定地在轨道上工作了。不同用途的卫星所对应的轨道也不相同。卫星的轨道按离地高度的不同可以分为近地轨道、中高轨道、高轨道；按照轨道平面与地球赤道平面的夹角的不同又可分为顺行轨道和逆行轨道。除此以外，还有一些特殊的轨道，如地球静止轨道、太阳同步轨道、极地轨道和赤道轨道等。

GPS 导航卫星

气象云图

生活中的人造地球卫星

在生活中，我们接触到的主要是应用卫星。气象卫星给我们提供每天的天气信息和气象预报，如果从卫星上看到一大块云飘过来，我们会知道这意味着多半会有降雨或降雪。导航卫星为我们航空、航海、行车和走路指引方向。对地观测卫星的图像可用来制作各种导航仪、电子地图。通信广播卫星为我们提供来自远方的信息和广播电视节目。我们上网所获得的很多信息，都是卫星传递而来的。

什么是地球静止轨道?

有一种卫星在距地球赤道上空35786千米的轨道上绕地球运行，由于它绕地球运行的角速度与地球自转的角速度相同，所以从地面上看去卫星好像是静止不动的，这种卫星轨道称为地球静止卫星轨道。地球静止卫星轨道是地球同步轨道的特例。一般来讲，通信卫星经常使用这种轨道。

人造卫星的基本组成

人造卫星主要由公用服务舱（又称卫星平台）和有效载荷两部分组成。公用服务舱里装着供电设备、卫星控制设备、温度控制设备和测控设备等，它们是为有效载荷服务的，还有用来安装有效载荷的结构。很多卫星研制企业设计了公用服务平台，可以用来装载不同的有效载荷。

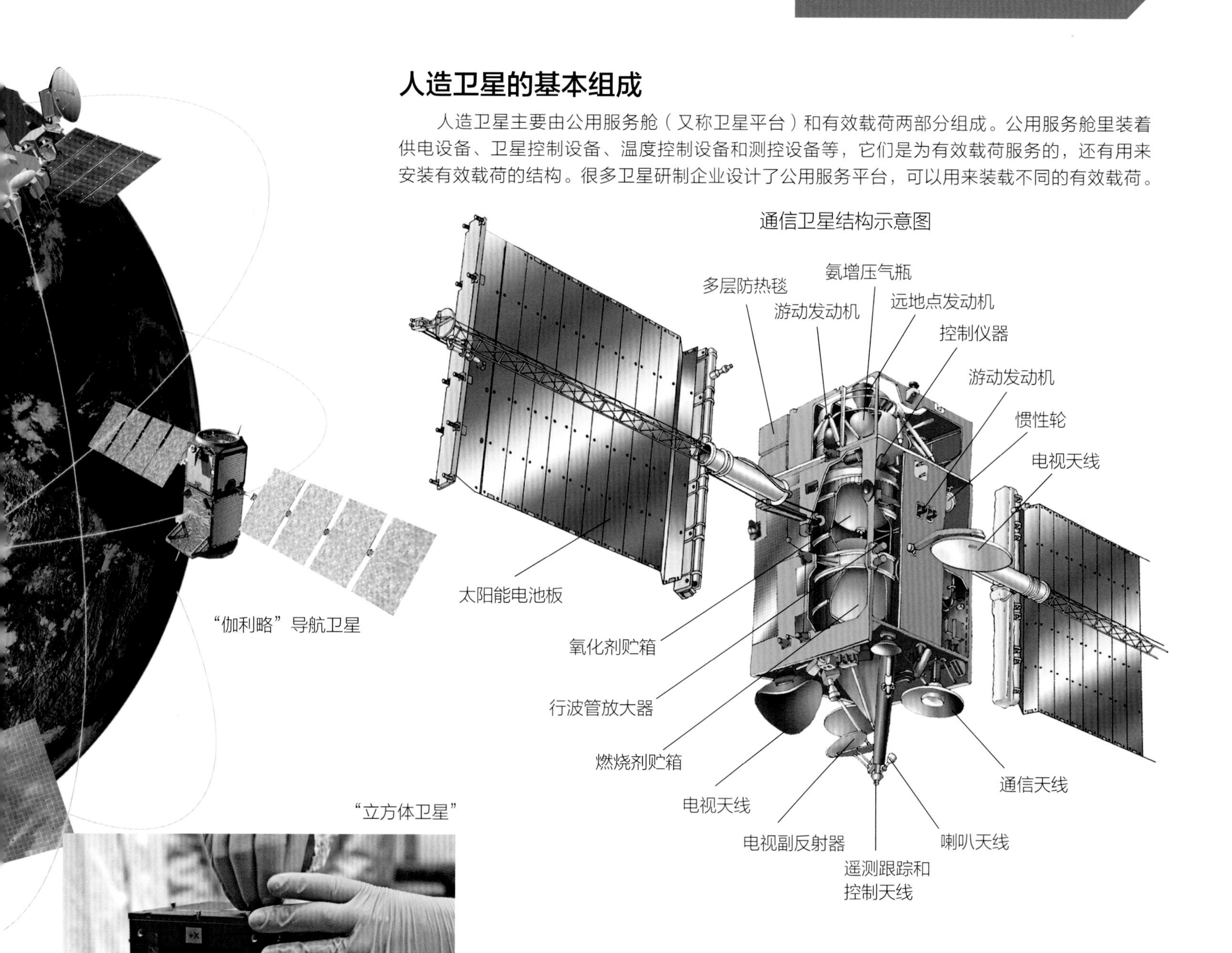

通信卫星结构示意图

“伽利略”导航卫星

“立方体卫星”

小卫星浪潮

随着电子技术的进步，人们已经可以用越来越小的集成电路来实现越来越复杂的使用功能。所以卫星也可以越造越小。从前要用好几吨重的卫星才能实现的功能，如今只需要几百千克甚至更小的卫星就可以实现。于是从20世纪90年代开始，航天界掀起了小卫星浪潮。如今最为流行的小卫星样式称为“立方体卫星”，就是把几颗卫星集中在一个边长10厘米的正方体中，一起发射到太空中去。

卫星导航系统

人类为了给航船和飞机等指引方向，在地面上修建了很多灯塔或无线电信号发射塔。但因为地球是圆的，再高的灯塔，超过一定的距离也看不见了。而人造地球卫星高高地飞行在太空中，几十颗卫星就能充分覆盖整个地球。用卫星导航是最先进的导航手段。卫星导航系统由导航卫星、地面台站和用户接收机三部分组成。

目前，全球有四大卫星导航系统：美国全球定位系统、苏联/俄罗斯全球导航卫星系统、欧洲航天局“伽利略”卫星定位系统、中国“北斗”导航卫星系统。另外，还有日本“准天顶”系统、印度区域卫星导航系统，它们都是区域性导航卫星，只覆盖国内。

导航卫星

导航卫星的飞行轨道非常精确且有规律，在任何时候某颗卫星的轨道都是已知数。卫星不断用无线电波向地面传输导航电文，其内容包括时间、轨道参数等信息。导航接收机同时接收几颗卫星的电文，根据接收时间和电文中时间的差值，再乘以光速，就能分别算出自己到这些卫星的距离，然后凭借球面相交的几何原理，就可以算出自己的位置了。

接收机

接收机是卫星导航大系统里掌握在每个用户手里的设备。它主要由天线和集成电路组合、时钟、软件和显示设备构成。天线用来接收卫星发射的无线电信号，集成电路组合一般被称为芯片组，用来把无线电信号还原成导航电文，再根据时钟计算出无线电信号跑了多久，计算出自己的位置。软件则用来把位置显示在电子地图上，有的还负责计算导航线路。

导航卫星的缺点

导航卫星虽然很好用，但也有一些难以克服的缺点。比如，只有在开阔的、能看见天空的地方，接收机才能收到卫星的导航信息，如果在隧道里、地下停车场或大型立交桥下面，就收不到信号了。另外，导航卫星距地面有 2 万千米左右，卫星信号抵达地面的时候已经非常微弱了，很容易被其他无线电信号干扰。人们正在研究多种办法以解决这些问题。

海上导航

地面导航

原子钟

原子钟是导航卫星的核心设备，是目前人类最精确的时间测量仪器。它利用原子不受温度和压力影响的固定频率振荡的原理制成，导航卫星一般采用铷、铯原子或氢原子制成的原子钟。一颗导航卫星上一般装有三四台原子钟，综合它们的报时数据来编制导航电文。这也可以防止某台原子钟失灵而导致整星报废。

美国全球定位系统

美国全球定位系统（Global Positioning System，简称 GPS）是一种可以在全球范围内实时进行定位、导航的系统，由 GPS 卫星、地面监控系统和用户设备三部分组成。GPS 由美国政府于 20 世纪 50 年代开始研制，到 1991 年试用，1994 年正式建成。GPS 是美国开发的现代化导航星座，最早是为美军服务的，但有一部分功能可以开放给民用，因此很快在全世界流行，成了各种飞机、舰船、车辆以及平板电脑和手机的标准配置。

美国全球定位系统示意图

有效载荷

遥感卫星

有效载荷对于运载火箭和航天器来说，有着不同的含义。需要用火箭送入太空的卫星、飞船、空间探测器或空间站部件等物品，就是火箭的有效载荷。而对卫星、空间探测器来说，用来完成任务的光学或电子设备就是有效载荷。对于飞船和空间站来说，航天员本身就是有效载荷，科研设备和材料也算有效载荷。火箭和航天器上的其他所有设备，都是为有效载荷服务的。

火箭的有效载荷

被送入太空的卫星、飞船或空间探测器等航天器，就是火箭的有效载荷。同一种火箭，根据所要进入的轨道的不同，火箭的有效载荷重量也是不一样的。举例来说，中国航天部门用“运载能力”这个词来描述火箭运送有效载荷的能力。如中国“长征二号”C 火箭进入高 200 千米、倾角为 63° 的低轨道运载能力为 3850 千克，而进入高 600 千米太阳同步轨道的运载能力为 1400 千克。

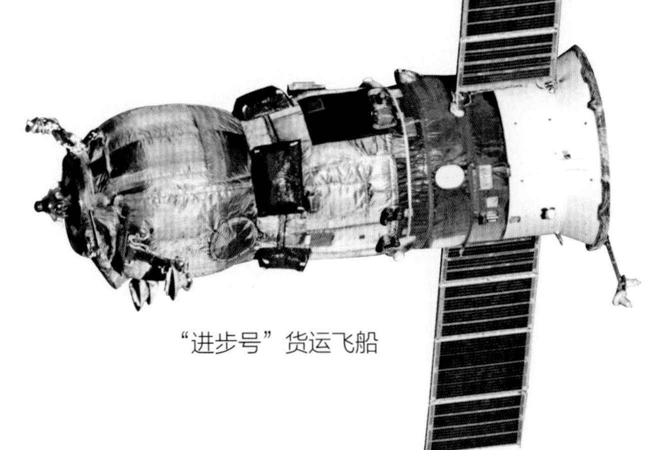

“进步号”货运飞船

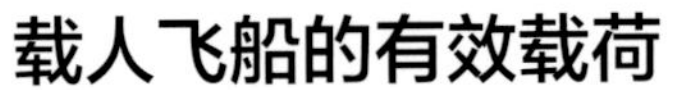

载人飞船的有效载荷

飞船的有效载荷是指它携带的人及其在太空工作和生活所需的设备、给养等。目前世界上有两种载人飞船被长期使用，即俄罗斯“联盟号”飞船和中国“神舟”飞船。“联盟号”飞船的主要载荷是人，能够携带 3 名航天员，可以单独自主飞行 3 ～ 30 天。“神舟”飞船的主要载荷也是人，同样可以携带 3 名航天员和 300 千克物品。美国太空探索技术公司牵头研发的“龙”飞船自 2020 年开始，也承担起接送航天员往返于空间站和地球之间的任务。“龙”飞船最多可携带 4 名航天员。

货运飞船的有效载荷

货运飞船用来给空间站运送氧气、水、食品、衣服等补给品和仪器，这就是它上升段的有效载荷。目前世界定期飞行的货运飞船有俄罗斯的“进步号”飞船、美国的“龙”和“天鹅座”飞船、日本的“H-2 转移飞行器”，以及中国的“天舟”货运飞船。货运飞船卸货后会装载空间站里的垃圾废物，返回时连同飞船烧毁在大气层里，因此再入段的有效载荷是垃圾。

2011 年 7 月 15 日，登上“国际”空间站的“亚特兰蒂斯号”航天员与空间站航天员会合。

遥感卫星上的数码相机

“阿波罗 15 号”飞船带回来的月球上的岩石

应用卫星的有效载荷

应用卫星的有效载荷种类很多，有的用来中转无线电信号，有的用来发送时间和位置信息，有的用来观察地面上的情况并把采集到的数据收集起来。一般通信卫星的有效载荷主要有天线和转发器。导航卫星的有效载荷主要有几台极其精确的原子钟。遥感卫星的有效载荷主要有相机、合成孔径雷达等。返回式遥感卫星的主要任务是用相机拍摄地面目标，将胶卷送回地面，它的有效载荷就是相机和胶卷，它还可以搭载科研样品。中国的返回式卫星还有一种特殊的有效载荷，就是在太空中诱变的植物种子。科学探测卫星的有效载荷要根据不同的任务分别进行设计。

特殊的有效载荷

美国“阿波罗”登月飞船，从月球上带回了 381.7 千克月壤和月岩。中国发射的“嫦娥五号”探测器登月，也带回了 1.73 千克月壤样品。日本曾经发射小行星采样返回探测器，从一颗小行星上取回了一些尘埃。这些飞船和探测器带回地面的地外样品，是特殊的有效载荷。

航天飞机

载人飞船每发射一次，都需要制造一枚运载火箭，而且两者都只能一次性使用。20 世纪 70 年代，为了降低成本，美国开始研制一种可以部分重复利用的空间运输系统，这就是航天飞机。航天飞机是一种兼具载人航天器和运载器功能的航天系统，它由助推器、外贮箱和轨道器三部分组成。航天飞机发射时，两个助推火箭和轨道器的 3 个主发动机一起工作，返回时轨道器能像飞机一样着陆，其核心部件——轨道器可重复使用。1981 年 4 月，世界第一架航天飞机“哥伦比亚号”首飞成功，为航天飞机时代揭开帷幕。2011 年 7 月，“亚特兰蒂斯号”完成最后一次飞行，为航天飞机时代画上了休止符。

航天飞机本领大

航天飞机可以把人和货物运输到空间站，可以把人造卫星送入太空中的轨道，也可以把航天员送到太空，让航天员通过太空行走，把太空中失效、毁坏的航天器修好，使其再次投入使用。航天飞机还能在太空轨道中长时间运行，因此也是进行太空科学实验和空间研究工作的绝佳场所。在航天飞机的帮助下，人类完成了大量微重力实验研究，以及一系列对太阳、地球的观测活动。“国际”空间站的主要构件也是依靠航天飞机送上太空的。

“奋进号”航天飞机执行任务时，航天员对“哈勃”空间望远镜进行了设备升级。

航天飞机除了被用作运载工具或短期空间实验平台外，还具有重要的军事用途。

航天史上的悲怆时刻

在航天飞机 30 年的发展史中，曾发生过两次震惊世界的事故。1986 年 1 月 28 日，由于助推器上密封圈失效，燃料泄漏，导致“挑战者号”起飞 73 秒后在空中爆炸，机上 7 名航天员全部遇难。2003 年 2 月 1 日，因为隔热系统受损，“哥伦比亚号”在返航着陆前 16 分钟解体，机上 7 名航天员无一生还。由于潜在的安全隐患和过高的经济成本等原因，2011 年，航天飞机全部“退役”。

“挑战者号”航天飞机从肯尼迪航天中心升空 73 秒后爆炸

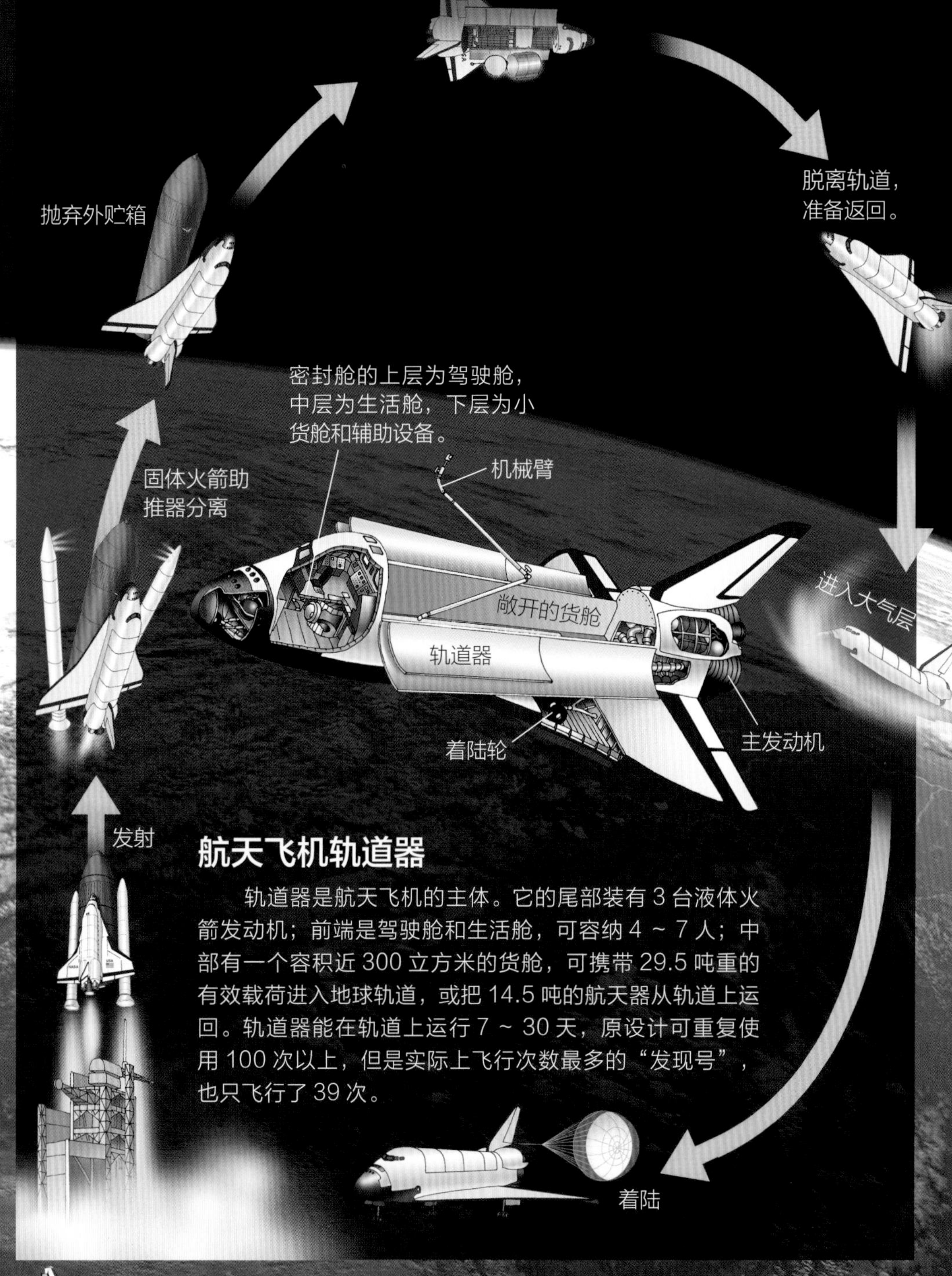

航天飞机轨道器

轨道器是航天飞机的主体。它的尾部装有 3 台液体火箭发动机；前端是驾驶舱和生活舱，可容纳 4 ~ 7 人；中部有一个容积近 300 立方米的货舱，可携带 29.5 吨重的有效载荷进入地球轨道，或把 14.5 吨的航天器从轨道上运回。轨道器能在轨道上运行 7 ~ 30 天，原设计可重复使用 100 次以上，但是实际上飞行次数最多的“发现号”，也只飞行了 39 次。

人类发射的部分航天飞机

	诞生地	首次发射	执行任务次数	总飞行时长	共搭载航天员
“哥伦比亚号”	美国	1981 年 4 月	28 次	300.74 天	160 人次
“挑战者号”	美国	1983 年 4 月	10 次	62.33 天	60 人次
“发现者号”	美国	1984 年 8 月	39 次	365 天	252 人次
“亚特兰蒂斯号”	美国	1985 年 10 月	33 次	307 天	195 人次
“奋进号”	美国	1998 年 12 月	25 次	296 天	154 人次
“暴风雪号”	苏联	1988 年 11 月	1 次	3 小时	无人驾驶

载人飞船

载人飞船是保障航天员在外层空间生活和工作，以执行航天任务并返回地面的航天器。它可以独立进行航天活动，也可作为往返于地面和空间站之间的“渡船”，还能与空间站或其他航天器对接后进行联合飞行。载人飞船分为环绕地球飞行的卫星式载人飞船、登月式载人飞船和行星际式载人飞船。

航天员尤里·加加林纪念邮票

“东方号”载人飞船

“东方号”载人飞船

人类历史上第一艘载人飞船是苏联的“东方号”，它在 1961 年 4 月 12 日带着世界上第一位航天员尤里 · 加加林在太空中飞行了 108 分钟。“东方号”看上去是一个圆筒顶着一个圆球。圆球就是用来载人的返回舱，又称座舱；圆筒称为服务舱或推进舱。“东方号”不仅实现了人类的第一次太空飞行，也确立了载人飞船的基本设计理念。

“联盟号”飞船示意图

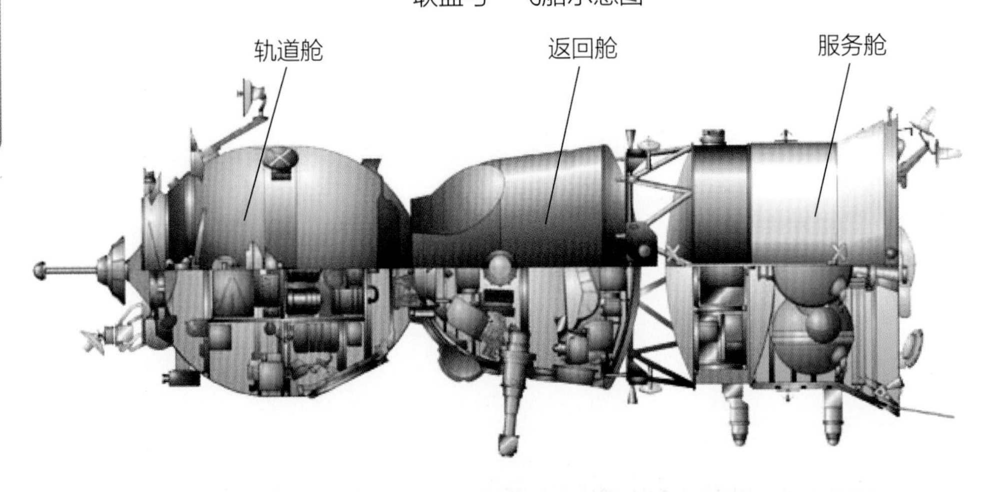

载人飞船的基本组成

最早的载人飞船由两个部分组成，一个是提供动力和电力的推进舱，另一个是给航天员提供生存条件的载人舱。载人舱要带着航天员返回地球，因此又称返回舱或座舱。后来为了执行更多的任务，在返回舱前面增加了一个轨道舱，里面放置一些科学实验的设备和供航天员休息、工作的设施。

最长寿的飞船

“联盟号”飞船是苏联继“东方号”“上升号”之后的第三代飞船。它能在轨道上交会对接，为空间站接送航天员，还可与空间站对接成组合体，成为空间站的一个组件，与之联合飞行，在太空从事对地观测、天文观测、材料焊接、工艺装配、地球资源勘测和生物医学实验等科学活动。如遇对接的空间站出现危及航天员生命的严重故障或航天员患病等紧急情况，它可作为救生船将航天员撤离出险情。“联盟号”从 1962 年开始研制，1967 年投入使用，并逐步改进，先后发展了“联盟号”“联盟 T 号”“联盟 TM 号”“联盟 TMA 号”“联盟 TMA-M 号”“联盟 MS 号”6 种型号。美国航天飞机退役后，它成为通往“国际”空间站的主要交通工具。

俄罗斯“联盟 TMA 号”飞船

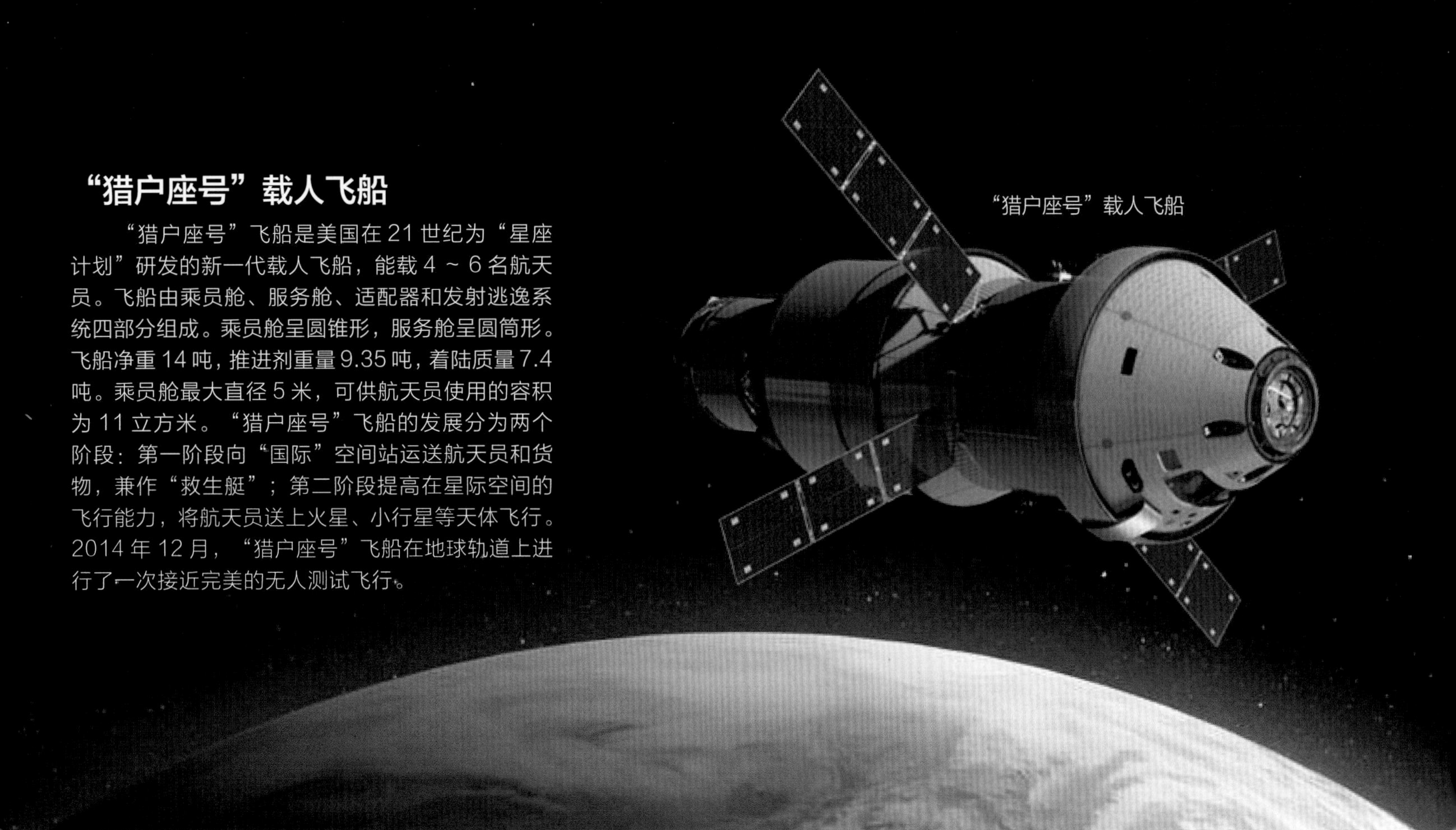

“猎户座号”载人飞船

“猎户座号”飞船是美国在 21 世纪为“星座计划”研发的新一代载人飞船，能载 4 ~ 6 名航天员。飞船由乘员舱、服务舱、适配器和发射逃逸系统四部分组成。乘员舱呈圆锥形，服务舱呈圆筒形。飞船净重 14 吨，推进剂重量 9.35 吨，着陆质量 7.4 吨。乘员舱最大直径 5 米，可供航天员使用的容积为 11 立方米。“猎户座号”飞船的发展分为两个阶段：第一阶段向“国际”空间站运送航天员和货物，兼作“救生艇”；第二阶段提高在星际空间的飞行能力，将航天员送上火星、小行星等天体飞行。2014 年 12 月，“猎户座号”飞船在地球轨道上进行了一次接近完美的无人测试飞行。

“猎户座号”载人飞船

1969 年 7 月，航天员柯林斯执行“阿波罗 11 号”任务时，戴着新研制的太阳镜。

飞船技术改变生活

方便面中的脱水蔬菜包	这是一道你一定见过的“太空菜”。它最早就是用来提供给航天员的太空食物，因为它不需要冷藏就能保存很久。
太阳镜	太阳镜最早是为了保护航天员的眼睛，使之在太空中不被宇宙中的强烈阳光伤害而发明的。
记忆枕头	记忆枕头所使用的慢回弹的太空棉，原本是为缓解航天员身上的压力而研制的。
手机高清摄像头	如今手机上的高清摄像头，很多用的都是 CMOS 感光元件。这种感光元件最早被用在空间望远镜上，现在“苹果”手机里也采用了这种元件。
碳纤维自行车、碳纤维球拍	为火箭、卫星“减重”是科学家的重要任务之一，为此科学家研制出了又轻又坚韧的碳纤维材料。
无线耳机	20 世纪 60 年代，美国在执行“水星计划”时发现了通信工具的缺陷，为此发明了无线耳机。
气垫式运动鞋	“阿波罗计划”中，科学家们为制造一种厚度均匀、承压能力强的航天服内胆，发明了中空吹塑成型技术。后来，这种技术被用在鞋垫上，制成了各种气垫式运动鞋。
心脏泵	20 世纪 70 年代，一种用于航天飞机的高性能涡轮泵被发明。后来，医学家利用相似的技术，制造了功能强大、性能可靠、体积袖珍的心脏泵，拯救了许多心脏病患者。

“水星号”载人飞船

“水星号”载人飞船是美国的第一种载人飞船。它采用圆锥形的设计，降落伞装在圆锥顶部的一根粗管子里。“水星号”和“东方号”一样，只能载一名航天员，舱内空间相当狭窄。“水星号”第一次载人飞行是在 1961 年 5 月 5 日，不过这次飞行并没有环绕地球，而是冲到 186 千米的高空就返回了。这次飞行被称为亚轨道飞行。

“水星号”载人飞船

“阿波罗”载人登月

“阿波罗”计划是美国在 20 世纪 60 年代实施的载人月球探测工程，这项计划始于 1961 年 5 月，至 1972 年 12 月第 6 次登月成功结束，历时 11 年多，耗资 255 亿美元，总共发射了 17 艘飞船，共有 12 位航天员踏上月球进行了月面行走和对月球的实地考察，为载人行星飞行和探测进行了技术准备。它是世界航天史上具有划时代意义的一项成就。

1969 年，美国航天员阿姆斯特朗和奥尔德林首次代表人类踏上月球，两人在月表活动了两个半小时，采集了一些岩石样本。

登月圆梦

“阿波罗号”飞船登月

第一艘成功登月的是“阿波罗 11 号”飞船，它在 1969 年 7 月 20 日着陆月球，执行科考任务后，于 7 月 24 日返回地球。此后，有 5 艘“阿波罗”飞船在几年内相继登月，其中“阿波罗 15 号”第一次使用了月球车。“阿波罗 13 号”在发射后两天，遭遇了服务舱氧气罐爆炸的事故，不但呼吸用的氧气损失了很多，飞船的电力供应也出了问题。3 名航天员紧急转移到登月舱里，用登月舱上升级里有限的氧气和电力维持生存，最后设法返回了地球。这次飞行被称为“最成功的失败”。

“阿波罗号”飞船的结构

“阿波罗号”飞船由登月舱、服务舱和指令舱三个舱段构成。登月舱是实际着陆月球的部分。服务舱和指令舱负责把登月舱送到月球附近，然后接回登月舱的上升级，把它送回地球。服务舱里装着太空机动用的火箭发动机。指令舱则是太空飞行期间航天员居住、工作的场所，登月期间有一名航天员在此留守。

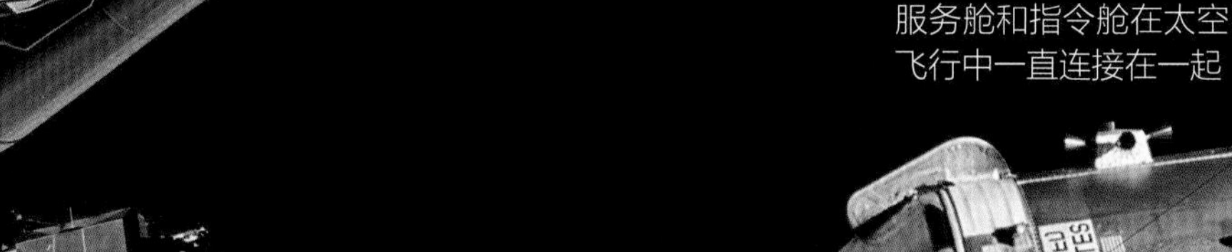

“阿波罗”计划使人类第一次登上地外星球，展示了人类星际航行的可能性，激起了全世界的航天热情。“阿波罗”载人登月计划取得了巨大的成功，引领了 20 世纪 60 ~ 70 年代几乎全部高新技术的创新与发展和一大批新型工业群体的诞生与成长。“阿波罗”计划派生出了大约3000种应用技术成果，包括航天航空、军事、通信、材料、医疗卫生、计算机、其他民用科技等诸多领域。据测算，“阿波罗”计划的投入产出比为 1 ： 14。“阿波罗”计划是一项推动科技进步并取得巨大政治、经济效益的计划。

服务舱和指令舱在太空飞行中一直连接在一起

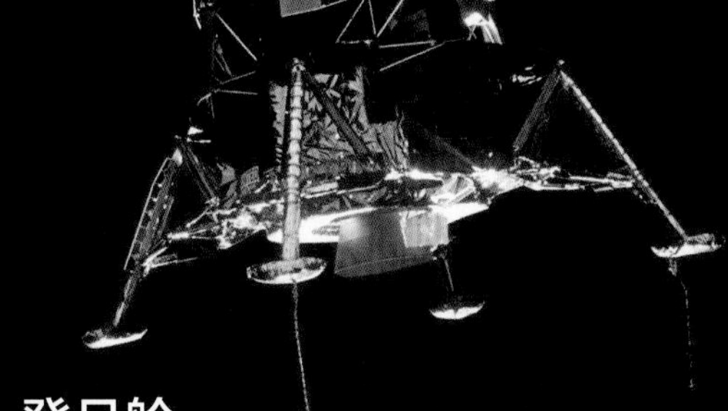

登月舱

登月舱分为上升级和下降级。上升级里装着航天员座舱、通信指挥设备、存放月壤和月岩样品的容器，还有用于离开月球的火箭等。由于火箭推力有限，为了把尽可能多的样品带回地球，里面连座位都没有，两名航天员只能站着。下降级里也有火箭发动机，还有姿态控制设备和支腿，负责带着上升级降落到月球上。

指令舱

“阿波罗号”飞船实际回到地球的只有指令舱。登月舱上升级起飞后，在绕月球飞行的轨道上再次与指令舱对接。两名登月航天员带着样品回到指令舱，然后服务舱推动着指令舱和服务舱组合体飞回地球轨道。当再入大气层时，指令舱和服务舱分离，降落伞带着指令舱回到地球，降落在海洋里。

航天员踏上月球的脚印

月球车

“阿波罗号”飞船带回的月岩

深空探测

深空探测是指空间探测器在不以地球为主要引力场的空间运行并进行的探测活动，从 1958 年美国和苏联启动探月计划开始，世界发达国家和航天技术大国先后开展了多种类型的深空探测，如月球探测、行星及其卫星探测、矮行星和小行星探测、彗星探测等太阳系各层次天体及行星际空间的探测。就像人类曾经遥望大海和天空，最终发明了航船与飞机一样，人类也终将走出地球，进入深邃的太阳系空间。

“隼鸟号”探测器

小行星探测

绝大多数小行星运行在火星和木星之间，由于其体积小、经历的演化程度低，因此仍保留着太阳系形成初期的原始成分和珍贵历史。研究小行星是探索太阳系早期演化的重要途径。日本“隼鸟号”对糸川小行星的探测，是小行星探测任务中最成功的一次，实现了人类首次从小行星取样、第二次从地外天体的直接采样并返回。中国“嫦娥二号”于 2012 年 12 月近距离飞越图塔蒂斯小行星，成功获取图塔蒂斯小行星高分辨率图像数据。

“新视野号”探测器

冥王星是距离地球很远的一颗矮行星。2015 年 7 月，“新视野号”探测器经过九年半的飞行，终于近距离飞越冥王星及其卫星，拍摄到了它们的清晰照片并且发回地球。这是人类首次探测冥王星，然后“新视野号”将探测位于柯伊伯带的小行星群。因为冥王星距离太阳很远，接收到的太阳辐射只有地球上的千分之一，已经不可能用太阳能电池来为探测器供电，所以“新视野号”携带的是一枚功率为 200 瓦的核电池，像黑色的尾巴一样拖在探测器后面，可以使航天器一直工作到 2030 年。

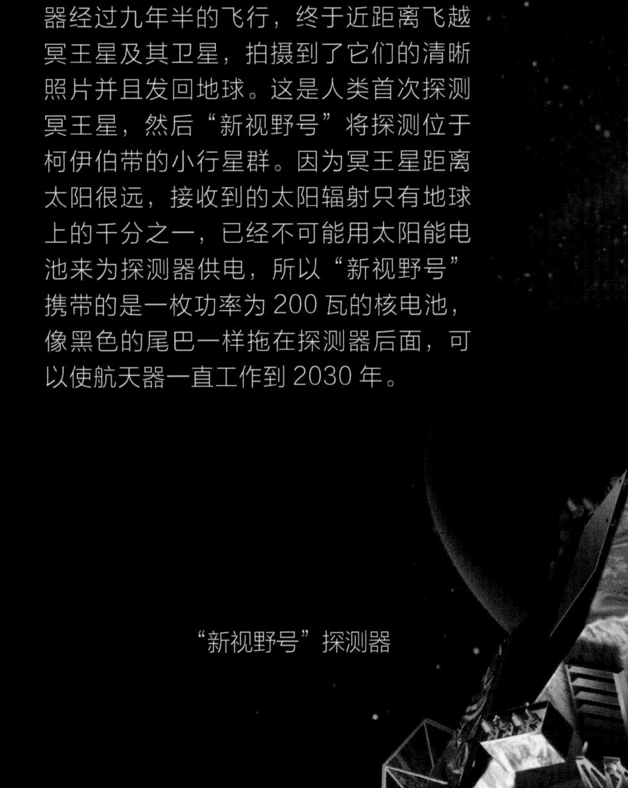
“新视野号”探测器

彗星探测

彗星是太阳系中很神秘的天体，它蕴藏着很多太阳系形成之初的信息。彗星的结构、组成和运行规律一直令科学家们着迷，尽管人类很早就对彗星有观测记录，但对彗星的认识却非常有限。目前人类已发射多个彗星探测器，飞临彗星着陆探测和采样。“罗赛塔号”任务的成功是人类探测彗星历史的一个里程碑，未来将会有更多彗星探测任务来揭示彗星形成和演化的谜题。

“深度撞击号”释放的撞击器对“坦普尔1号”彗星进行了撞击，科学家希望通过对彗星溅射物和余波的观测，探究彗星内核与外层的差异。

深空探测技术难点

深空探测的一个难点是导航与控制，要让探测器在漫长的旅途中不迷失方向，不偏离目标太远。要知道，送一个探测器前往火星，难度不亚于从几千千米外打中一只蚊子。另一个难点就是与地球的通信，探测器飞行越远，无线电信号就越微弱，往往会被行星际空间的背景杂波掩盖。

星体新发现（一）

星体新发现（二）

深空测控网

深空测控网是专门用来给深空探测活动提供通信和测控服务的，如果没有深空测控网，探测器采集的数据、拍摄的照片就无法发送回来供人们观看和研究。深空测控网有专用的无线电频率、大功率的收发天线和特殊的信息处理系统。美国的深空测控网是全球技术最先进、规模最大的深空测控网，在美国本土、西班牙、澳大利亚都有深空站。中国正在建设、完善自己的深空测控网，并在阿根廷等国建立了海外深空测控站。

位于美国加州戈德斯通的深空测控网内，直径 60 米以上的天线可以与“旅行者号”等深空探测器进行联络。

为什么要探索深空？

深空探测的主要目标是各种地外天体，包括太阳系里的各大行星及其卫星、矮行星、小行星和彗星。深空探测是对未知世界和未知领域的探索，可极大地满足人类的好奇心和探索欲，扩充人类的视野和知识疆界；同时，人类在地外天体上寻找资源，预防来自太阳系和宇宙的灾难，这将有力地促进科学探索和技术创新。

火星新发现

由于航天运输能力的限制，人类还无法飞出太阳系。而在太阳系内，只有火星的自然环境与地球最相似，是太阳系中唯一经改造后适合人类长期居住的天体，是人类移居外星球的首选目标。人类迄今已开展 40 多次火星探测，其中约 20 次实现了对火星的飞掠、环行或着陆，取得了大量探测资料。中国于 2020 年实施了首次自主火星探测任务，“天问一号”探测器于2021年5月15日着陆火星。人类探索火星的道路充满挑战，但这种冒险精神正是人类社会蓬勃发展的原生动力。

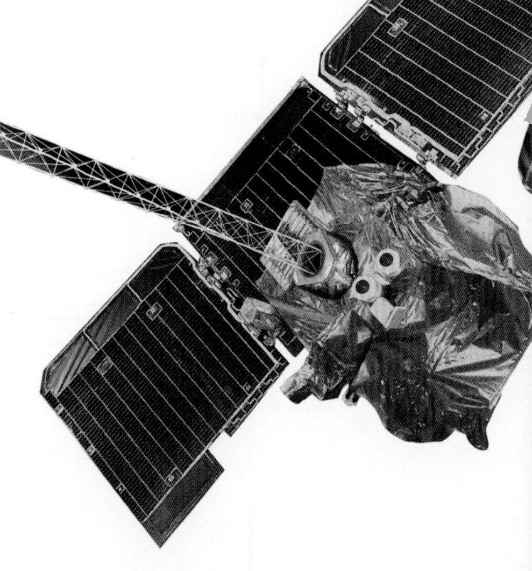

“火星奥德赛号”探测器

火星着陆

火星车或着陆器，要穿过火星大气层才能“踏”上火星表面，这期间需要经历惊心动魄、生死攸关的一幕——探测器从 130 多千米的高空进入火星大气，速度高达 6 千米 / 秒，要在短短 7 分钟的时间内，让探测器的速度降至零，从而实现安全着陆。这也是所有火星探测任务中技术难度最大、失败概率最高的关键环节。这一阶段被称为“进入、下降和着陆”阶段，是名副其实的“恐怖 7 分钟”。安全着陆火星表面主要通过气囊缓冲、反推着陆支架缓冲、空中吊车着陆三种方式来实现。

“勇气号”和“机遇号”火星车采用气囊缓冲方式，成功着陆在火星表面。

“好奇号”火星车

“好奇号”火星车是美国第七个火星着陆探测器，也是世界上第一辆采用核动力驱动的火星车。它于 2011 年 11 月发射，2012 年 8 月成功登陆火星表面。“好奇号”火星车首次使用了一种被称为“空中吊车”的辅助设备助降。空中吊车和“好奇号”组合体在经过大气摩擦减速和降落伞减速后，空中吊车开启 8 台反冲发动机，进入有动力的缓慢下降阶段。当速度降至大约 0.75 米 / 秒之后悬停，几根缆绳将“好奇号”从空中吊车中吊出来，悬挂在下方。“好奇号”着陆火星后，空中吊车在距离“好奇号”一定安全范围内着陆。

探测器发射时机

从地球出发的火星探测器，并非任何时候都可以发射，而是每隔大约 26 个月才有一次发射机会。这样的发射机会称为发射窗口。根据科学家的测算，探测器从地球发射后，大约要飞行 7 个月，才能到达火星的运行轨道，并与火星相遇。火星冲日时，火星和太阳分别位于地球的两边，此时火星与地球的距离较近，但二者的公转速度不同，探测器并不能按最短的直线路径到达火星。

火星发现液态水

2008 年，美国“凤凰号”着陆器在火星北极着陆，经取样分析，确认火星土壤中有些是含有结构水的矿物。2013 年，美国“好奇号”火星车发现火星岩石中存在含结构水的矿物质的可靠证据。2018 年，欧洲航天局发射的“火星快车号”探测器，在火星南极 1.5 千米的冰盖下，首次发现了直径约 20 千米的液态湖泊。水是生命之源，科学家的下一个目标，就是要在火星上做进一步的探测，调查火星上现在是否有微生物形态的生命。

火星大气消失之谜

火星探测成果表明，火星曾经有过大规模的液态水和浓厚的大气层。“马文号”探测火星大气的数据分析结果表明，火星大气逃逸、消散到太空中可能是火星气候变化的主要原因。由于火星没有全球性的磁场，太阳风可以直接抵达火星，将火星高层大气中的带电离子驱赶走。而地球由于有磁场的保护，带电的太阳风粒子无法直接抵达地球大气层，导致太阳风对地球和火星大气产生了不同的影响。

2018 年 11 月，“洞察号”进入火星大气层，整个进入、降落和着陆的过程在约 7 分钟内完成。

“洞察号”搭载了火震测量仪、温度测量装置、旋转和内部结构实验仪三部主要的科学仪器。科学家希望通过“洞察号”了解火星内核大小、成分和物理状态、地质构造，以及火星内部温度、地震活动等情况，探究火星“内心深处”的奥秘。

火震测量仪

热流探头

真的有火星人吗?

自 1887 年意大利米兰天文台台长、天文学家斯基帕雷利首先用望远镜观察到火星上的沟渠系统（运河）以来，对火星存在生命、甚至“火星人”的猜测席卷全球。火星纵横交错的“运河”系统，以及火星上建立了发达的农业体系，继而各种“火星人”的科幻作品风靡一时。但此后人类通过发往火星的一系列探测器，确认了火星上曾经有水，还发现了北半球干涸的海洋盆地和一些盐类矿物残留的干涸湖泊，以及各种类型的干枯的河床。虽然火星上不可能有火星人等高等智慧生命，但火星上可能曾经繁育过低等的生命形态。

空间站

宇宙飞船和航天飞机通常只能在太空中停留一周左右，时间非常有限。为了进行更多的科学实验，人们建造了在太空中长期停留的“小家”——空间站。空间站是可以供多名航天员巡访、长期工作和居住的载人航天器。它提供了地球上难以复制的失重环境，还能在太空停留足够长的时间，是在近地空间全面观测和研究地球的绝佳场所，也是进行太空实验、生产太空产品、开展太空观测和侦察、在太空储备物质的人造基地，堪称人类开发太阳系的“前哨站”。

“礼炮号”系列空间站

“礼炮号”系列空间站指的是苏联从 1971 年～ 1983 年发射的 7 个空间站，其中最著名的当数 1971 年 4 月发射的世界第一个空间站——“礼炮 1 号”。“礼炮”1 ～ 5 号是第一代“礼炮号”空间站，主要任务是完成空间站本身的一系列技术试验，以及人在太空中长期驻留的试验。“礼炮”6 ～ 7 号则是第二代“礼炮号”空间站，主要完成了天体物理学、航天医学、生物学等方面的实验，并对地球自然资源进行了考察。由于技术限制，“礼炮号”系列空间站都只有一个舱体。

“联盟号”飞船（左）与“礼炮号”空间站对接

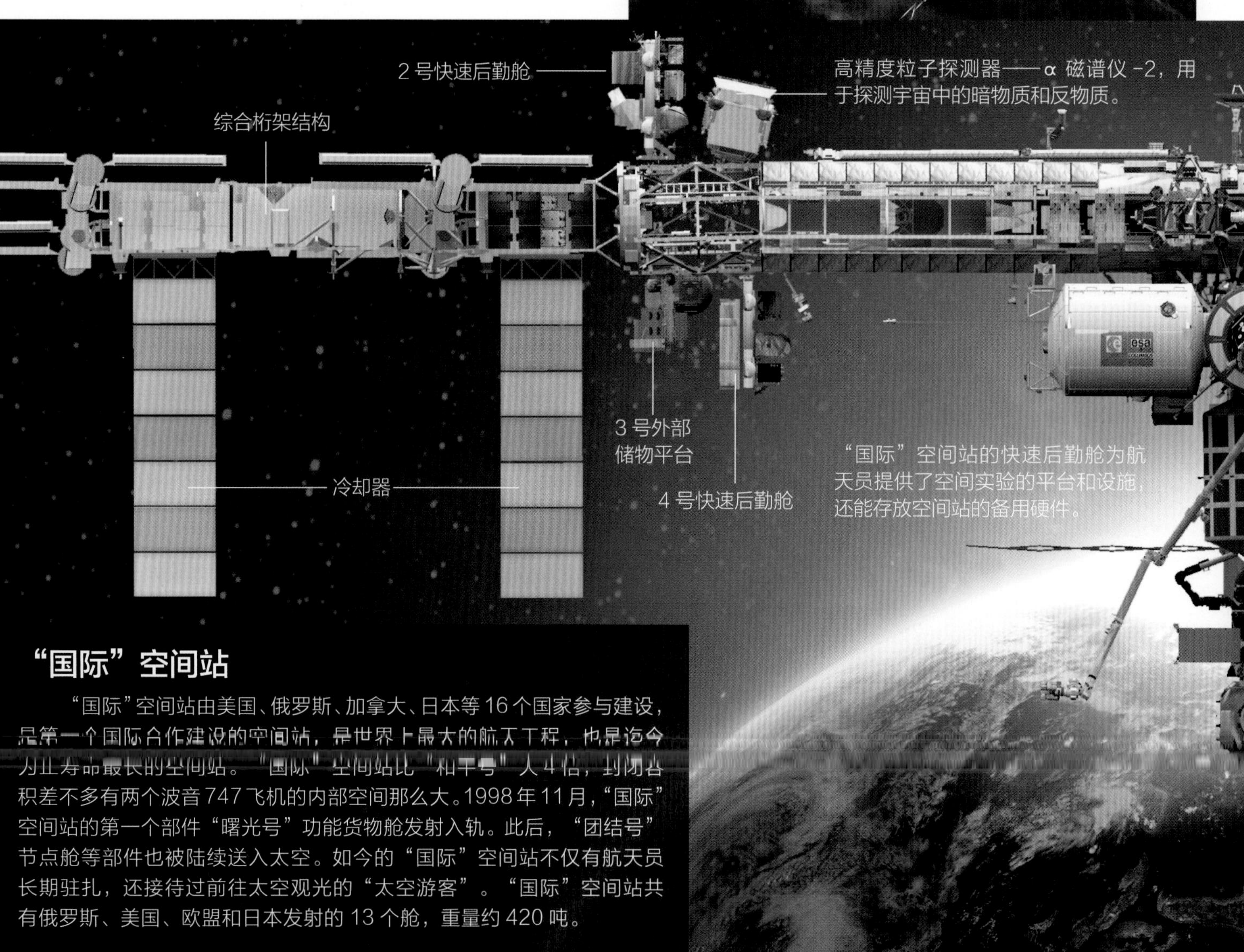

“国际”空间站的快速后勤舱为航天员提供了空间实验的平台和设施，还能存放空间站的备用硬件。

“国际”空间站

“国际”空间站由美国、俄罗斯、加拿大、日本等 16 个国家参与建设，是第一个国际合作建设的空间站，是世界上最大的航天工程，也是迄今为止寿命最长的空间站。“国际”空间站比“和平号”大 4 倍，封闭容积差不多有两个波音 747 飞机的内部空间那么大。1998 年 11 月，“国际”空间站的第一个部件“曙光号”功能货物舱发射入轨。此后，“团结号”节点舱等部件也被陆续送入太空。如今的“国际”空间站不仅有航天员长期驻扎，还接待过前往太空观光的“太空游客”。“国际”空间站共有俄罗斯、美国、欧盟和日本发射的 13 个舱，重量约 420 吨。

“和平号”空间站

“和平号”空间站是世界第一个多舱体对接组合的空间站，也是世界第一个能供人类长期居住的空间站。它由核心舱和 5 个实验舱组成，整体形状像一束绽开的花，结构比“礼炮号”复杂很多。1986 年，“和平号”的核心舱最早被发射进太空；随后，5 个实验舱陆续被发射到太空，像搭积木一样与核心舱对接，构成完整的空间站。“和平号”曾接待过 12 个国家的航天员，进行过 100 多项实验，俄罗斯航天员波利亚科夫还创造了连续驻留 438 天的世界纪录。2001 年，“和平号”超期服役后，坠入地球大气层被烧毁。

航天飞机与“和平号”空间站对接

人类迄今发射的空间站

	数量	建造者	结构	最早发射时间	可搭载人数
“礼炮号”空间站	“礼炮”1～7 号共 7 座	苏联	单舱	1971 年 4 月	3 人（“礼炮”6 号和 7 号）
“天空”实验室	1 座	美国	单舱	1973 年 5 月	3 人
“和平号”空间站	1 座	苏联 / 俄罗斯	多舱组合	1986 年 2 月	3 人
“国际”空间站	1 座	美国、俄罗斯、加拿大、日本等 16 个国家	多舱组合	1998 年 11 月	6 人
“天宫”空间站	1 座	中国	多舱组合	2021 年 4 月	6 人

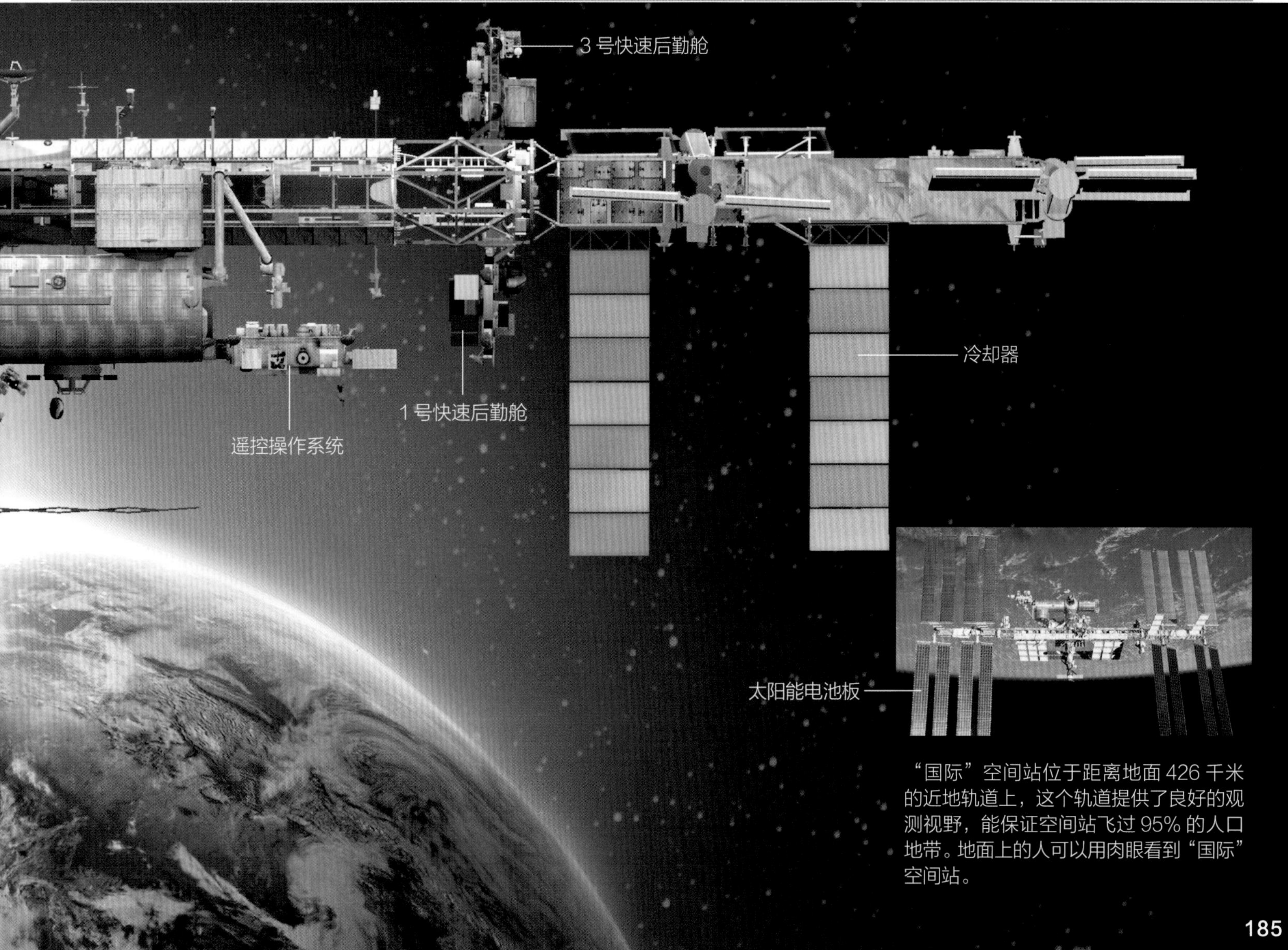

“国际”空间站位于距离地面 426 千米的近地轨道上，这个轨道提供了良好的观测视野，能保证空间站飞过 95% 的人口地带。地面上的人可以用肉眼看到“国际”空间站。

太空行走

太空营训练

航天员走出航天器，在舱外的近地空间中进行的活动就是“太空行走”。不过，虽然被称为“太空行走”，但在失重的太空中，处于漂浮状态的航天员其实并不能用脚行走，而通常是用手抓住扶手或通过机械臂、机动装置帮助身体移动的。太空行走对人类开发太空有很大的作用，它和载人航天器发射与返回技术、空间对接技术一起，并称为载人航天的三大基本技术。

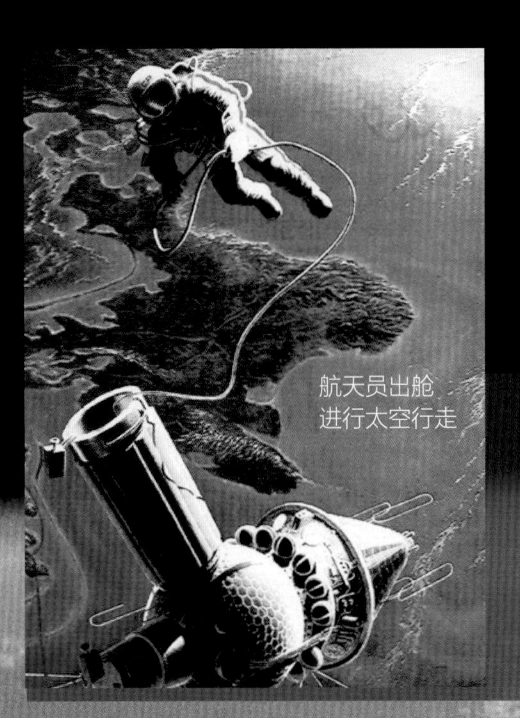

航天员出舱进行太空行走

太空行走的方式

航天员太空行走的方式主要有脐带式和自主式。脐带式是通过一根“脐带”似的绳索将航天员与航天器连接，航天员太空行走时需要的氧气、通信信号等，都通过“脐带”从航天器内获得。人类进行的首次太空行走就是脐带式行走。自主式行走的航天员则不系“脐带”，而是身背一个便携的生命保障系统或增装机动装置，通过机动装置喷气产生的推力，在一定范围内自由移动。目前大多采用自主式行走。

太空行走的作用

航天员出舱之后，能做许多机器无法完成的复杂工作，如在太空组装、扩建航天器，维修、升级航天器，释放和回收卫星等。正因有航天员多次进行舱外操作，“国际”空间站才得以顺利组装。“和平号”空间站和“哈勃”空间望远镜曾多次出现故障，多亏航天员出舱进行修复，它们才“起死回生”。航天员登陆月球，则是另一种特殊的太空行走。

1965 年 3 月 18 日

苏联航天员列昂诺夫实现了人类第一次太空行走。但因为航天服过度膨胀，他险些无法返回舱内。幸亏冒生命危险放出航天服内的一些气体，他才逃过一劫。

1965 年 6 月 3 日

埃迪 · 怀特担任“双子座 4 号”航天员，成为美国太空行走第一人。

1969 年 7 月 20 日

美国航天员阿姆斯特朗和奥尔德林实现了人类在月球的第一次太空行走，在月球表面留下了人类的第一个脚印。

1984 年 2 月 7 日

美国航天员麦坎德利斯进行了人类第一次不系“脐带”的自主式太空行走。他行走了约 100 米，创造了单次太空行走最远距离的纪录。

1984 年 7 月 25 日

苏联女航天员萨维茨卡娅走出“礼炮 7 号”空间站向地球问好，成为世界第一位太空行走的女性。

穿着舱外航天服行走

想要在没有氧气、极端低温、有致命辐射的太空中行走，可靠的舱外航天服是关键。舱外航天服通常有许多层，一般最里面的是防静电的舒适层，最外层是抗高热、防磨损、防辐射的防护层，中间还有隔热层等。舱外航天服还配有一个大背包，里面是为航天员提供氧气、维持气压和体温的生命保障系统，以及帮助航天员向各个方向移动的机动装置。穿上这套衣服，几乎就是穿上了一个小型的载人航天器。

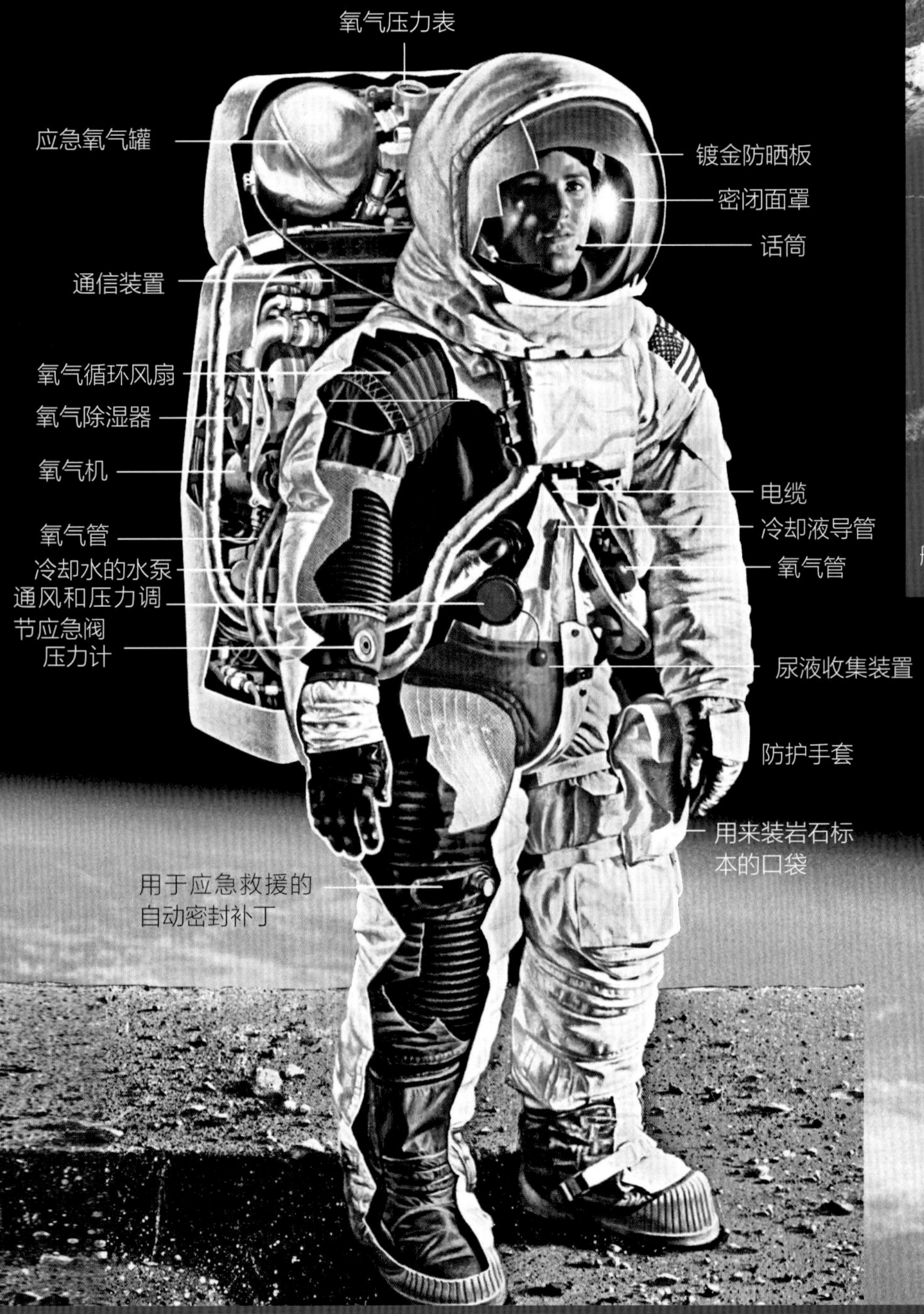

航天员正在舱外组装“国际”空间站

航天员太空行走时脱离了“脐带”怎么办?

虽然电影《地心引力》里曾有航天员脱离“脐带”，飘向无垠太空的情节，但现实远没有电影那么可怕。航天员出舱进行太空行走时，通常会通过一根极为结实的钢筋安全绳和航天器相连。如果是两个航天员一起进行太空漫步，他们彼此之间也会通过安全绳相连，以便一个人能拉回飘走的另一个人。即使安全绳断了，还有一样法宝可以拯救航天员，就是载人机动装置。利用它上面的喷气式动力背包，航天员可以很容易地把自己推回安全地带。

1997 年 4 月 29 日
俄罗斯航天员瓦西里和美国航天员林恩格一前一后走出空间站，实现了美国和俄罗斯的第一次联合太空行走。

1998 年 1 月 14 日
俄罗斯航天员索洛维耶夫出舱修理空间站，这是他第 16 次太空行走，创造了太空行走次数和累计时间 82 小时 22 分钟的最高纪录。

2001 年 3 月 11 日
美国航天员赫尔姆斯和沃斯进行了长达 8 小时 56 分钟的太空行走，创造了单次太空行走时间最长的纪录。

2008 年 9 月 27 日
“神舟七号”航天员翟志刚完成中国人的第一次太空行走。中国成为继苏联（俄罗斯）、美国之后世界上第三个独立掌握太空行走技术的国家。

2013 年 11 月 9 日
俄罗斯航天员科托夫和梁赞斯基携带 2014 年索契冬奥会的火炬出舱，第一次将奥运会火炬带入太空。

太空生活

太空进食奇观

太空生活是什么样的？美国航天员斯考特·凯利大概是最有发言权的人之一。为了帮助科学家研究人体长时间处于微重力环境下的变化，并为登陆火星做准备，他接受了一项特殊任务——在太空生活将近一年。2015 年 3 月 27 日，凯利进入“国际”空间站，开始了一段无与伦比的太空生活。凯利在工作之余，不定期地通过他的社交账号，发送从太空中拍摄的各种令人惊叹的照片。2016 年 3 月 2 日，凯利结束了太空旅程，安全返回地球。

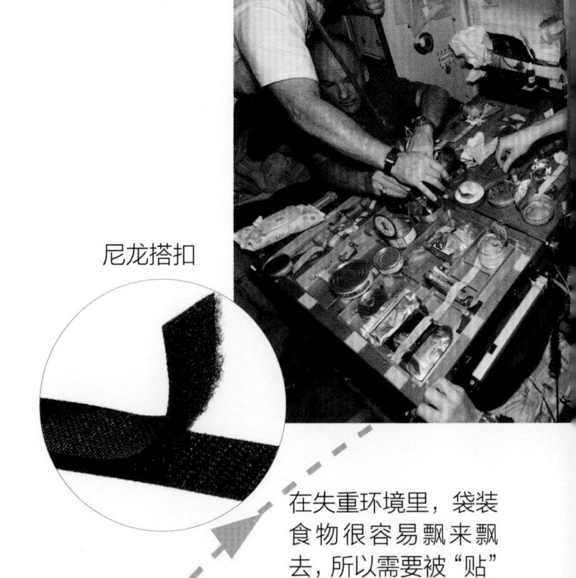
尼龙搭扣

在失重环境里，袋装食物很容易飘来飘去，所以需要被“贴”在桌子上，以方便航天员享用。

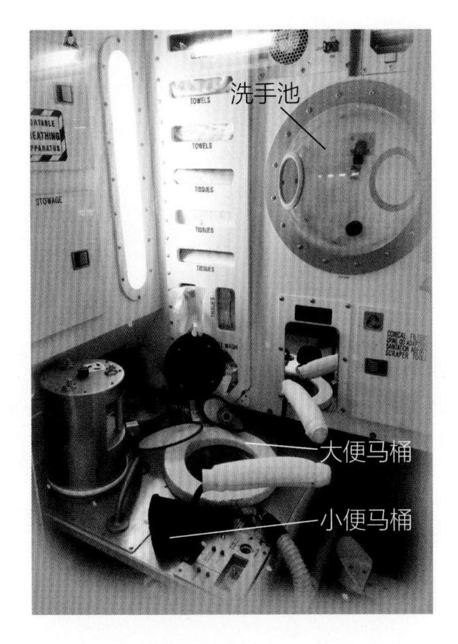

太空洗漱

在太空里，凯利的一天是从早上刷牙洗脸开始的。他可以和地球上的人一样使用牙刷和牙膏，有时嚼口香糖清理口腔。由于空间站里的水非常宝贵，他一般用湿毛巾擦脸，只有洗澡时才会彻底清洗面部。

凯利的同事凯伦在空间站内洗发

把水和免洗洗发露挤在因失重而“怒发冲冠”的头发上

像在地球上一样用手搓揉头发，只不过没有泡沫。

不用水冲洗头发，而是直接用毛巾把头发擦干。

与在地球上一样，洗完后的头发既干净又顺滑。

“吃”在太空

洗漱完毕，凯利开始享用他的早餐。每天的早、中、晚，他都有一个小时左右的进餐时间，而且吃的东西和地面上差不多：有新鲜的火腿、水果，有经过脱水处理，放在密封袋里的面条、米饭和各种做好的菜肴，也有盐、糖、番茄酱等调味料。对航天员来说，吃东西是一件非常好玩的事，因为既可以像在地球上一样把食物送到嘴里，也可以让食物飘在空中，然后“飞”过去用嘴叼食。为了不掉渣，他们要闭嘴咀嚼食物。

空间站里的太空“冰箱”功能比普通冰箱强大很多。航天员吃一些干燥的半脱水食物前，可以通过“冰箱”给食物注入热水，让食物恢复正常的口感。

各国航天员都能吃到各自国家的特色食物，不用担心口味不习惯的问题。比如中国航天员在太空就能吃到雪菜肉丝、干烧杏鲍菇等菜肴，日本航天员在太空也能吃到日式羊羹。

太空工作

吃完早饭，凯利开始了一天的工作。一天 24 小时内，大约有 10 个小时都是他的工作时间。每天的工作内容都不一样，所以他要先和地球上的工作人员取得联络，再进行工作。有时他的工作是科学实验；有时他会“客串”修理工，排除空间站出现的各种故障。他还要每天测量自己的血压、体温等生命指标项，把结果汇报给地球，因为帮助科学家进行人体研究，也是他工作的一部分。

太空健身

在太空环境中，人体很容易骨质疏松、肌肉萎缩，所以工作结束后，凯利会进行 2 小时左右的健身锻炼。和其他航天员一样，他最常用的健身器材是跑步机和功率自行车。有时，他还会穿上一种特制的“企鹅服”，这种衣服可以使航天员的肌肉处于紧张状态，只要动一下就得用劲儿，进而就能达到锻炼肌肉的目的。航天员在上跑步机的时候，必须用一根带子绑在肩背上，把自己往跑道上拉，才不会飘起来，同时实现一定的压力，来模拟地面上跑步的感觉。

空间站中的跑步机

“玩”在太空

结束锻炼，吃完晚饭，“下班”的凯利迎来了自己的休闲时间。一个多小时的时间里，凯利会看电视、玩平板电脑，与地球上的家人、朋友打“越球”电话。周末会和其他航天员伙伴看电影。他尤其爱玩社交软件，喜欢拍摄从太空看到的地球，还喜欢自拍，然后“秀”给地球上的人们看，他时常与地球上的“粉丝”互动，就连前美国总统奥巴马都是他的“粉丝”。

凯利大概是唯一一位生活在太空的摄影师，也是航天员里技术最棒的摄影师。他喜欢把自己从太空拍摄到的地球地貌称为“地球艺术”。

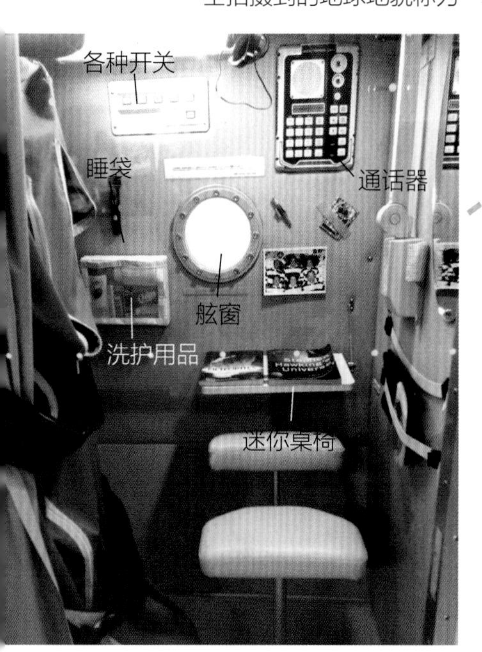

“睡”在太空

休闲活动结束，凯利回到自己的卧室，钻进睡袋，结束了在太空的一天。“国际”空间站里，每位航天员都有一个电话亭那么大的迷你卧室。卧室里有睡袋、书桌、通话器等设施，还有平板电脑、书等各种航天员的私人物品。凯利将睡袋固定在墙上，这样能避免自己睡着时飘起来，撞到一边的电脑和书桌。睡觉时，他还必须把手臂放进睡袋里，以防睡着以后手臂飘起来，碰到舱壁上的各种开关。由于“国际”空间站一天会经历十几次日出和日落，所以卧室的灯光可以调节光线，以营造出夜晚的感觉，便于航天员入睡。

太空环境

太空的环境和地球上一点都不一样，无论对人还是对仪器设备来说，太空环境都是艰险而恶劣的。但太空环境中也有很多重要的资源，对人类的未来有着重大意义。研究太空环境的目的，就是让人类能在太空里生存下去，并且能够抵达太阳系内的其他天体，实现人类真正的进步。

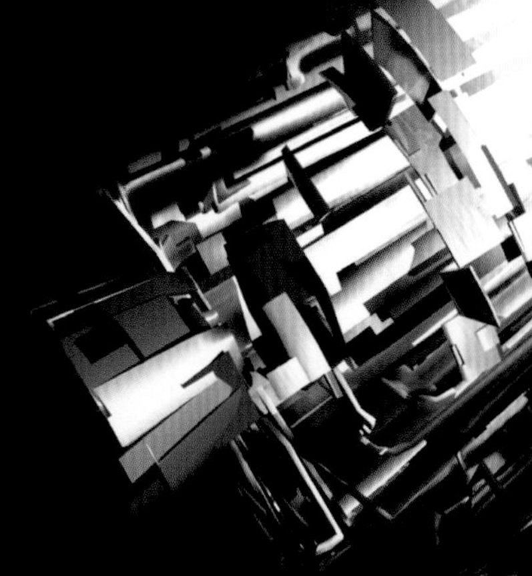

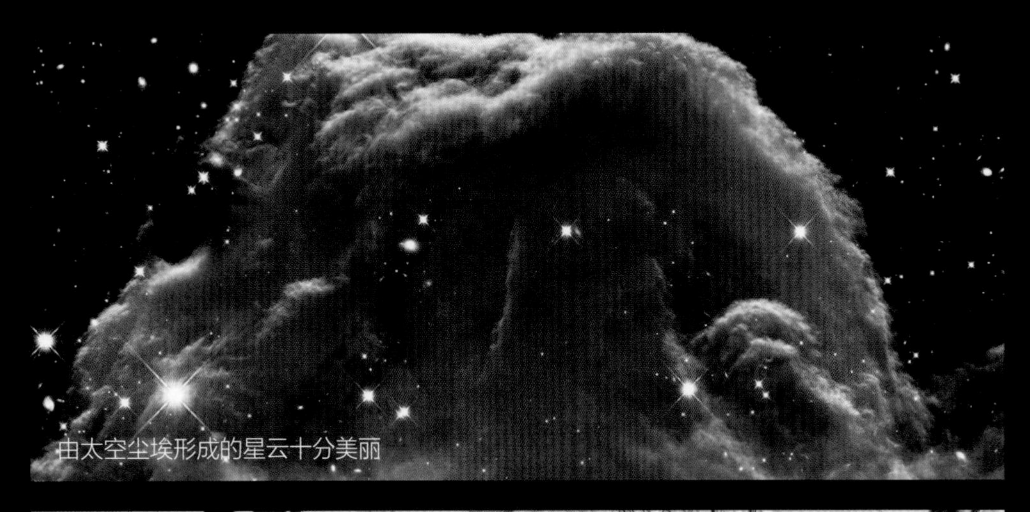

由太空尘埃形成的星云十分美丽

太空里有什么

太空里不仅有宇宙射线、粒子和各种天体，还有很多看不见的东西，如科学家们正在寻找的暗物质。另外，太空里还有很多稀薄的尘埃，它们的密度非常小，但总和却非常巨大。我们仰望星空，可以看到星星之间是深色的宇宙背景。有人说，那些深色并不是虚空，而是宇宙尘埃，因为它们的厚度要以光年计算，所以看起来就是一团黑。

没有重力的情况下，人们可以悬浮起来。

太空里没有什么

太空里没有空气，所以太阳光照射下的景物都完全不同，它们正面反射阳光而亮得耀眼，背面却毫无光照而漆黑一片。太空里也没有均匀的温度，同一个物体，被太阳直射的表面温度可以高达几百摄氏度甚至更高，背对太阳的部分却比南极还冷得多。

水在太空中形态发生了变化

太空里很有趣

在太空中，我们能看到宇宙的绮丽景象，还能测量到很多被大气层挡住的宇宙射线和粒子。其中有些粒子是宇宙形成之初就存在的，如正电子，对它们的研究可大大加深我们对于宇宙起源的了解。地球上生产出来的各种材料、动植物的身体乃至我们人类自己的身体，在太空环境里会发生什么变化，这些观测和研究都会很有趣。

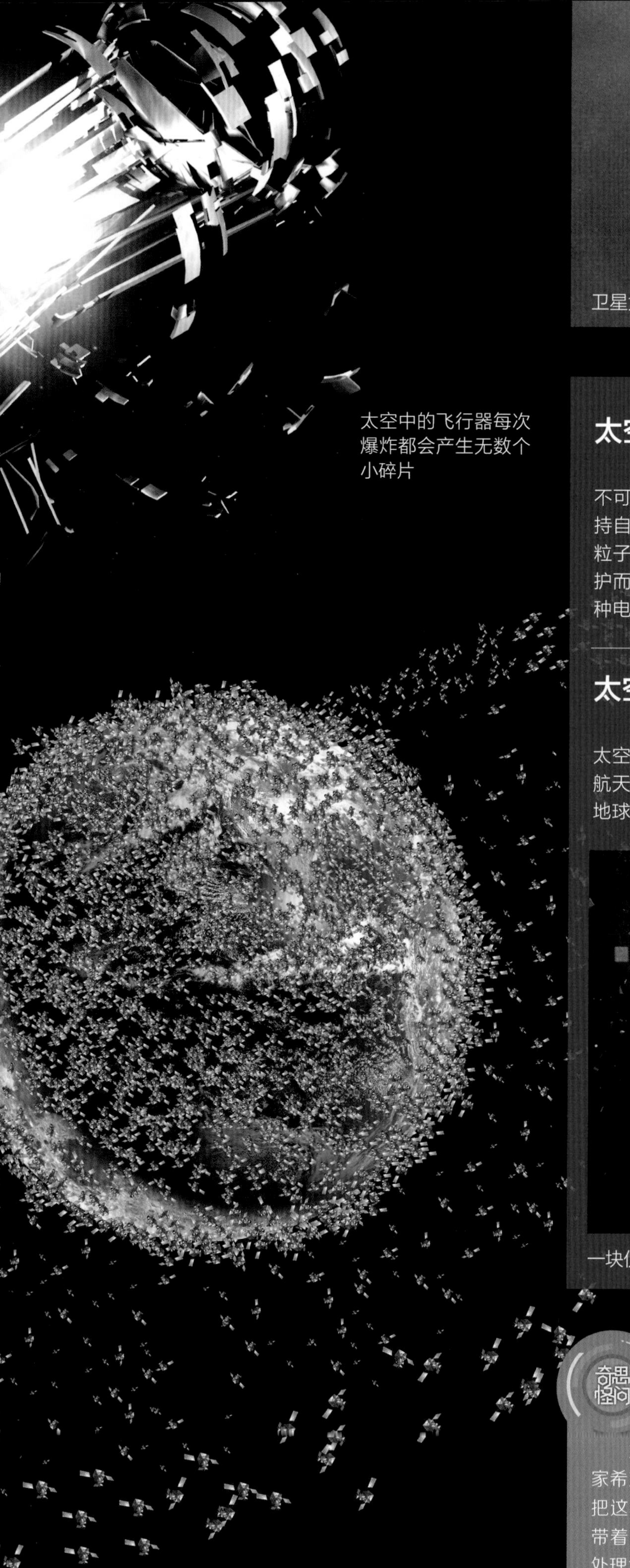

太空中的飞行器每次爆炸都会产生无数个小碎片

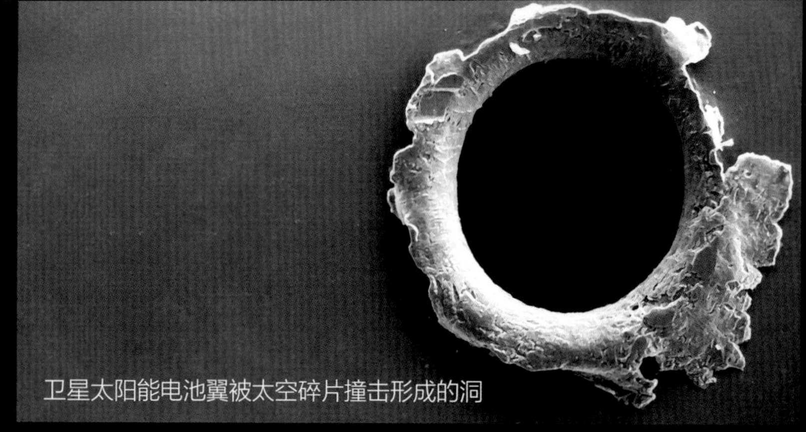

卫星太阳能电池翼被太空碎片撞击形成的洞

太空里很危险

对人类来说，太空环境非常危险。因为没有大气层存在，人类不可能在太空里直接呼吸。同样，太空里也没有大气压，人类无法维持自己身体内外的压力平衡。太空里还充斥着致命的宇宙射线和自由粒子。无论人还是地球上的其他动植物，如果没有飞船和航天服的保护而直接暴露在太空里，会立刻失去生命。因为太阳活动而产生的各种电磁风暴会肆无忌惮地穿行在宇宙里，毁坏航天器里的电子设备。

太空垃圾

人类在进行空间探索的同时，也制造出了很多“垃圾”遗留在太空，包括完成任务的火箭箭体、卫星本体、火箭的喷射物、在执行航天任务过程中的抛弃物、空间物体碰撞产生的碎片等。这些垃圾在地球附近高速飞行，越聚越多，给人造卫星和飞船等带来严重的威胁。

一块仅有纽扣大小的空间碎片就能将人造卫星撞成“残废”

奇思怪问

如何处理太空垃圾？

太空垃圾隐患巨大，世界各国都在尝试解决这一问题。有的科学家希望通过技术手段“回收”太空垃圾，正在研发一种超快仿生手臂。把这种特制的机械手臂安装在卫星上，捕捉并回收航天器碎片，最后带着它们一起冲入大气层焚烧殆尽。还有的科学家在研究激光等方法处理太空垃圾。要真正解决太空垃圾难题，还需要国际社会协同合作，制定统一的太空“交通规则”。

空间环境科学

太空是一个理想的实验室。在地球上难以复制的这个“微重力实验室”中，人类展开了各种空间微重力科学应用的探索，不断地改善着我们的生活，也为未来的太空移民打下了基础。

在“国际”空间站里的微重力实验台前，航天员正在进行材料合成实验。

航天员的头上贴了一个温度计，用于监测自己的身体状态。

空间生命

在太空中，生物体和生物组织会产生一定的变化。如人体会变得容易骨质疏松，苔藓类植物会开始呈螺旋形生长等。组成人体的重要组织——蛋白质也一样：太空中的蛋白质会比地球上更容易结晶，结成的晶体也更大、更纯净。这非常利于人类分析蛋白质晶体，研发新型药物，以治疗各种疑难杂症。科学家们还发现，沙门氏菌等细菌在太空中会变得更加致命，科学家由此对这些细菌的变异方式进行了深入研究，开发出了更好的疫苗。

空间材料

在太空的微重力环境中，对流、沉积、浮力等一些地球上的物理现象都消失了，一些新的物理现象却会出现。科学家巧妙地利用这些物理现象，进行了半导体、金属合金、光学玻璃等材料的合成实验，创造出了很多具有特殊性能的新材料。比如太空里的气体泡沫可以均匀分布在液体中，因此能制出一种“泡沫钢”。这种钢材又轻又结实，是制造飞机机翼的优质材料。

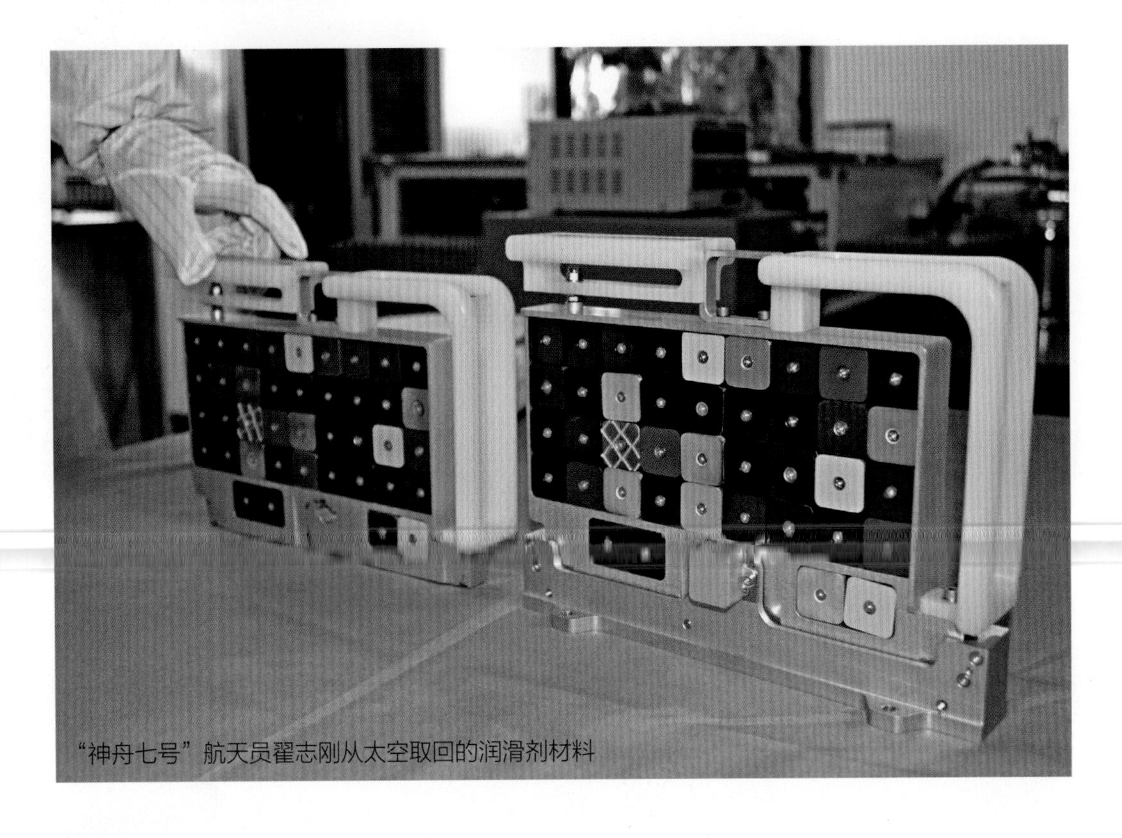

“神舟七号”航天员翟志刚从太空取回的润滑剂材料

空间医学实验

航天员在太空中的大部分时间都是在做实验，而且很多实验都是医学实验。“国际”空间站里美国和俄罗斯的实验舱应用项目中，医学实验就占了43%。空间医学实验主要是采集人体在太空环境下的生理数据，研究太空对人体骨骼、心血管、脑功能等方面的影响，帮助航天员克服太空生活的不利影响，也为目前的医学发展和未来的太空移民做贡献。如今医院里使用的核磁共振成像仪，其成像技术最早就是美国准备“阿波罗”登月计划时发明的。

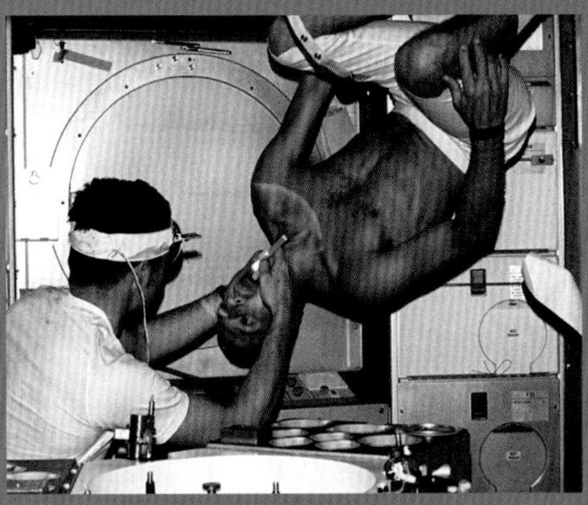

美国曾在“天空实验室”中进行牙科诊断实验

太空生活科技

在水资源匮乏的太空，水净化技术是一项重要的生活科技。这种技术最早是为了保证航天员的饮用水不含细菌而发明的。后来我们喝的纯净水、用的净水机都运用了这种技术。如今的水净化技术更为先进，航天员呼吸、排汗、排尿产生的水分都会被收集起来，通过这种技术变回干净的水。净化后的水可以用于灌溉植物，甚至可以饮用。地球上一些水资源严重匮乏的国家，现在已开始使用这种技术。

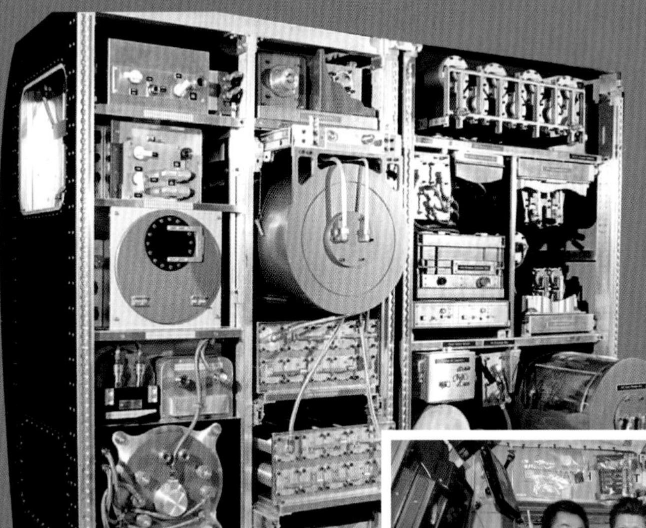

水净化技术的应用，使得“国际”空间站一年能少从地球运18吨水到太空，可以节省4亿美元的运输费。

“国际”空间站的水净化设备

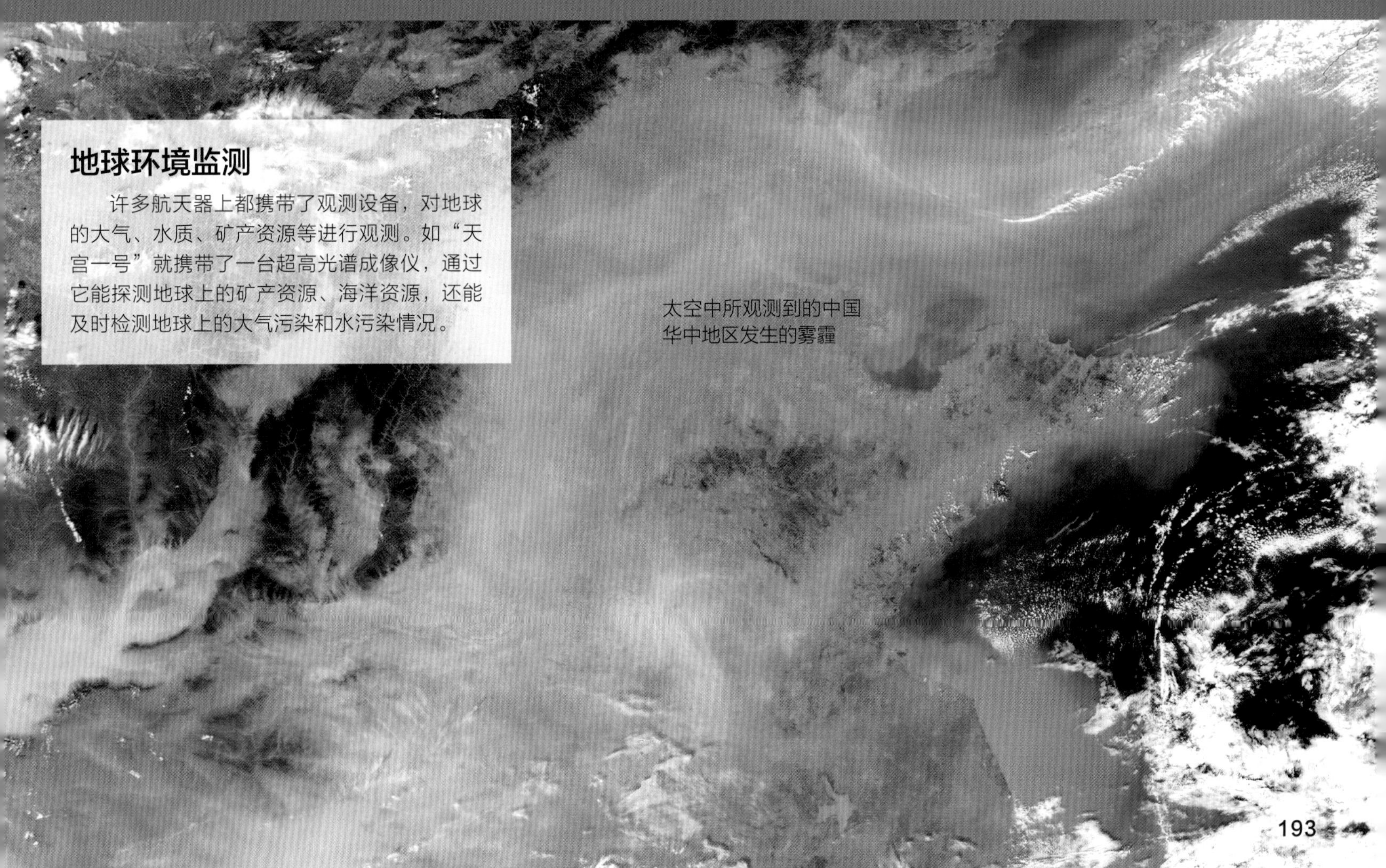

地球环境监测

许多航天器上都携带了观测设备，对地球的大气、水质、矿产资源等进行观测。如“天宫一号”就携带了一台超高光谱成像仪，通过它能探测地球上的矿产资源、海洋资源，还能及时检测地球上的大气污染和水污染情况。

太空中所观测到的中国华中地区发生的雾霾

太空植物

如何让植物在太空里繁育、生长乃至为人类服务是一项重要的研究。与动物一样，植物也会受到太空环境里失重、辐射等因素的影响。失重会影响植物的根系，辐射会影响细胞生长。在目前的实验中，人们还都是用人工灯光为植物照明的。如果直接用宇宙里强烈的阳光照射它们，是否会产生奇怪的变化是个未知数。

空间站里特制的“蔬菜花盆”，能向蔬菜照射人造的太阳光。

空间站里收获的蔬菜已经可以食用，航天员吃了这些菜之后，身体没有发生异常反应。

太空育种

依靠人造太阳光、水和肥料，人们可以将从地面带来的种子，在太空中培育成熟，或进行太空育种。太空育种又称空间诱变育种，是将农作物种子或试管种苗送入太空，利用太空的高真空、宇宙射线、微重力等特殊环境的共同诱变作用，使生物自身产生基因变异，再回到陆地上，经过科研人员多代筛选、培育，形成特性稳定的新品种。与地球上的普通植物相比，用太空种子种出的蔬菜和花卉往往大而肥硕。

太空南瓜可以长到惊人的 150 千克，比一般的地球南瓜大得多。

太空中的鼠耳芥

鼠耳芥是一种普通的植物，一般长得细长柔弱，它生长周期短、基因组小，是当前空间科学研究的模式植物。2006 年，美国国家航空航天局把一些干的鼠耳芥种子装在培养器皿里送上天，然后浇水、施肥，让它们发芽并且生长。在微重力和宇宙辐射环境中，这些种子都顺利发芽了。带回地面继续培养后人们发现它们长成又短又肥的样子，和地球上的同类大相径庭。

微重力下的无规则根系

地球上的植物一般都是茎向上生长、根向下生长。但在太空里，根甚至会和茎长到同一个方向去。科学家推测，这可能是因为生长素在失重环境下无法正常输送到各个部位去，使根和茎的生长方向都发生了混乱。

鼠耳芥的种子被放在太空育种盒里

发芽的鼠耳芥种子从盒子里露出了头

鼠耳芥的苗继续生长，渐渐长成一棵植株。

把植株从太空带回地面后继续培养，人们发现它们长得又短又肥，与地球上的同类大相径庭。

地球上的鼠耳芥

太空动物

狗狗航天员

进入未知的太空之前，人类并不清楚自己是否能承受航天器发射、运行、返回过程中的各种考验，也并不清楚自己能否在失重、真空、高辐射的太空环境下生存。多亏有了先于人类勇闯太空的动物先驱，我们才解开疑问，开启了人类进入太空的新纪元。俄罗斯、美国、法国、阿根廷、中国、日本、伊朗等国都曾拥有过动物航天员。

太空的第一位访客

1957 年，太空终于迎来地球的第一位访客——来自苏联的小狗莱伊卡。莱伊卡原本是一条流浪狗，科学家认为流浪狗比宠物狗更能忍受太空的严酷环境，于是选中了莱伊卡。1957 年 11 月，莱伊卡乘坐苏联的“人造地球卫星 2 号”成功进入太空，向全世界证明哺乳动物可以承受发射的过程和太空的失重环境。可惜的是莱伊卡进入太空几个小时后就死去了，成了一名悲壮的“航天英雄”。

1957

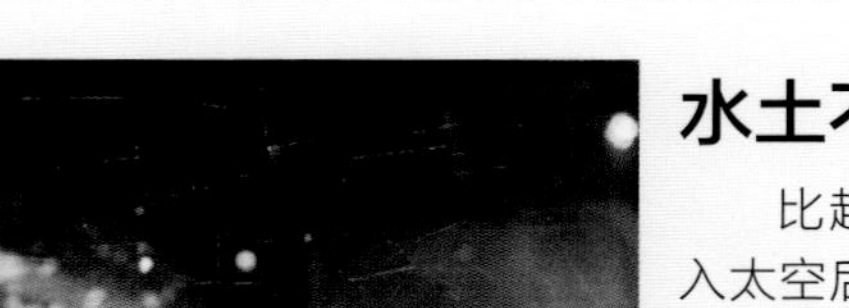

太空犬斯特里尔卡和卑尔卡搭乘苏联人造地球卫星在太空中度过了一天，伴随它们的还有 1 只小灰兔、42 只老鼠和若干苍蝇，它们都安全地回到了地面，成为第一批绕轨飞行后成功返回的太空动物。斯特里尔卡回到地球后产下了幼犬，后来，苏联把其中一只幼犬送给了美国总统肯尼迪的女儿卡罗琳。

1960

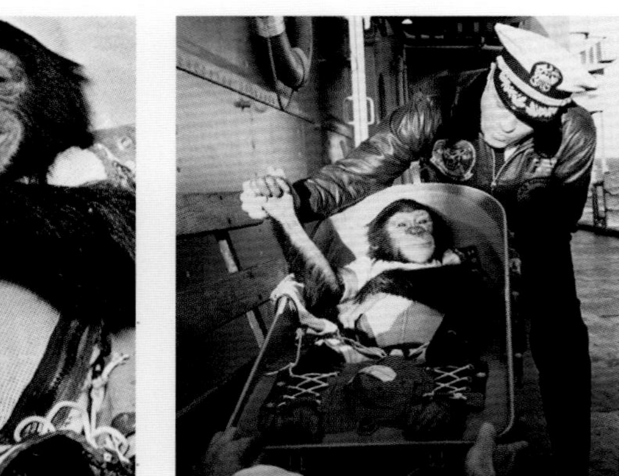

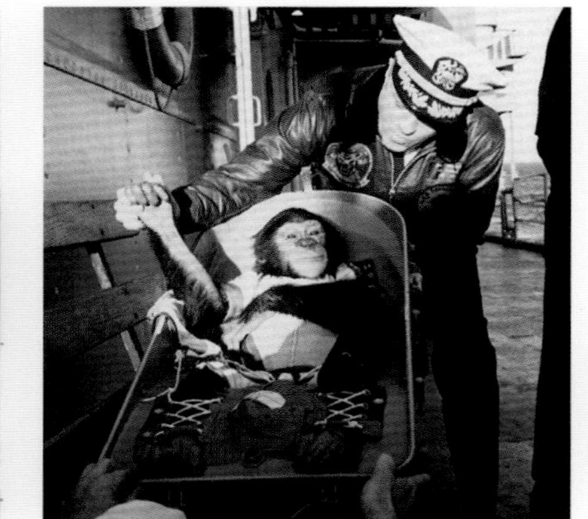

最镇定的动物航天员

1961 年，美国通过“水星号”飞船，第一次把黑猩猩送入了太空。科学家先在地球上训练了这只名叫汉姆的黑猩猩，让它学会在看到闪光信号时，拉动手柄。进入太空后，汉姆在失重的特殊情形下，镇定而娴熟地拉动了手柄，而且反应速度也没有变慢。它出色的表现，为同年美国航天员谢泼德首次进行亚轨道飞行奠定了基础。

1961

水土不服的动物航天员

比起淡定的汉姆，有些动物进入太空后，表现与在地球上不一样，比如 1973 年和 2008 年，美国分别送两只蜘蛛进入太空进行织网实验。失重的环境让这两只蜘蛛有些“水土不服”，织出的蜘蛛网厚薄不一，杂乱无章，直到一个星期后，它们才又织出了与在地球上一样对称又漂亮的新蜘蛛网。

1973

中国的动物航天员

1990 年 10 月 2 只小白鼠搭乘中国返回式遥感卫星进入太空。卫星在太空遨游 8 天后返回地面，发现老鼠已经死亡。根据遥测数据分析，小白鼠在太空存活了 5 天，由于生物舱出现故障，小白鼠窒息而死。飞行过程中，科学家们监测了它们的心率、血压、呼吸和体温，获得了许多宝贵的科学资料。

1990

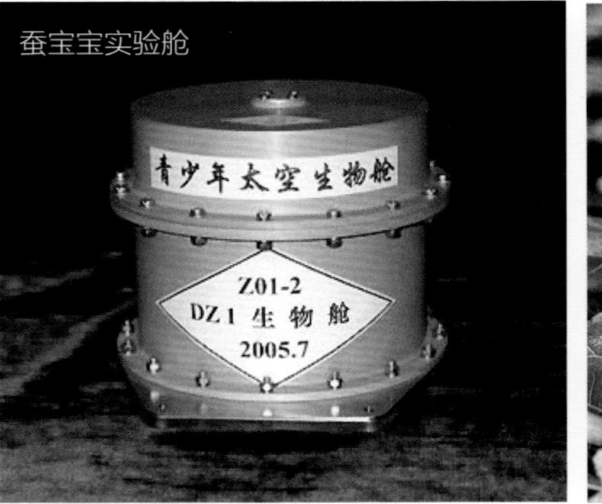

蚕宝宝实验舱

1994

青鳉鱼太空产卵

4 条体形娇小的青鳉鱼是第一批成功在太空交配的脊椎动物。1994 年 7 月，这些小家伙搭乘“哥伦比亚号”航天飞机进入太空，最后成功孕育出几十个健康的小宝宝。研究人员希望他们的实验能够帮助人类未来在外星球建设养鱼场。

2003

丝绸之路通向太空

“蚕宝宝”在太空里会变成什么样？吐的丝是不是也会有变化？由中国学生设计的“太空蚕宝宝”实验项目被美国国家航空航天局选中，2003 年，“蚕宝宝”搭载“哥伦比亚号”航天飞机进入太空。遗憾的是，“哥伦比亚号”返回时爆炸，实验装置被毁。2005 年，又一批“蚕宝宝”搭乘中国第 22 颗返回式卫星进入太空，经过 18 天的太空之旅，终于完成“哥伦比亚号”没有完成的使命，获得了蚕在太空产卵、吐丝等情况的宝贵数据。

2007

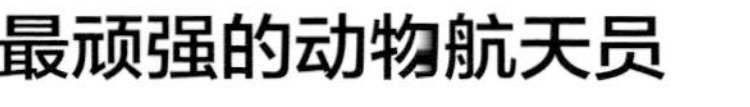

最顽强的动物航天员

水熊是一种体长只有 1 ~ 2 毫米的微型缓步动物，它们极为抗寒、抗热、抗辐射，生命力特别顽强。2007 年，欧洲航天局的科学家把水熊风干送入太空，在真空、强辐射的外太空环境中放置了 10 天。回到地球后，科学家为风干的水熊补充了水分，发现它们竟然有一部分苏醒了过来。水熊因此成为人类迄今发现的唯一一种可以在太空环境下存活的动物。

2014

蜥蜴“殉职”

2014 年，俄罗斯成功发射一个动物实验航天器，并搭载了 5 只蜥蜴和一些植物、昆虫。科学家试图观察蜥蜴在太空中的交配行为，研究生物如何在微重力或太空环境下繁衍后代。但是 2 个月后卫星返回地球时，科学家发现 5 只蜥蜴全部“殉职”。据分析，它们很可能是在太空轨道中被冻死的。

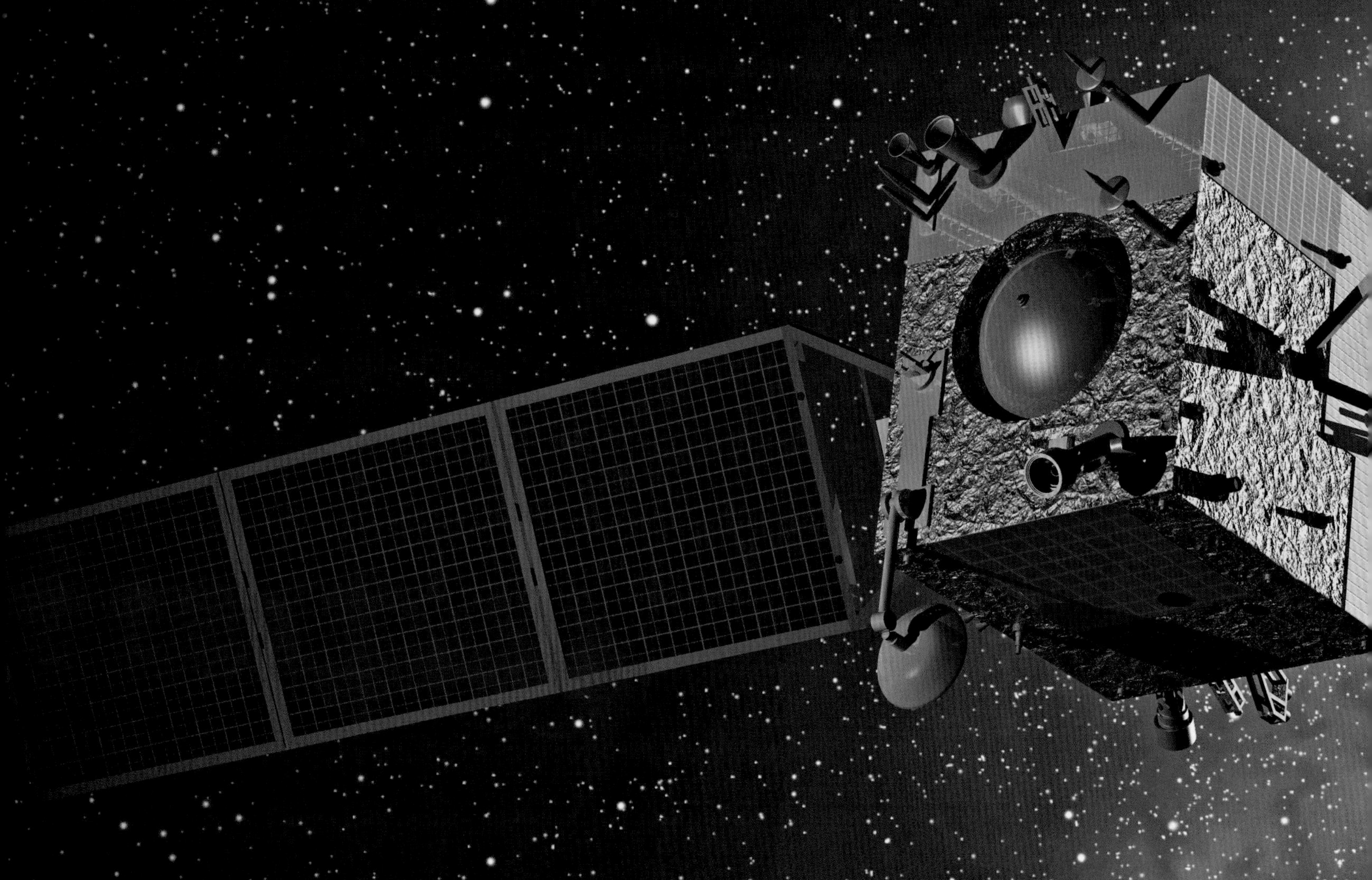

中国航天

SPACE FLIGHT OF CHINA

中国飞天第一人杨利伟乘“神舟五号”载人飞船在太空飞行时，在工作日志的背面写道：“为了人类的和平与进步，中国人来到了太空。”

“长征”系列运载火箭

“长征”系列运载火箭是中国自主研制的航天运载工具。其中有使用常规推进剂的“长征一号”“长征二号”“长征三号”“长征四号”系列十多种型号的火箭，有新一代使用液体推进剂的“长征五号”“长征六号”“长征七号”系列运载火箭，有使用固体推进剂的“长征十一号”火箭，还有正在研制的“长征八号”“长征九号”火箭等。

“长征六号”运载火箭

“长征六号”是小型液体三级运载火箭，700 千米高度太阳同步轨道运载能力约 500 千克。“长征六号”火箭的制造成本低、可靠性高、适应性强、安全性好，有许多新技术是首次在中国应用。2015 年 9 月 20 日，“长征六号”首次发射成功，将 20 颗微小卫星送入预定轨道，发射的卫星数量和种类之多创造了“长征”运载火箭的发射纪录，这也是中国新一代运载火箭的首次成功发射。

“长征六号”运载火箭

“远征一号”上面级

“远征一号”上面级是“长征”火箭上增加的一级小火箭。在运载火箭将卫星和上面级送至一定轨道后，“远征一号”能够自主飞行和多次点火启动，像机场摆渡车一样将一个或多个航天器送入不同的最终运行轨道，因此也被称为“太空摆渡车”。

长征二号 F　长征三号 A　长征三号 B　长征四号 B　长征四号 C

“长征”系列部分现役主力运载火箭

“长征五号”运载火箭

“长征五号”系列是中国的第一代大型运载火箭，也是目前国内最大的运载火箭，包括“长征五号”、“长征五号”B 等型号。“长征五号”火箭直径 5 米，全箭总长 56.97 米，能把 25 吨有效载荷送入近地轨道，把 14 吨有效载荷送入地球同步转移轨道。2016 年，“长征五号”首次飞行试验任务取得成功。之后，“天问一号”火星探测器、“嫦娥五号”月球探测器和“实践二十号”卫星等都由“长征五号”成功送入太空。“长征五号”B 火箭的近地轨道运载能力不小于 22 吨，中国空间站核心舱与实验舱的发射任务都已通过该火箭顺利完成。

“天问一号”探测器由“长征五号”运载火箭发射升空

“长征三号”A 系列运载火箭

“长征三号”A 系列运载火箭包括“长征三号”A、B、C 三种型号，均为一级、二级发动机采用常规推进剂，第三级发动机采用液氢 / 液氧推进剂的三级液体火箭。这一系列火箭主要承担通信卫星、“北斗”导航卫星、高轨道气象卫星和月球探测器的发射任务。其中，“长征三号”B 火箭是“长征”系列运载火箭中推力最大的火箭之一，它的地球同步转移轨道运载能力为 5.5 吨，是目前中国高轨道运载能力最大的火箭。

“北斗三号”最后一颗组网卫星由“长征三号”B 运载火箭发射升空

新一代运载火箭

新一代运载火箭是为了提升中国航天运载能力而研制的火箭系列，包括“长征五号”系列运载火箭，以及“长征六号”“长征七号”“长征八号”“长征九号”等多种运载火箭。新一代运载火箭更加安全环保，制造和发射周期更短、成本更低，可靠性也更高，运载能力覆盖近地轨道 1~25 吨、地球同步转移轨道 1~14 吨。

新一代运载火箭发展思路

一个系列	“长征五号”系列及其衍生的“长征六号”和“长征七号”
两种发动机	120 吨级液氧煤油火箭发动机及 50 吨级液氧液氢火箭发动机
三个模块	直径 5 米、直径 3.35 米和直径 2.25 米模块

中国航天发射场

航天发射场又称航天发射中心，是发射航天器的特定区域，能够为运载火箭发射航天器提供发射前准备、发射、测控通信和气象保障等支持。选择发射场场址时，要考虑地质情况、气候条件、地理纬度、场地面积、发射方向安全性、应急着陆场、交通运输和水源情况。目前，中国正在使用的航天发射场共有 4 个，分别是酒泉卫星发射中心、太原卫星发射中心、西昌卫星发射中心和文昌航天发射场。

航天发射场的使命

航天发射场首先应完成运载火箭和航天器发射前的各项装配、测试、通信、气象及推进剂加注等技术准备工作，实施发射过程的组织指挥以及火箭点火发射。其次是接收、分析、处理运载火箭与航天器下传的遥测数据，掌握运载火箭与航天器在飞行过程中的工作情况，查找运载火箭、航天器在飞行过程中存在的问题，判断飞行是否正常。

酒泉卫星发射中心

酒泉卫星发射中心始建于 1958 年 10 月，位于甘肃省酒泉市北部约 200 千米、内蒙古自治区阿拉善盟额济纳旗境内的戈壁滩上，海拔约 1000 米，占地面积约 2800 平方千米。这里一年四季晴天多，日照时间长，可为航天发射提供良好的自然条件。酒泉卫星发射中心是中国建设最早的卫星发射中心，不仅承担了科学试验卫星、返回式遥感卫星等近地轨道航天器的发射任务，还是中国目前唯一的载人航天发射场。

“长征二号”F 火箭在酒泉卫星发射中心的发射塔架上整装待发

太原卫星发射中心

太原卫星发射中心始建于 1967 年，位于山西省西北，距离太原市 284 千米，地处温带，海拔约 1500 米。这里冬长无夏，春秋相连，全年平均气温 4.7℃。太原卫星发射中心主要承担太阳同步轨道和极地轨道航天器，如气象卫星、陆地卫星和海洋卫星等的发射任务。

太原卫星发射中心

奇思怪问

低纬度的发射场有优势吗?

发射场纬度越低、越接近赤道，越可以使运载火箭借助更多的地球自转力，减少推进剂的用量，从而提高运载火箭的运载能力。如果将从北纬 28° 的西昌发射场发射的运载火箭转移到北纬 19° 的文昌发射场发射，火箭的运载能力能提高 7.4%。

西昌卫星发射中心

西昌卫星发射中心始建于 1970 年，位于四川省西昌市西北 65 千米处的大凉山峡谷腹地，海拔约 1500 米，全年风力柔和，晴天居多，空气透明度高。西昌卫星发射中心是中国目前唯一的地球同步轨道卫星发射基地，同时还承担着月球探测器的发射任务。

2018 年 12 月 8 日，“嫦娥四号”探测器在西昌卫星发射中心成功发射。

文昌航天发射场

文昌航天发射场位于海南省文昌市，是中国在低纬度滨海地区建设的首个航天发射场，于 2014 年基本竣工。这里主要用于发射新一代运载火箭，承担地球同步轨道卫星、大质量极轨卫星、大吨位空间站舱段、货运飞船和深空探测器等航天器的发射任务。发射场毗邻大海，不仅具有良好的海上运输条件，而且火箭航区和残骸不易造成地面人员和财产的意外伤害。

文昌航天发射场

“东方红一号”卫星

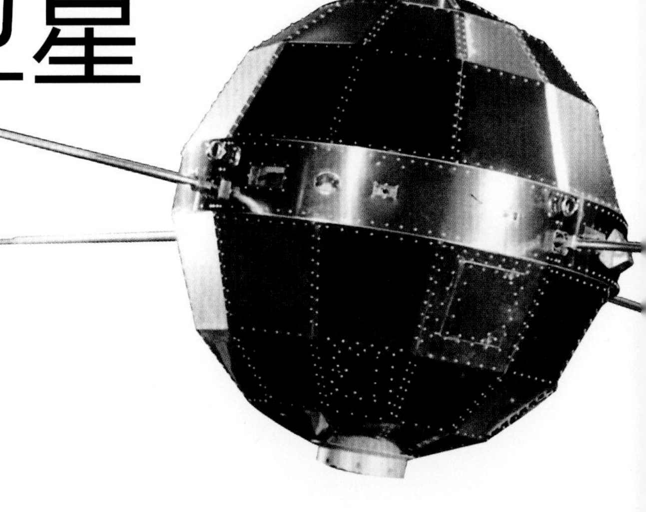

1970 年 4 月 24 日，中国第一颗人造地球卫星——“东方红一号”，在“长征一号”火箭的运送下，准确进入预定的地球轨道。“东方红一号”卫星是中国自主设计研制的技术试验卫星，从卫星的设计、生产、试验和测试，到卫星所需要材料、元器件等的开发生产，全部由中国独立自主地完成。经国务院批准，自 2016 年起，每年的 4 月 24 日被定为“中国航天日”。

“东方红一号”卫星任务的总体要求

对“东方红一号”卫星任务的总体要求是：上得去、抓得住、听得到、看得见。“上得去”就是要保证卫星进入预定轨道；“抓得住”就是卫星上天以后地面设备能对卫星实施测控；“听得到”就是让人们能够听到卫星播送的乐曲；“看得见”就是让人们能用肉眼看到卫星在太空的飞行。实际上，人们在地球上无法用肉眼直接看到直径仅 1 米左右的卫星。为了解决“看得见”这个难题，科学家们在紧随卫星飞行的“长征一号”运载火箭的第三级上，安装了能强烈反射太阳光的“观测裙”，使人们在夜晚用肉眼就能通过跟踪“观测裙”看到卫星运行的轨迹。

“东方红一号”卫星的结构和组成

“东方红一号”卫星的外形为直径约 1 米的 72 面球形体，由结构、温控、能源、《东方红》乐音装置和短波遥测、跟踪、天线、姿态测量 7 个分系统组成。有效载荷主要包括 2.5 瓦的 20.009 兆赫频率发射机，100 瓦的 200 兆赫频率发射机、科学试验仪器和工程参数测量传感器等。卫星环腰装有 4 根长 3 米的拉杆式短波天线，以 20.009 兆赫频率交替发射《东方红》乐曲、科学探测数据和卫星工程遥测参数；顶部装有 1 根鞭状超短波天线，环腰装有微波发射和接收天线，用于跟踪测定卫星轨道。星上装有太阳角计和红外地平仪，用于测量卫星姿态。

“东方红一号”卫星的运行

“东方红一号”卫星运行在近地点高度为 439 千米、远地点高度为 2384 千米的椭圆轨道上，绕地球一圈约 114 分钟。它以 2 转 / 秒的自旋来稳定在太空中运行的姿态。卫星采用银锌电池，设计工作时间为 20 天，实际工作了 28 天。运行期间，它把遥测参数和科学探测资料传回地面。1970 年 5 月 14 日，卫星停止发射信号，与地面失去了联系。由于“东方红一号”卫星的近地点轨道高度较高，目前它仍在环绕地球飞行。

发射“东方红一号”卫星的“长征一号”运载火箭

部分国家的首颗人造地球卫星

发射国家	发射日期	卫星名称	卫星质量（千克）
苏联	1957 年 10 月 4 日	“人造地球卫星 1 号”	83.00
美国	1958 年 1 月 31 日	“探险者 1 号”	13.91
法国	1965 年 11 月 26 日	“试验卫星 1 号”	42.00
日本	1970 年 2 月 11 日	“大隅号”	24.00
中国	1970 年 4 月 24 日	“东方红一号”	173.00

人民日报

1948年6月15日创刊 第7961号 1970年4月26日 星期日 农历庚戌年三月廿一

毛主席语录

我们也要搞人造卫星。

毛主席提出“我们也要搞人造卫星”的伟大号召实现了！

我国第一颗人造地球卫星发射成功

卫星重一百七十三公斤，用二〇·〇〇九兆周的频率，播送《东方红》乐曲

这是我国人民在伟大领袖毛主席领导下，高举“九大”团结、胜利的旗帜鼓足干劲，力争上游，多快好省地建促生产，促工作，促战备所取得的结

这是我国发展空间技术的良好开无产阶级革命路线的伟大胜利，是无产

中国共产党中央委员会向从事研制、发射卫星的工人员、民兵以及有关人员，表示热烈的祝贺。

1970年4月，在“东方红一号”卫星发射现场召开动员誓师大会。

测试“东方红一号”卫星

“东方红一号”卫星乐音装置

“东方红一号”卫星用20.009兆周的频率播送《东方红》乐曲的前几个小节，卫星上的乐音装置采用电子线路产生模拟铝板琴声演奏乐曲，以高稳定度音源振荡器代替音键，用程序控制线路产生的节拍来控制音源振荡器发音，播放效果令人十分满意。人们从广播中收听到的《东方红》乐曲，是地面跟踪站接收卫星信号后再由中央人民广播电台转发出去的。

中国遥感卫星

遥感卫星是居高临下观测地球大气、陆地、海洋的人造卫星。它们利用遥感器收集地球大气目标辐射或反射的电磁波信息，并将这些信息返回地面进行处理、加工和判读，从而获得有关地球环境、资源和景物等数据。遥感器按照工作波长的不同可划分为可见光遥感器、红外遥感器、微波遥感器、多谱段遥感器等。中国已研制发射了陆地卫星、气象卫星、海洋卫星等遥感卫星，以及返回式卫星。

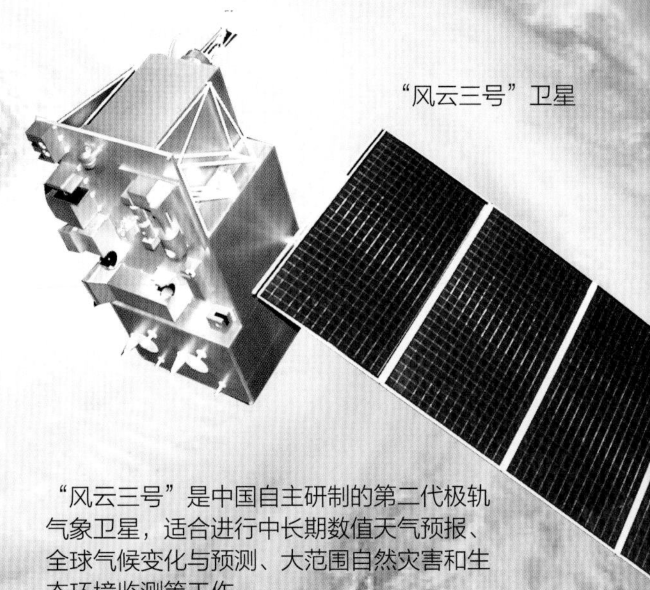

“风云三号”卫星

“风云三号”是中国自主研制的第二代极轨气象卫星，适合进行中长期数值天气预报、全球气候变化与预测、大范围自然灾害和生态环境监测等工作。

最初，微信的“欢迎界面”采用的照片是美国国家航空航天局提供的地球照片。

2017 年 9 月，图片换成了由“风云四号”拍摄的完整地球照片。

“风云”系列卫星

中国气象卫星以“风云”命名，包括运行在近极地太阳同步轨道的气象卫星，以及运行在地球静止轨道的气象卫星两类。两类卫星各具优势，通过相互补充，更好地实现了气象观测和预报效果。1988 年以来，中国研制发射了 4 个系列共 20 余颗气象卫星。这些卫星广泛应用于天气预报、气候预测、灾害监测、环境监测、军事活动气象保障、航天发射保障等，特别是在台风、暴雨、雾霾、沙尘暴、森林草原火灾等监测预警中发挥了重要作用。“风云”卫星被世界气象组织纳入全球业务应用气象卫星序列，向近百个国家和地区提供卫星资料和产品。

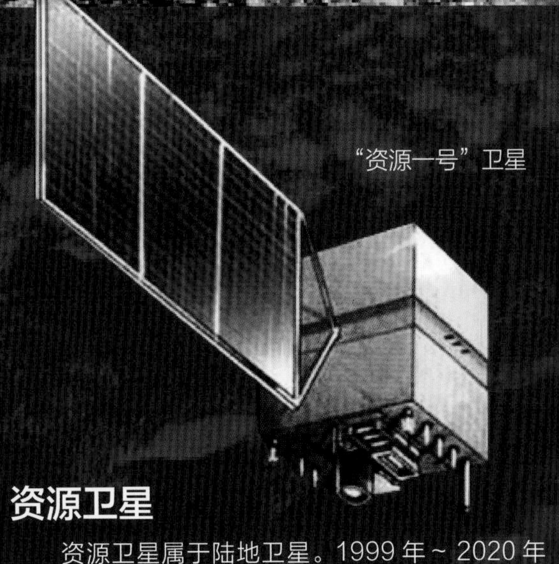

“资源一号”卫星

资源卫星

资源卫星属于陆地卫星。1999 年 ~ 2020 年底，中国陆续成功发射了“资源一号”“资源二号”“资源三号”三个系列共 11 颗卫星，“资源一号”“资源二号”是探查陆地资源和环境的地球资源卫星，“资源三号”是高分辨率立体测绘卫星。资源卫星广泛用于国土资源调查、农作物估产、林业资源调查、环境保护、灾害监测、交通建设、城市规划、国土测绘、地理国情监测等领域。

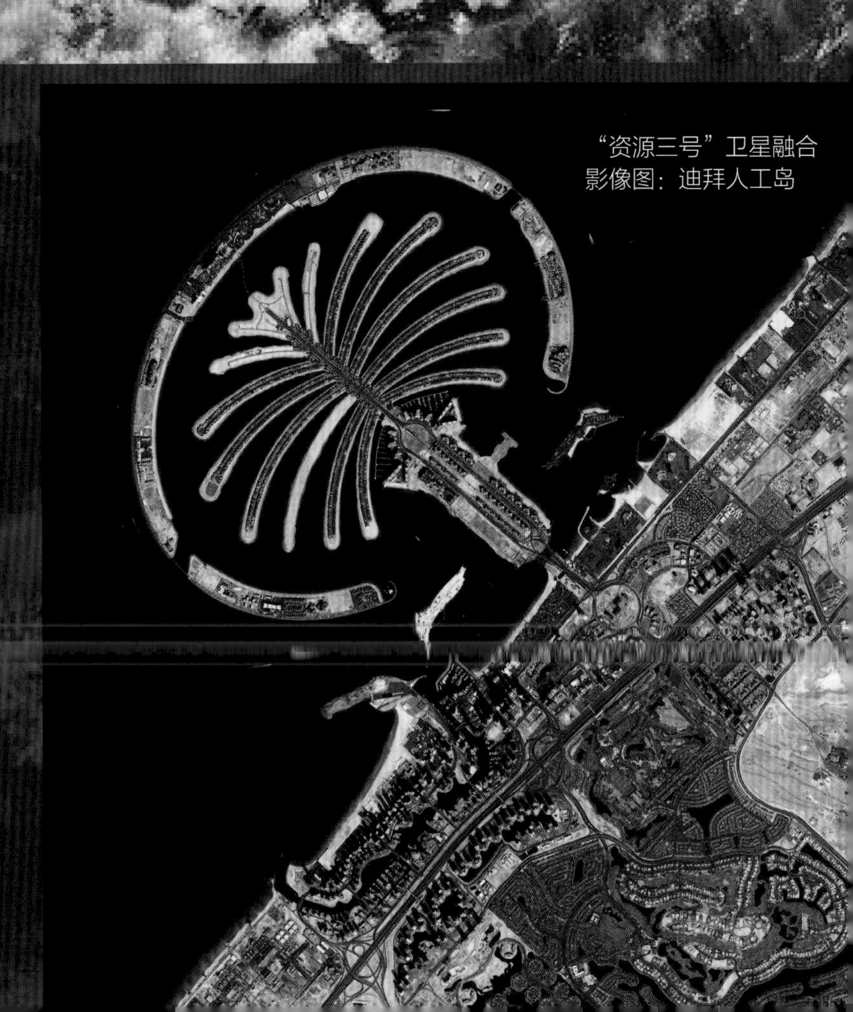

“资源三号”卫星融合影像图：迪拜人工岛

“海洋一号”卫星

卫星图显示，一艘航空母舰正在经过博斯普鲁斯海峡。

返回式卫星

返回式卫星在轨道上利用搭载的相机执行拍摄任务，完成拍摄后卫星的部分舱段携带拍摄的胶片再入地球大气层并返回地面，胶片经过处理后方可提供使用。中国自 1975 年发射首颗返回式卫星以来，已发射 20 多颗。这些卫星在资源调查、地图测绘、地质调查、铁路选线等领域取得了丰硕成果。除执行遥感任务外，卫星还利用微重力和空间环境条件开展材料科学、生命科学及农作物种子搭载等科学实验。中国是第三个掌握卫星返回技术的国家。

海洋卫星

海洋卫星是用于观测和研究海洋的人造卫星。截至 2022 年，中国已发射了 4 颗“海洋一号”水色卫星和 4 颗“海洋二号”海洋动力环境卫星，以及与法国合作研制的“中法海洋卫星”。“海洋一号”携带了海洋水色扫描仪等设备，通过观测海水光学特征、叶绿素浓度、悬浮泥沙含量、海表温度、可溶有机物和污染物质等，掌握海洋制造有机物的能力、海洋环境质量、渔业及养殖资源等情况。“海洋二号”携带了微波散射计、辐射计和雷达高度计等设备，可监测海面风场、浪场、海流、海洋重力场、大洋环流和海表温度场、海洋风暴和潮汐等，预报灾害性海况。

陆地卫星

陆地卫星是用于观测和研究地球资源与环境的人造卫星。中国的陆地卫星包括“环境一号”卫星、地球资源卫星和高分辨率对地观测卫星等。“环境一号”的全称是“环境和灾害监测预报小卫星星座”，它是中国第一个专门用于环境与灾害监测预报的小卫星星座，由 2 颗光学小卫星和 1 颗合成孔径雷达小卫星组成，可以对森林面积缩减、土地沙化、大气污染、水污染，以及大气层中的臭氧层变化等进行监测。

“高分”系列卫星

“高分”系列卫星属于陆地卫星，是《国家中长期科学和技术发展规划纲要》中确定的高分辨率对地观测系统重大专项任务中的天基部分。“高分”系列主要由十余颗运行于高低不同轨道的、具备从可见光到微波不同谱段观测手段的卫星组成，与其他中、低分辨率的业务系统配合使用，完成全球观测任务。

“高分四号”卫星于 2016 年拍摄的西藏纳木错影像图

“高分二号”卫星

中国通信卫星

中国的通信广播卫星以“东方红”命名，先后发展了多种不同型号的静止轨道通信卫星，包括“东方红二号”试验通信卫星、“东方红二号”A 实用通信卫星、“东方红三号”通信卫星以及基于“东方红”卫星平台研制的通信卫星等。按照用途，可将这些通信卫星划分为固定通信卫星、移动通信卫星、电视直播卫星、跟踪与数据中继卫星和高通量卫星。

上行电波

电视台的演播室

电视台

新闻转播车

“东方红二号”卫星

中国研制的第一代静止轨道试验通信卫星，安装有 2 台 C 频段转发器，可进行全天候通信，转发电视、广播、电话、数传、传真等信息。1984 年 4 月 8 日，中国第一颗“东方红二号”卫星发射升空，定点于东经 125° 赤道上空。1986 年 2 月 1 日，第二颗“东方红二号”实用通信卫星发射升空，定点于东经 103° 赤道上空。“东方红二号”卫星的发射使中国成为世界上第五个自行发射地球静止轨道通信卫星的国家。

“东方红二号”A 星

中国研制的第一代静止轨道实用通信卫星，转发器增加到了 4 台，能转播 4 路彩色电视或 3000 路电话。1988 年 3 月 7 日，“东方红二号”A01 星发射升空，截至 1991 年底，中国已成功发射了 3 颗“东方红二号”A 星。“东方红二号”A 星为国内多家用户提供通信、广播和数据传输等业务，使中国卫星通信事业进入了新的阶段。

“东方红三号”卫星

“东方红三号”卫星是中国第二代地球静止轨道通信卫星，设计寿命为8年，主要用于电话、数据传输、VAST网和电视传输等业务。卫星上有24台C频段转发器，能同时转播6路彩色电视和8000路双工电话。1994年11月30日，第一颗卫星发射进入预定轨道，但是由于星载推力器泄漏，燃料耗尽，导致未能定点投入使用。第二颗卫星于1997年5月12日发射成功，定点于东经125° 赤道上空，后被重新命名为“中星六号”，正式投入商业运营。

通信卫星

下行电波

公寓或饭店

人们通过卫星信号看到电视台转播的内容

正在使用移动电话的人

家庭用户

“东方红”系列卫星平台

利用卫星平台研制卫星，可以缩短研制周期，节约科研经费。中国的“东方红”系列卫星平台已发展了四代：“东方红二号”卫星平台、“东方红三号”系列卫星平台、“东方红四号”系列卫星平台和“东方红五号”卫星平台。其中，“东方红四号”卫星平台是中国第三代大容量地球静止轨道卫星平台，有效载荷承载能力达450～700千克，整星功率为8～10千瓦，可携带46台转发器，设计寿命为12～15年，适用于大容量通信广播卫星、大型直播卫星、移动通信卫星等地球静止轨道卫星。“北斗”导航卫星、“嫦娥”月球探测器等卫星的研制也都用到了“东方红”系列卫星平台。

奇思怪问

电视机突然出现信号接收不良现象，是广播电视卫星出故障了吗？

当你收看电视节目时，如果出现了黑屏、图像不清等信号不良现象，那可能是因为广播电视卫星进入了日凌期，而不是卫星出现了故障。每年春分前和秋分后，太阳运行到地球赤道上空，此时太阳距离地球最近，太阳电磁波对地球的辐射最强烈。当卫星运行到太阳与地球之间时，卫星广播电视节目接收会受太阳辐射影响，地面接收信号时也会受到干扰，导致电视信号不良，这就是日凌现象。日凌的影响虽然不可避免，但中国目前有多个通信卫星转播电视信号，可以把日凌的影响降到最低。

中国导航卫星

古代中国人很早就从日常生活中知道，在夜晚苍穹之顶有一柄由七颗星星连接形成的斗形“勺子”——北斗七星，借助这七颗星星就可以找到北极星，为人们指示方向。二十世纪末，中国开始自主发展适合国情的卫星导航系统，并以“北斗”对其命名。至今，中国按照“三步走”发展战略，已完成“北斗一号”“北斗二号”区域卫星导航系统建设，“北斗三号”全球卫星导航系统也已经正式开通。

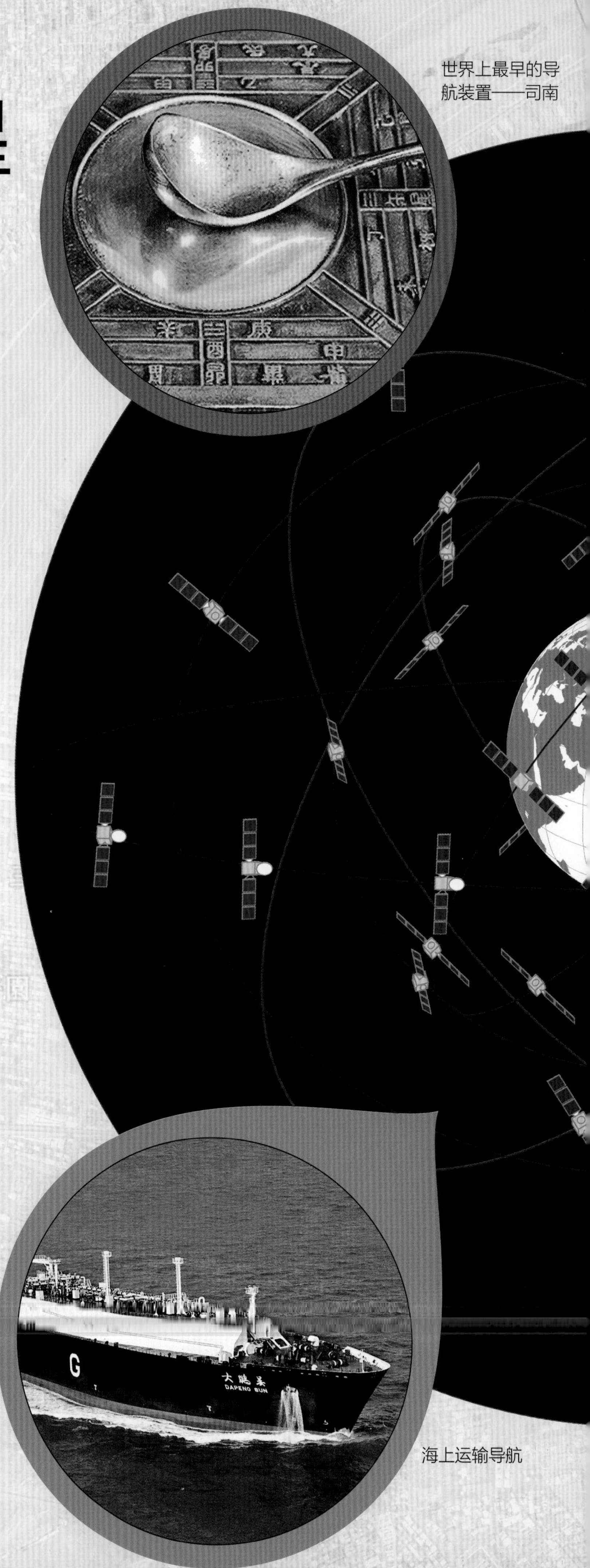

世界上最早的导航装置——司南

海上运输导航

“北斗”卫星导航系统的建设

“北斗”全球卫星导航系统的建设分三步。第一步，2000年～2007年，发射4颗“北斗一号”导航试验卫星，建成“北斗”卫星导航试验系统，成为世界上继美国、俄罗斯之后第三个拥有自主卫星导航系统的国家。第二步，2004年启动“北斗二号”卫星导航系统工程建设，2012年底完成20颗卫星组网，向中国及周边地区提供服务。第三步，2009年启动“北斗三号”全球卫星导航系统建设，向全世界提供服务。2020年6月23日，最后一颗组网卫星发射成功。7月31日，“北斗三号”全球卫星导航系统正式开通，“三步走”任务圆满收官。截至2020年6月，中国已发射55颗“北斗”导航卫星和4颗试验卫星。

“北斗”卫星导航系统的功能

“北斗”全球卫星导航系统的功能包括实时导航、快速定位、精确授时、位置报告和短报文通信，能为中国及全球地区的用户提供全天候、实时的导航定位信息。2020年，“北斗”系统的全球定位精度将优于10米，测速精度优于0.2米/秒，授时精度优于20纳秒，全球范围单次短报文通信能力40个汉字，中国及周边地区单次短报文通信能力1000个汉字。2018年12月27日，中国宣布“北斗三号”卫星系统开始提供全球定位服务。

天气气象预报

"北斗"卫星导航系统应用示意图

抗震救援导航

森林火灾定位

"北斗三号"全球卫星导航系统的组成

"北斗三号"全球卫星导航系统（简称"北斗"系统）由空间段、地面段和用户段三部分组成。其中，空间段由30颗导航卫星构成。地面段由若干主控站、时间同步/注入站和监测站组成。用户段指各类"北斗"用户终端，包括与其他卫星导航系统兼容的终端。

"北斗"卫星导航系统的应用

随着"北斗"全球卫星导航系统建设和服务能力的发展，比较完整的卫星导航应用产业体系也开始形成，其应用领域包括交通运输、海洋渔业、水文监测、气象预报、森林防火、电力调度、救灾减灾等。在南方冰冻灾害，四川汶川、芦山和青海玉树抗震救灾，北京奥运会以及上海世博会期间，"北斗"卫星系统都发挥了重要作用。

空间科学与技术试验卫星

中国的空间科学与技术试验卫星以“实践”系列卫星为主。从 1970 年开始研制“实践一号”卫星至今，中国共发射并成功运行了 20 多个型号的“实践”系列卫星。除了“实践”系列卫星，中国还发射了“悟空”暗物质粒子探测卫星、“慧眼”硬 X 射线调制望远镜卫星、“墨子号”量子科学实验卫星等多颗空间科学与技术试验卫星。这些卫星在空间环境探测、空间科学研究以及新技术试验等方面发挥了积极的作用。

“实践一号”卫星

“实践一号”卫星

“实践一号”卫星是在“东方红一号”卫星基础上改进而来，增加了太阳能供电系统、无源主动温控系统、遥测系统与天线以及一些科学仪器。卫星外形为72面球形多面体，其中28面贴有太阳能电池片，设计寿命1年。“实践一号”于 1971 年 3 月 3 日成功发射，实际在轨运行 8 年多，为中国卫星技术的发展做出了重要贡献。

“实践二号”卫星

“实践二号”卫星是中国第一颗专门用于空间物理探测的科学试验卫星，于 1981 年 9 月 20 日成功发射。卫星携带了 11 台科学仪器，执行了高空磁场、X 射线、宇宙射线、外热流等 8 个项目的空间物理探测任务。与“实践二号”卫星一同进入太空的还有“实践二号”A 星和 B 星，这标志着中国成为世界上第三个掌握一箭多星技术的国家。

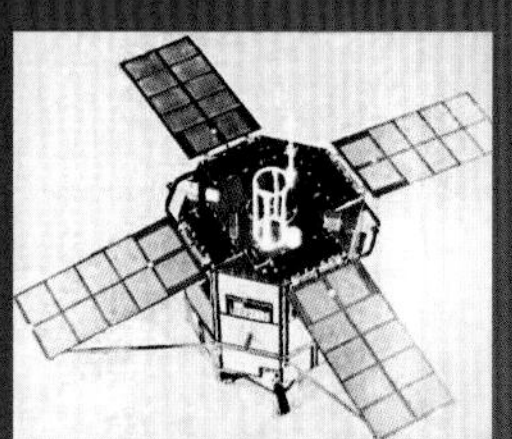
“实践二号”卫星

“实践五号”卫星

“实践五号”卫星是一颗空间科学试验小卫星，主要用于空间单粒子翻转测量及对策研究试验、微重力流体科学实验、空间高能带电粒子环境研究和载人航天工程的一些先期技术试验等。“实践五号”卫星于 1999 年 5 月 10 日成功发射，在轨正常运行 3 个月，圆满完成全部任务。这颗卫星是中国第一颗采用公用平台思想设计的科学试验小卫星。

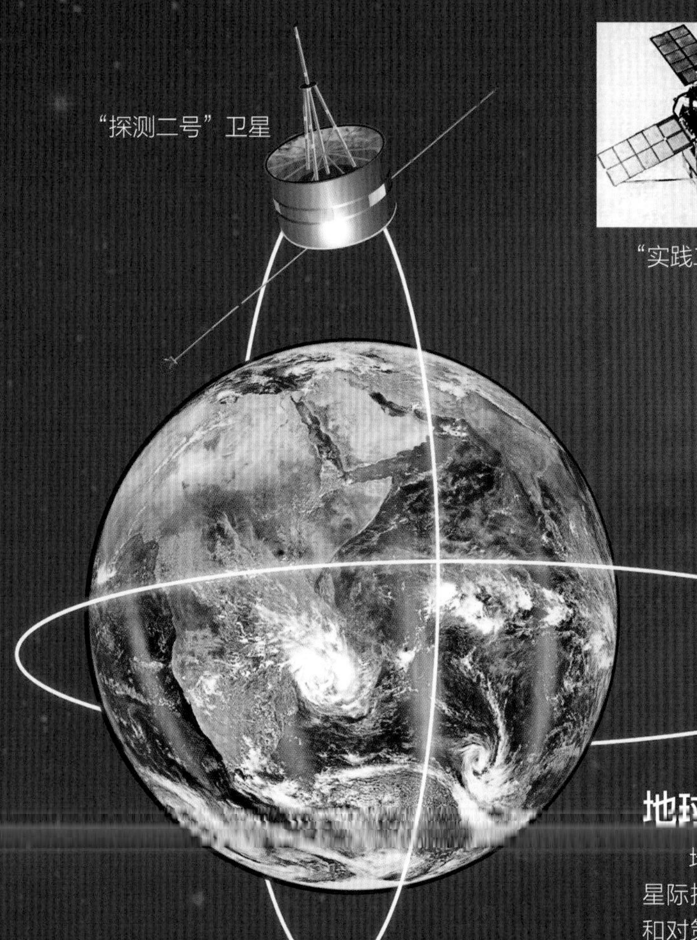

地球空间双星探测计划

地球空间双星探测计划简称“双星计划”，主要用于研究太阳活动和行星际扰动对地球环境的影响，为空间活动安全和人类生存环境提供科学数据和对策。双星计划包括“探测一号”和“探测二号”两颗卫星，分别对地球近赤道区和极区两个地球空间环境进行宽能谱粒子、高精度磁场及其波动的探测。它们共同构成了星座式探测体系，同时可以与欧洲航天局的“星簇计划”联合，组成地球空间六点探测星座。

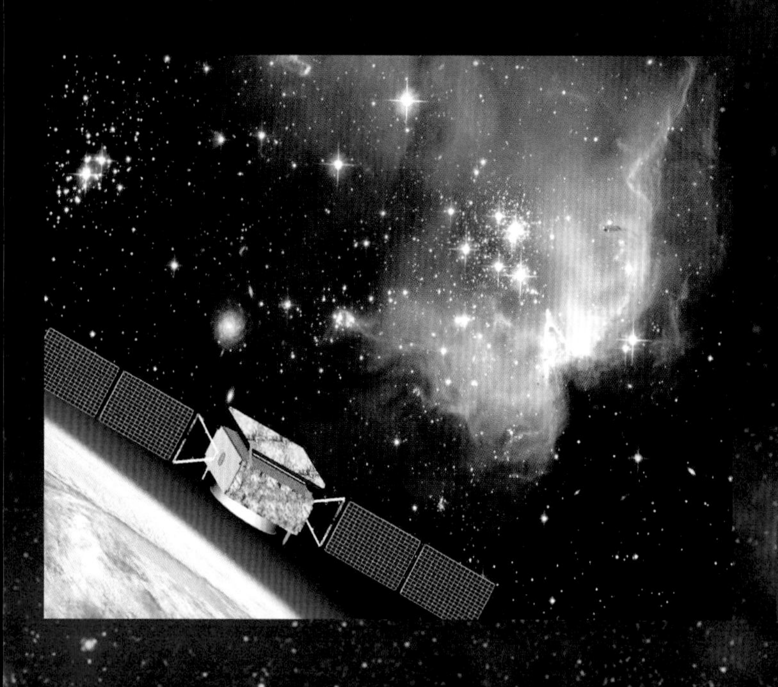

“悟空”暗物质粒子探测卫星

2015 年 12 月 17 日，“长征二号”D 运载火箭成功将暗物质粒子探测卫星“悟空”发射升空。暗物质是宇宙中大量存在的物质，但却很难观测到，因此科学家们将其比作“笼罩在 21 世纪物理学天空的乌云”。目前，科学家们主要利用中微子、γ 射线、宇宙线等暗物质湮灭的产物来进行间接测量和反推。中国自主研制的暗物质粒子探测卫星正在探寻暗物质存在的证据，研究暗物质特性与空间分布规律。

科学家们用古代神话中神通广大的孙悟空的名字命名这颗暗物质粒子探测卫星，希望它能够用“火眼金睛”探测到暗物质。

“墨子号”量子科学实验卫星

2016年8月16日，“墨子号”量子科学实验卫星发射升空。“墨子号”的任务是借助卫星平台进行星地高速量子密钥分发实验，并在此基础上进行广域量子密钥网络实验，以期在空间量子通信实用化方面取得重大突破。它的另一个任务是在空间尺度进行量子纠缠分发和量子隐形传态实验，开展空间尺度量子力学完备性检验的实验研究。“墨子号”卫星的成功发射，将使中国在世界上首次实现卫星和地面之间的量子通信，构建天地一体化的量子保密通信与科学实验体系。

“墨子号”卫星和地面之间建立链路需要比“针尖对麦芒”更精准的技术

位于新疆南山、青海德令哈、河北兴隆、云南丽江的 4 个量子通信地面站，以及西藏阿里量子隐形传态实验站，与“墨子号”合作完成实验任务。

中国航天员的“坐骑”

“长征二号”F 火箭是中国唯一用于载人飞行的火箭。发射载人飞船的火箭，其可靠性必须达到 97% 以上，安全性要达到 99.7% 以上，即火箭发射 100 次，失败不能超过 3 次。而在这 3 次失败发射中，危及航天员安全事故的概率要小于 0.3%。截至 2024 年 5 月，“长征二号”F 火箭共发射过 23 次，将 18 艘“神舟”飞船、“天宫一号”目标飞行器和“天宫二号”空间实验室等送上了太空。

2011 年 9 月 20 日，酒泉卫星发射中心垂直总装测试厂内，“天宫一号”目标飞行器和“长征二号”F 运载火箭在进行总装测试。

“长征二号”F 火箭（基本型）总体参数	
火箭级数	2.5*
全长 / 米	58.34
芯级直径 / 米	3.35
起飞质量 / 吨	479.8
起飞推力 / 千牛	5923
近地轨道运载能力 / 吨	8.4

* 包括火箭的芯一级、芯二级与 4 个助推器

“长征二号”F 火箭吊装

故障检测处理系统

“长征二号”F 火箭的故障检测处理系统，会在火箭发射前 30 分钟开始工作，对火箭进行全面体检。一旦检查出火箭哪个部位有故障，它就会自动报警，迅速向逃逸系统和控制系统发出逃逸指令和火箭中止飞行指令，启动逃逸飞行器点火程序，并将信息通知给航天员和地面故障诊断系统。

逃逸系统

逃逸系统是“长征二号”F 火箭的“救生艇”，它的任务是在火箭起飞前 30 分钟到起飞后 120 秒时间段内，飞行高度在 0 ~ 39 千米时，一旦故障检测处理系统报警，逃逸系统启动，使飞船与火箭分离，飞到一定高度时把航天员乘坐的返回舱分离出来。返回舱在下降过程中打开降落伞，安全着陆。

载人火箭的逃逸系统成功帮助过航天员逃生吗？

逃逸系统在载人航天史上仅使用过两次。1983 年，苏联发射“联盟 T10A”飞船时，火箭推进剂管路中有一个阀门失灵，致使燃料泄漏，火箭底部起火。逃逸系统迅速把飞船从即将爆炸的火箭上分离，牵引到 4 千米以外的地方降落，航天员死里逃生。另一次事件发生于 2018 年，俄罗斯“联盟 FG”运载火箭在发射时发生故障，逃逸系统自动启动，两位航天员得以生还。

逃逸系统主要由逃逸塔和高空逃逸发动机组成。火箭发射后 120 秒内（高度在 0 ~ 39 千米），一旦发生意外，逃逸塔逃逸主发动机点火工作，可在 3 秒内把飞船返回舱拽到 1500 米外，帮助航天员逃生。若火箭发射 120 秒后至 200 秒（高度在 39 ~ 110 千米，此时逃逸塔已经抛掉）时再遇不测，4 台高空逃逸发动机会同时点火，带着航天员脱离险境。

“神舟”载人飞船

“神舟”飞船是中国自主研制的载人飞船系列。1999 年 11 月，“神舟一号”飞船成功进行了首次无人飞行试验；2003 年 10 月，“神舟五号”飞船成功实施载人飞行。截至 2024 年 5 月，中国已成功发射“神舟一号”至“神舟十八号”共 18 艘飞船，其中载人任务 13 项，无人任务 5 项。“神舟”飞船目前已完成地球轨道航天员安全往返、空间出舱活动、空间交会对接等任务，还进行了空间材料实验、空间环境探测等工作。

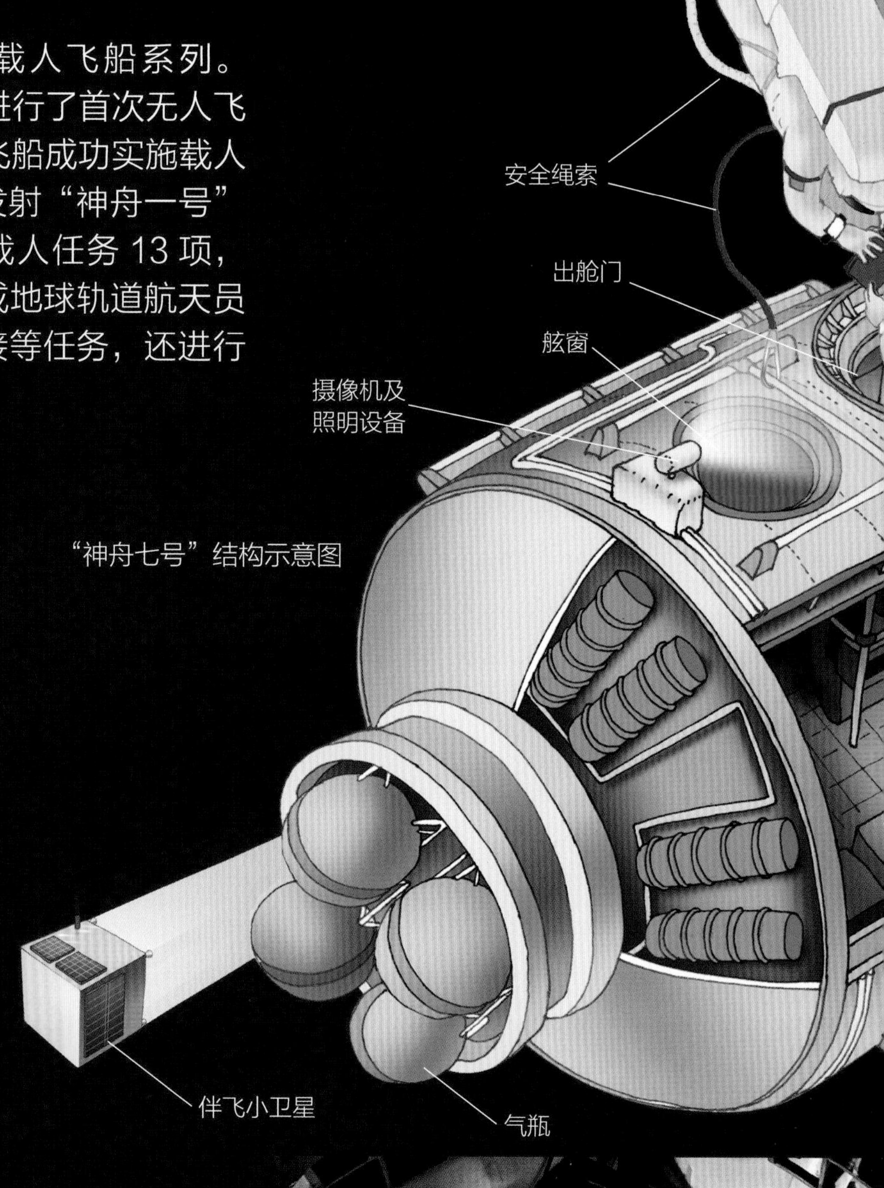

“神舟七号”结构示意图

“神舟”载人飞船的结构

“神舟”飞船由推进舱、返回舱和轨道舱三个舱段组成。推进舱不乘坐人，主要功能是提供电源和动力，飞船所需要的电、气、液和推进剂也都由它供给，相当于飞船的“后勤总管”。返回舱和轨道舱是航天员的办公室兼卧室。返回舱是航天员的座舱和整个飞船的控制中心，也是飞船唯一可以返回着陆的舱段。轨道舱内装有各种实验仪器和设备，与返回舱相通．它有点像“多功能厅”，既是航天员工作、吃饭、睡觉、娱乐、洗漱和上厕所的场所，也可作为航天员出舱时使用的气闸舱。

舒适的小家

在太空中，航天员的体姿介于坐和站立之间，经常是“驼背”姿势。因此，飞船上所有的扶手、操作台的设计，以及座椅与仪表控制台的距离，都不是按地面上人的坐姿和站姿的高度计算的，而是以“驼背”姿势的高度为依据。为防止碰伤航天员，飞船里的“家具”边沿为圆角。船上所有的电源插座都有防错设计，如果不小心插错了插头，插座会“一口”回绝你。飞船操作台上的按钮和开关都做得比地面上的大，相互间的间隙也很大，以免航天员戴手套时触摸不方便。一些重要的按钮、开关还设置了安全锁，即使误碰也没有大碍。

返回舱里最多有 3 个座椅，对面是整块仪表板和按钮，航天员不需要抬头或低头，就能很舒服地观察和操作。两个主显示屏既可互为备份，也可显示不同内容，旁边 6 个小显示屏显示的是飞船的各种数据。

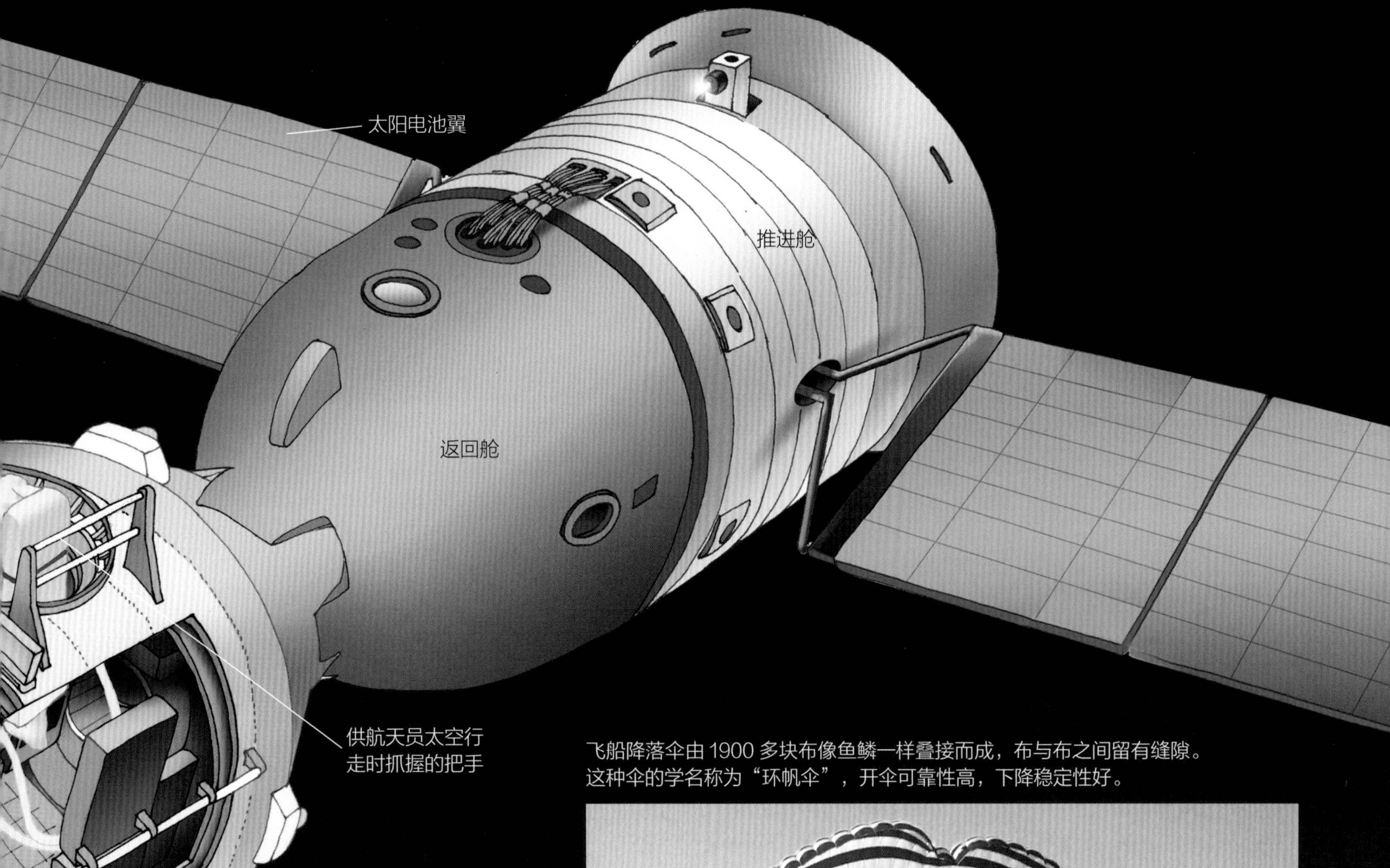

“神舟”飞船总长约 8.8 米，起飞质量约 8 吨，返回舱最大直径约 2.5 米，最多乘坐 3 人。飞船自主飞行天数最多 7 天。飞船可供航天员活动的空间约为 6 立方米。

返回舱中放置的两个红包是干什么用的?

返回舱中有两个红包，包中装着航天员的应急救生物资。一个包里装着橡皮筏，充气后可在水面上供航天员乘用；另一个包是航天员的救生包，有应急食品、饮水、卫星定位仪、防风尘太阳镜、抗风火柴、匕首和急救药包等，包内还有海水染色剂，一旦返回舱落入海中，染色剂可将海水染色，便于空中搜救人员找寻。

飞船降落伞由 1900 多块布像鱼鳞一样叠接而成，布与布之间留有缝隙。这种伞的学名称为“环帆伞”，开伞可靠性高，下降稳定性好。

飞船“保护伞”

当飞船返回舱下降到距地面 15 千米时，其下降速度逐渐稳定在 200 米/秒左右，这时再减速就要靠降落伞了。在同等载荷情况下，伞的面积越大，减速效果越好。“神舟”飞船主降落伞的面积足有 1200 平方米，是世界上最大的飞船降落伞。从伞顶拎起，算上伞衣、伞绳和吊带，一副降落伞约 70 米长。降落伞由特殊材料制成，薄如蝉翼，却非常结实。整个伞铺在地上有小半个足球场那么大，可叠起来却只有一个提包大，重量仅 90 多千克，体积不到 0.18 立方米。

空间交会对接

空间交会对接是指两个或多个航天器在空间轨道上会合并连成一个整体的技术，被人们形象地称为“牵手”。交会对接过程主要分为远距离导引段、自主控制段和对接段三个阶段。这项技术是实现空间站建设、补给、维修、航天员交换及营救的先决条件。中国已实现了“神舟”载人飞船与“天宫一号”目标飞行器、“天宫二号”空间实验室和空间站舱段等航天器的交会对接。

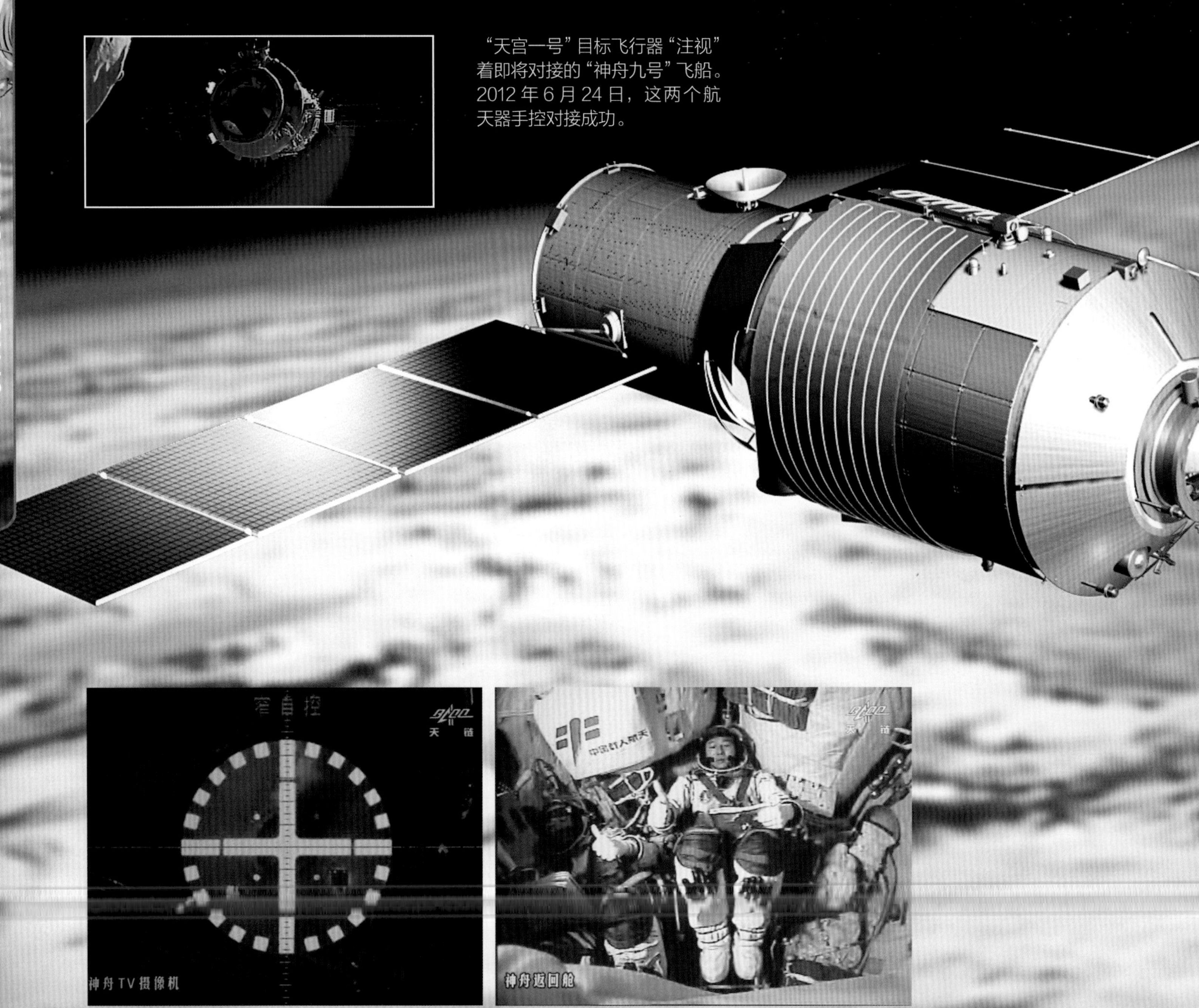

“天宫一号”目标飞行器“注视”着即将对接的“神舟九号”飞船。2012 年 6 月 24 日，这两个航天器手控对接成功。

2016 年 10 月 19 日凌晨，“神舟十一号”飞船与“天宫二号”空间实验室对接成功，航天员景海鹏和陈冬在“神舟十一号”飞船里竖起大拇指表示祝贺。

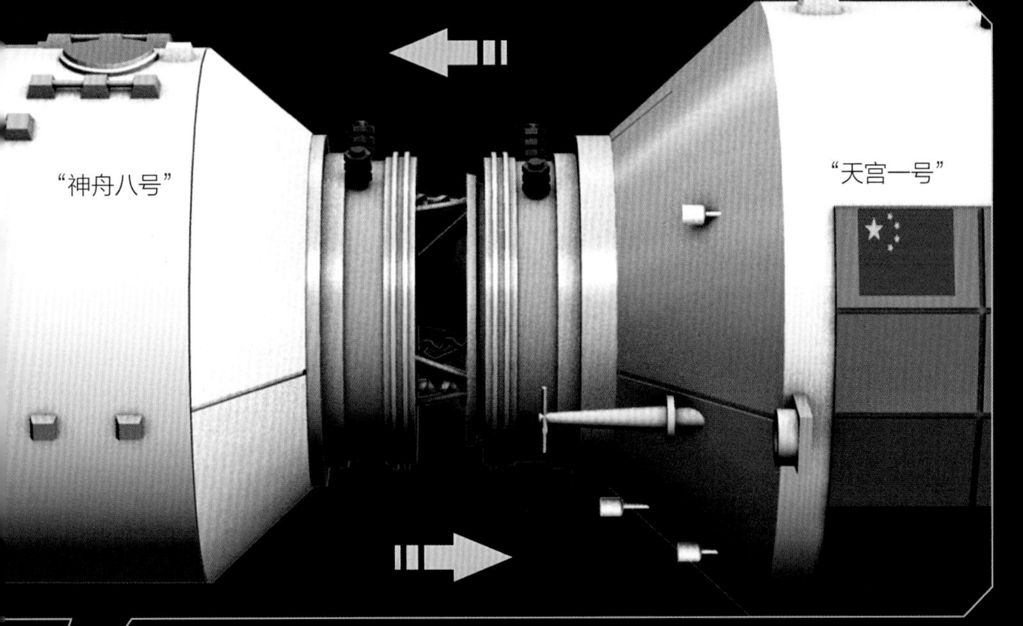

交会对接的方式

根据航天员介入的程度和智能控制水平的不同，交会对接分为自动和手控等操作方式。2011年11月3日，“神舟八号”飞船与“天宫一号”实现无人自动交会对接。2012年6月24日，“神舟九号”飞船与“天宫一号”实现航天员手控交会对接。2013年6月，“神舟十号”飞船与“天宫一号”先后成功进行自动交会对接、手控交会对接、分离、再对接技术演练。2016年10月19日，“神舟十一号”飞船与“天宫二号”自动交会对接成功。2021年6月17日，“神舟十二号”载人飞船采用自主快速交会对接模式成功对接于“天和”核心舱。中国是继俄罗斯和美国后，世界上第三个完全掌握空间交会对接技术的国家。

“百米穿针”的功夫

航天器在空间对接时要先相互接近，通过轨道参数的协调，在同一时间到达空间同一位置，然后不断微调，两个航天器逐步达到零距离，最终启动对接机构在机械上联成一体。在交会对接过程中，很小的误差也会导致飞船被抛到离目标飞行器很远的地方。因此，航天员将手控交会对接形象地称为“百米穿针”。

航天员景海鹏、刘旺在模拟返回舱内进行手控交会对接训练

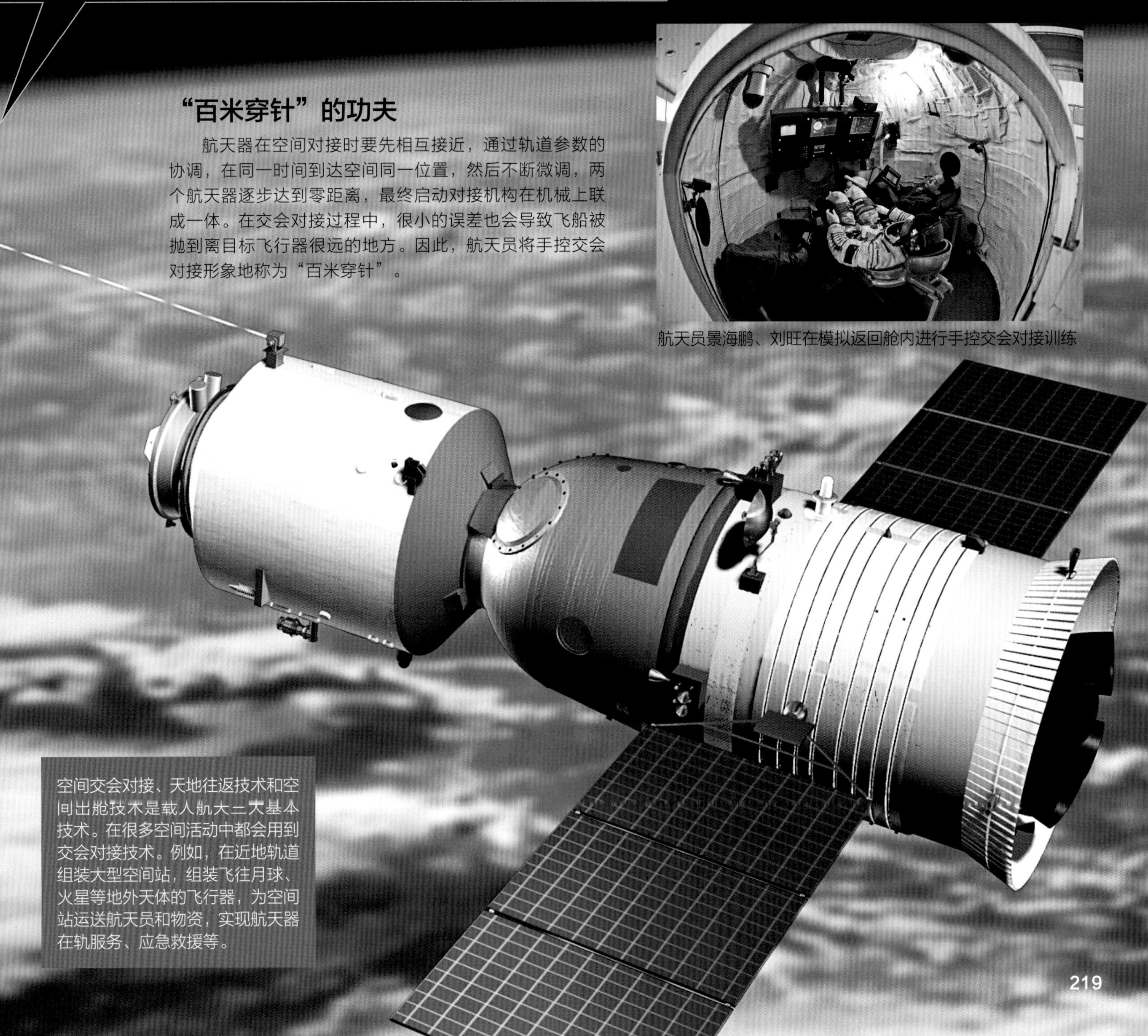

空间交会对接、天地往返技术和空间出舱技术是载人航天三大基本技术。在很多空间活动中都会用到交会对接技术。例如，在近地轨道组装大型空间站，组装飞往月球、火星等地外天体的飞行器，为空间站运送航天员和物资，实现航天器在轨服务、应急救援等。

“天宫一号”目标飞行器

“天宫一号”是中国第一个目标飞行器，于 2011 年 9 月 29 日在酒泉卫星发射中心发射。2011 年~ 2013 年，“天宫一号”分别与“神舟八号”“神舟九号”和“神舟十号”飞船成功自动、手动交会对接。“天宫”和“神舟”连接起来足有 19 米长，供航天员活动的场所有 15 立方米。“天宫一号”设计寿命 2 年，实际在轨工作近 5 年。“天宫一号”任务的完成，标志着中国载人航天工程空间交会对接任务的圆满完成。

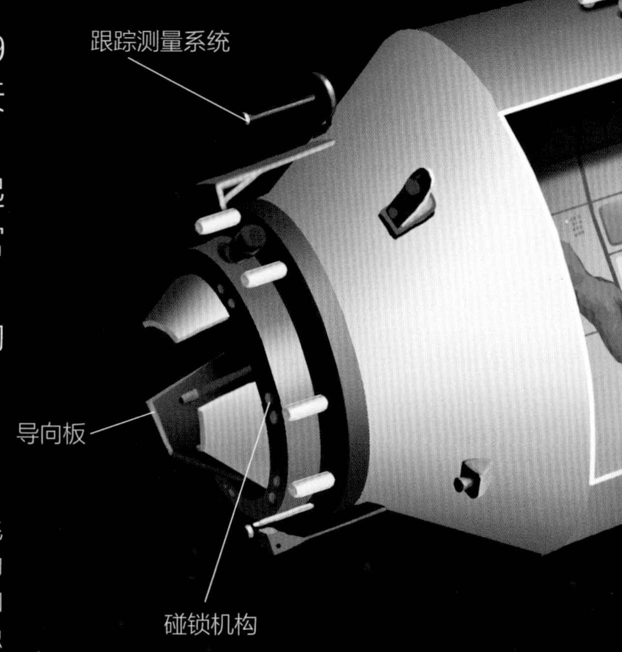

“天宫一号”的任务

“天宫一号”由实验舱和资源舱构成，全长 10.4 米，最大直径 3.35 米，起飞质量约 8.5 吨，可同时满足 3 名航天员工作和生活的需要。完成与“神舟”飞船的交会对接后，“天宫一号”的主要任务是：保障航天员在轨短期驻留期间的工作和生活，保证航天员安全；开展各项空间科学实验；初步建立短期载人、长期无人独立可靠运行的空间实验平台，为建造空间站积累经验等。2013 年 9 月，“天宫一号”圆满完成了其历史使命。

“天宫一号”在地面进行测试，我们可看到里面的布局。

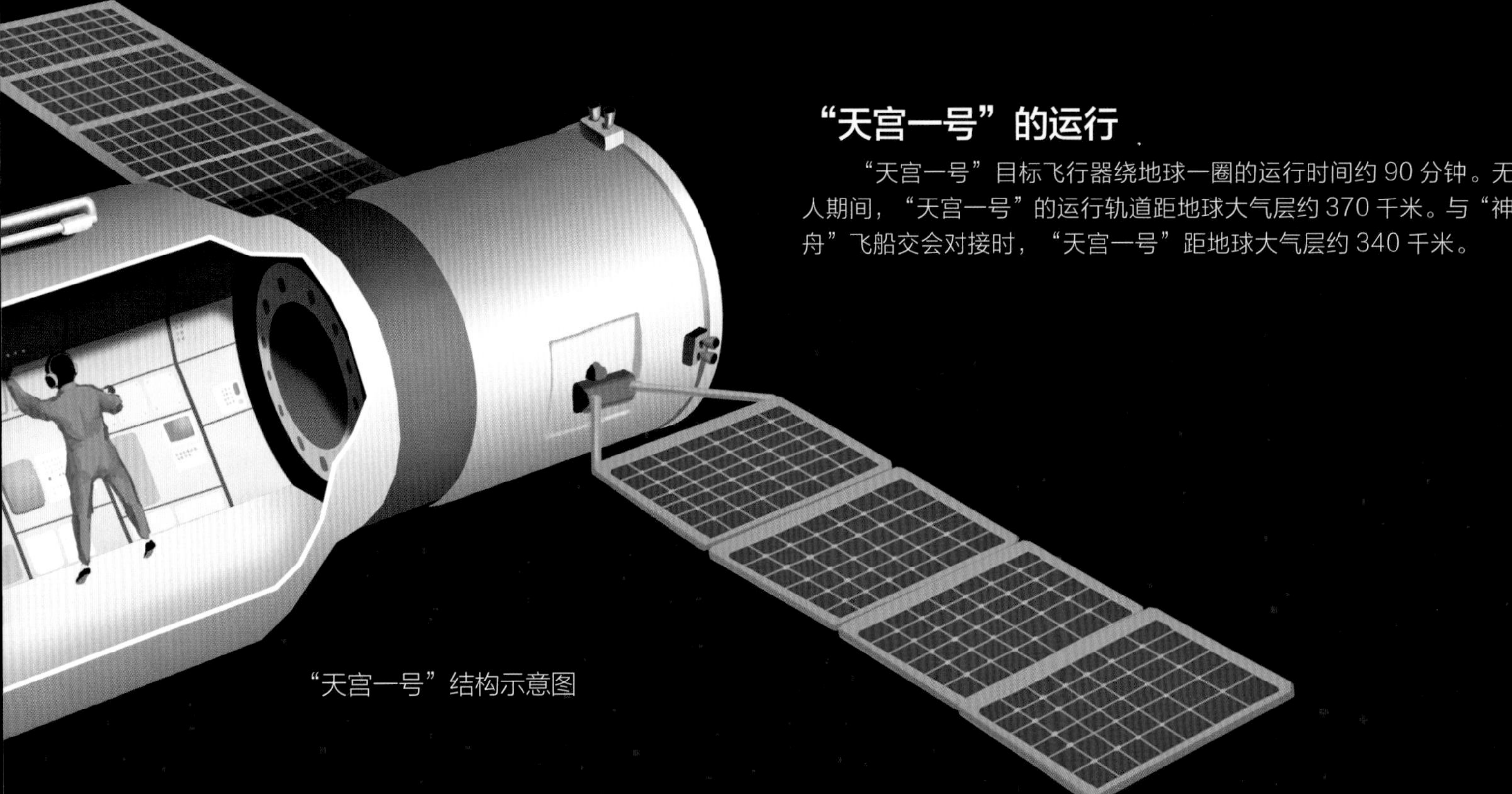
"天宫一号"结构示意图

"天宫一号"的运行

"天宫一号"目标飞行器绕地球一圈的运行时间约 90 分钟。无人期间，"天宫一号"的运行轨道距地球大气层约 370 千米。与"神舟"飞船交会对接时，"天宫一号"距地球大气层约 340 千米。

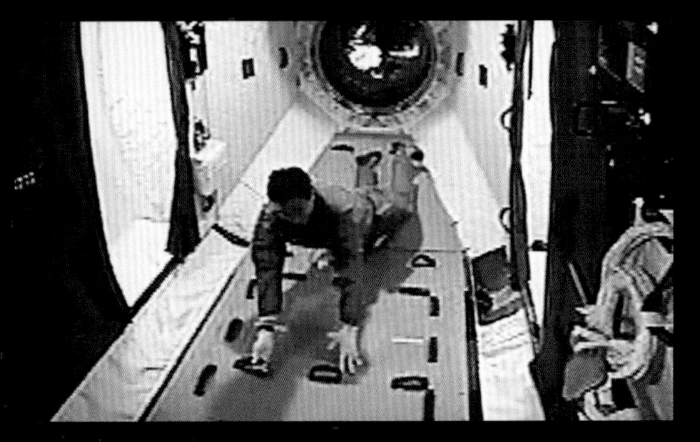

"天宫一号"超期服役

"天宫一号"在超期服役的时间里开展了航天技术试验、对地遥感应用和空间环境探测，验证了低轨长寿命载人航天器设计、制造、管理、控制等相关技术，获取了大量有价值的数据信息和应用成果，为空间站的建设运营和载人航天成果的应用推广积累了经验。2016 年 3 月 16 日，"天宫一号"正式终止数据服务，进入轨道衰减期。2018 年 4 月 2 日，"天宫一号"再入大气层，绝大部分器件在这一过程中烧毁，残骸落于南太平洋中部地区。

"天宫"里面好热闹

为了便于航天员在失重飘移状态下手脚着力，"天宫一号"里设置了 30 多个手脚限位器，这是舱内最多的设施。在这里，航天员不仅完成了各项探测任务，进行更换地板、舱内无线通信等试验，还可以上网、发微博、打太极拳、开设太空讲堂，日子过得很热闹。航天员的食物也非常丰富，有罐头食品、脱水食品、自然型食品等。这些标志着作为交会对接目标飞行器的"天宫一号"，正在向空间多用途载人实验平台转变。

"长征二号"F 运载火箭与"天宫一号"转场准备发射

“天宫二号”空间实验室

“天宫二号”是中国第一个空间实验室，于2016年9月15日发射升空。“天宫二号”由实验舱和资源舱组成，实验舱由密封舱和非密封舱后锥段组成，密封舱提供航天员驻留场所，适合2名或3名航天员驻留，在与“神舟十一号”飞船构成组合体后，具有支持航天员驻留不少于60天的能力。资源舱为非密封结构，提供能源和动力。“天宫二号”实际在轨运行了1036天，于2019年7月19日受控离轨，回到了地球的“怀抱”。

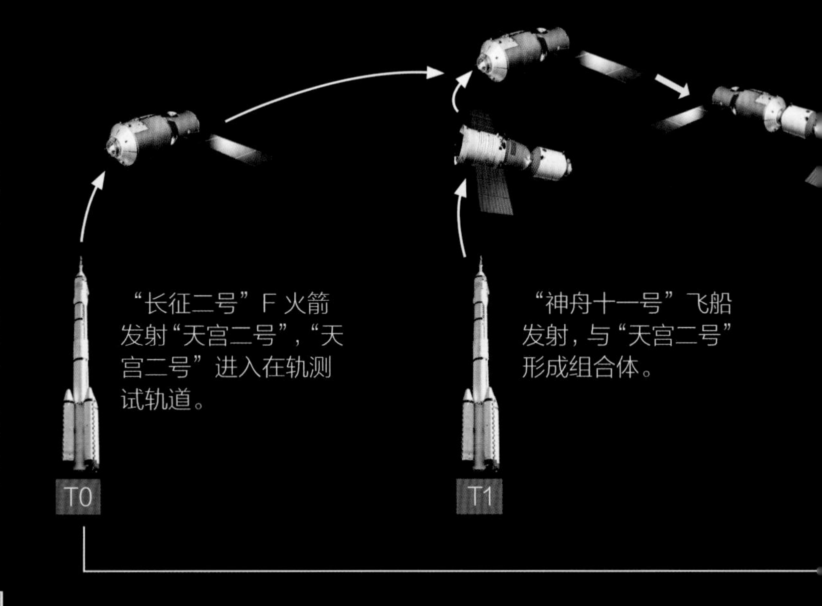

中国载人航天工程三步走发展战略		
第一步	载人飞船工程	建成初步配套的试验性载人飞船工程，开展空间应用实验。
第二步	空间实验室工程	突破航天员出舱活动技术和航天器空间交会对接技术。研制货运飞船，建立空间实验室，解决有一定规模的、短期有人照料的空间应用问题。
第三步	空间站工程	解决有较大规模的、长期有人照料的空间应用问题。

“天宫二号”的任务

“天宫二号”在轨期间，完成与“神舟十一号”载人飞船和“天舟一号”货运飞船的对接任务。“神舟十一号”上的航天员景海鹏和陈冬，在“天宫二号”与“神舟十一号”飞船构成的组合体中驻留了30天。“天舟一号”货运飞船两次为“天宫二号”实施了推进剂在轨补加。同时，“天宫二号”还承担了多项空间科学实验和技术试验任务，主要有空间冷原子钟实验、综合材料制备实验、高等植物培养实验、γ暴偏振探测、宽波段成像光谱仪、空地量子密钥分配试验、伴随卫星飞行试验等，获得了大量科研成果。

“天宫二号”全长10.41米，舱体最大直径3.35米，太阳翼展宽18.41米，起飞质量8.6吨。

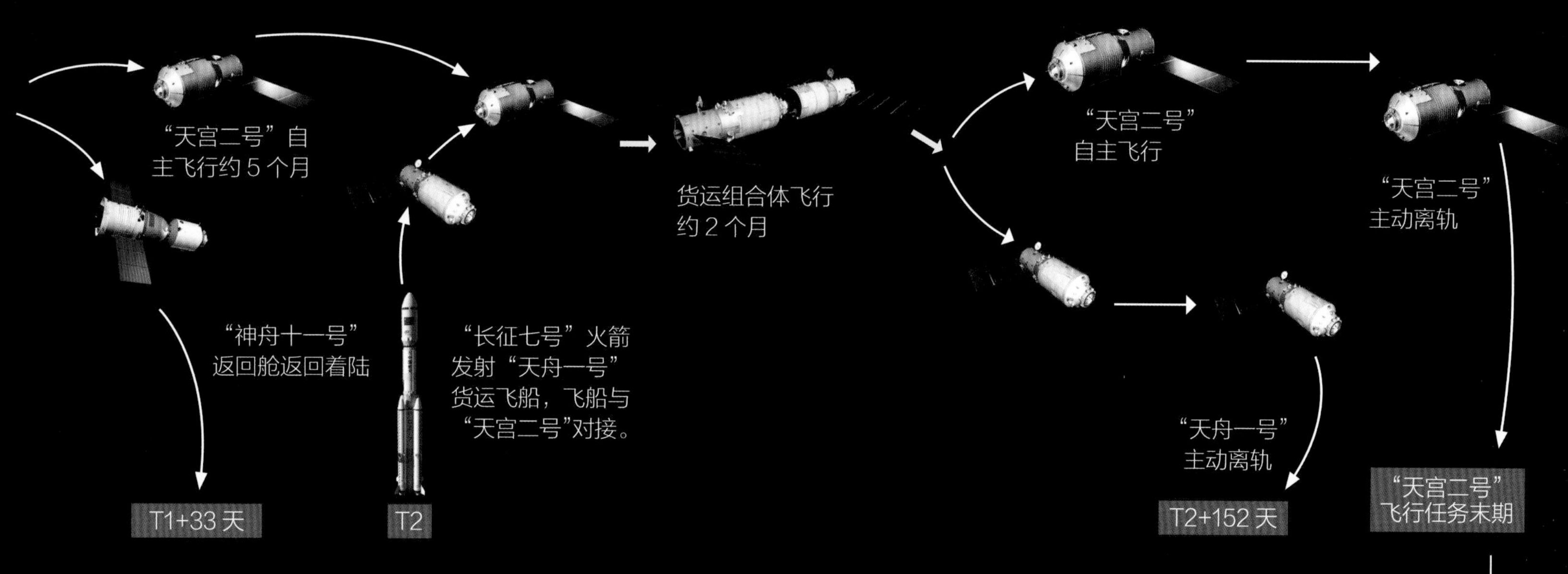

空间实验室任务全程示意图

“神舟十一号”载人飞船

2016 年 10 月 17 日，“神舟十一号”飞船在酒泉卫星中心发射升空。这是中国第 6 次载人飞行，也是中国持续时间最长的一次载人飞行，总飞行时间长达 33 天。航天员景海鹏和陈冬乘坐“神舟十一号”入轨后独立飞行了 2 天，然后与“天宫二号”进行自动交会形成组合体。航天员进驻“天宫二号”，组合体在轨飞行 30 天，开展了航天医学实验、空间科学和应用技术、在轨维修空间站技术试验以及科普活动。完成组合体飞行后，“神舟十一号”撤离“天宫二号”，独立飞行一天后返回着陆场。

“神舟十一号”飞船上的两位航天员进入“天宫二号”

空间实验室飞行任务

空间实验室飞行任务包括“天宫二号”空间实验室、“神舟十一号”载人飞船、“天舟一号”货运飞船共 3 次飞行任务。通过这 3 次飞行任务，中国突破和掌握了推进剂在轨补加、航天员中期驻留等技术，开展了空间科学实验与技术试验，为今后载人航天工程的空间站建设和运营积累经验。2017 年 9 月，空间实验室飞行任务圆满收官，中国载人航天工程开始建设空间站。

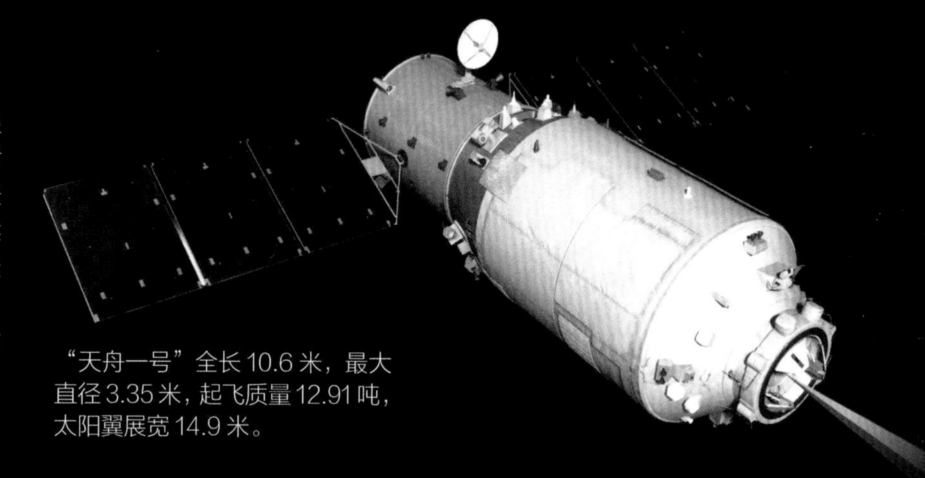

“天舟一号”全长 10.6 米，最大直径 3.35 米，起飞质量 12.91 吨，太阳翼展宽 14.9 米。

“天舟一号”货运飞船

“天舟一号”是中国第一个货运飞船。它具有与“天宫二号”空间实验室交会对接、实施推进剂在轨补加、开展空间科学实验和技术试验等功能。“天舟一号”为全密封货运飞船，由货物舱和推进舱组成。货运能力 6 吨，推进剂补加能力为 2.1 吨，具备独立飞行 3 个月的能力。任务完成后将按地面指令受控坠落。

为什么要进行推进剂补加？

推进剂补加可以形象地称为“太空加油”。“天宫二号”空间实验室、空间站等航天器，并不是发射到预定轨道就“放任自流”，任它“天马行空”。它们在轨运行期间，需要不断维持其轨道和姿态，保证不出现偏移，这样的调整需要依靠航天器上的发动机来进行。而发动机工作就会消耗推进剂，但航天器发射时所携带的推进剂是有限的，推进剂消耗完毕，也就意味着航天器寿命的终结。而推进剂补加技术则突破了这种局限。通过推进剂补加，航天器可以在太空中“加油”，从而大大延长寿命。

“天宫”空间站

“天宫”空间站是中国自主研发设计的模块化空间站系统，其最终目标是在近地轨道上建设一个常驻的 60 ~ 180 吨级的大型空间站。2021 年 4 月 29 日、5 月 29 日，空间站“天和”核心舱与“天舟二号”货运飞船分别在文昌航天发射场发射升空。6 月 17 日，“神舟十二号”载人飞船在酒泉卫星发射中心成功发射，将三位中国航天员送入空间站，中国空间站迎来首批住客。随着后续任务的顺利进行，空间站“T”字基本构型已于 2022 年完成在轨组装。

“天和”核心舱
任务标识

“问天”实验舱
任务标识

“梦天”实验舱
任务标识

“天宫”空间站的组成

中国空间站由“天和”核心舱、“梦天”实验舱、“问天”实验舱、“神舟”载人飞船和“天舟”货运飞船五个模块组成。各模块既具备独立的飞行能力，又可以与核心舱组合，在核心舱的统一调度下协同工作。“天宫”空间站可形成“三舱三船”构型，即“天舟”货运飞船、“天和”核心舱、“梦天”实验舱、“问天”实验舱及两艘“神舟”载人飞船同时在轨，总重超过 100 吨的空间站组合体。

“天和”核心舱

“天和”核心舱是中国目前最大的航天器，是“天宫”空间站的主控舱段，也是航天员的“起居室”。“天和”核心舱主要用于空间站统一控制和管理，具备长期自主飞行能力，可支持航天员长期驻留，开展航天医学、空间科学实验和技术试验。核心舱长 16.6 米，有 2 个停泊口和 3 个对接口。停泊口用于对接 2 个实验舱，对接口用于对接载人飞船和货运飞船，还可供航天员出舱。

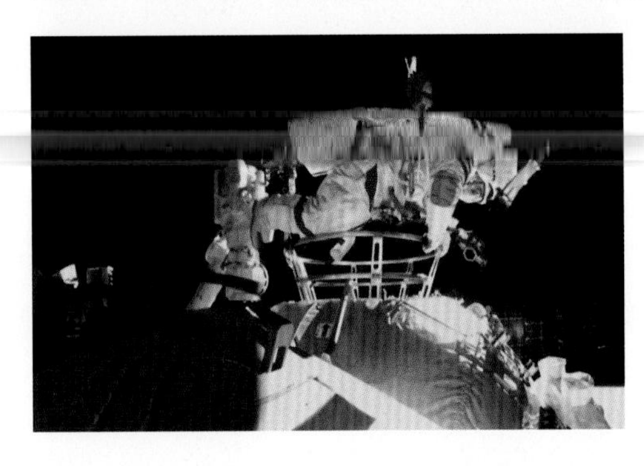

2021年7月4日，航天员刘伯明、汤洪波从“天和”核心舱节点舱成功出舱。

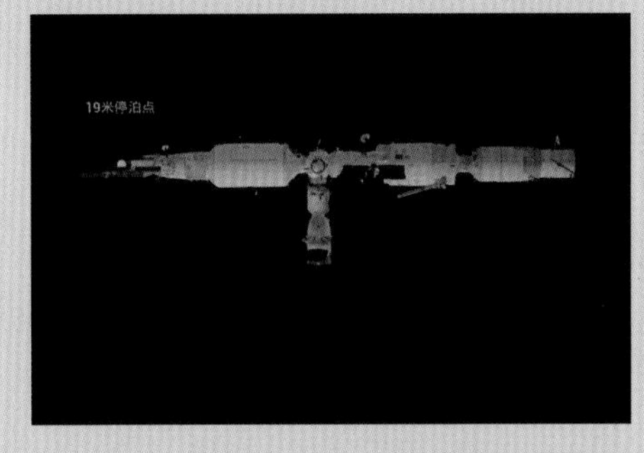

“问天”实验舱与核心舱组合体在轨完成交会对接，形成“一”字构型组合体。

经过约 1 小时的天地协同，“问天”实验舱完成转位。

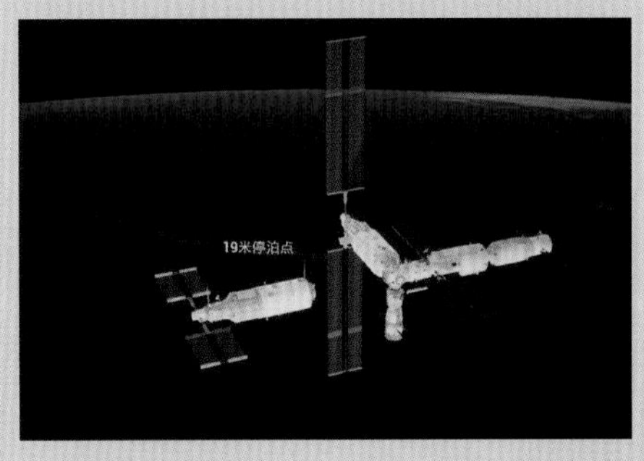

“梦天”实验舱准备与空间站组合体对接，此时空间站为“L”字构型。

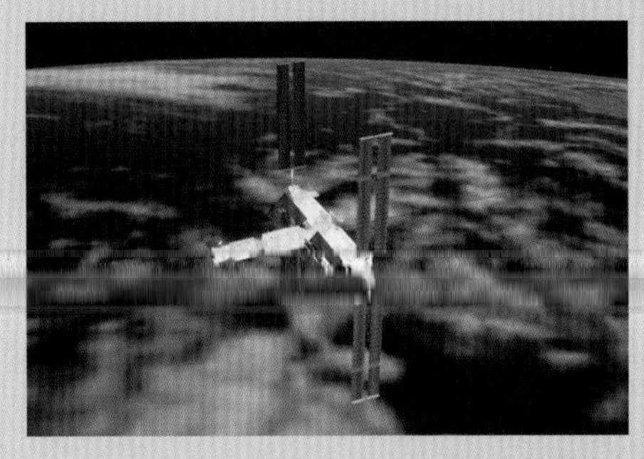

“天舟十五号”飞船与空间站组合体对接，此前“梦天”实验舱完成转位，空间站为“T”字构型。

2021 年“天宫课堂”第一课开始，学生们在中国科技馆观看“神舟十三号”航天员展示水球光学实验。

“问天”实验舱

“问天”实验舱是中国空间站第二个舱段，也是首个科学实验舱。它由工作舱、气闸舱和资源舱组成，起飞重量约 23 吨。2022 年 7 月 24 日，“问天”实验舱成功发射，并于 7 月 25 日成功对接于核心舱前向端口，迎来了“神舟十四号”飞船中的航天员。9 月 30 日，“问天”实验舱完成转位，空间站组合体由两舱“一”字构型转变为两舱“L”字构型。

“梦天”实验舱

“梦天”实验舱是中国空间站第三个舱段，也是第二个科学实验舱，由工作舱、载荷舱、货物气闸舱和资源舱组成，起飞重量约 23 吨，主要用于开展空间科学与应用实验，参与空间站组合体管理，货物气闸舱可支持货物自动进出舱，为舱内外科学实验提供支持。2022 年 11 月 1 日，“梦天”实验舱成功对接于核心舱前向端口，并于 11 月 3 日完成转位。这标志着中国空间站“T”字基本构型在轨组装完成。

“神舟十四号”乘组航天员进入梦天实验舱

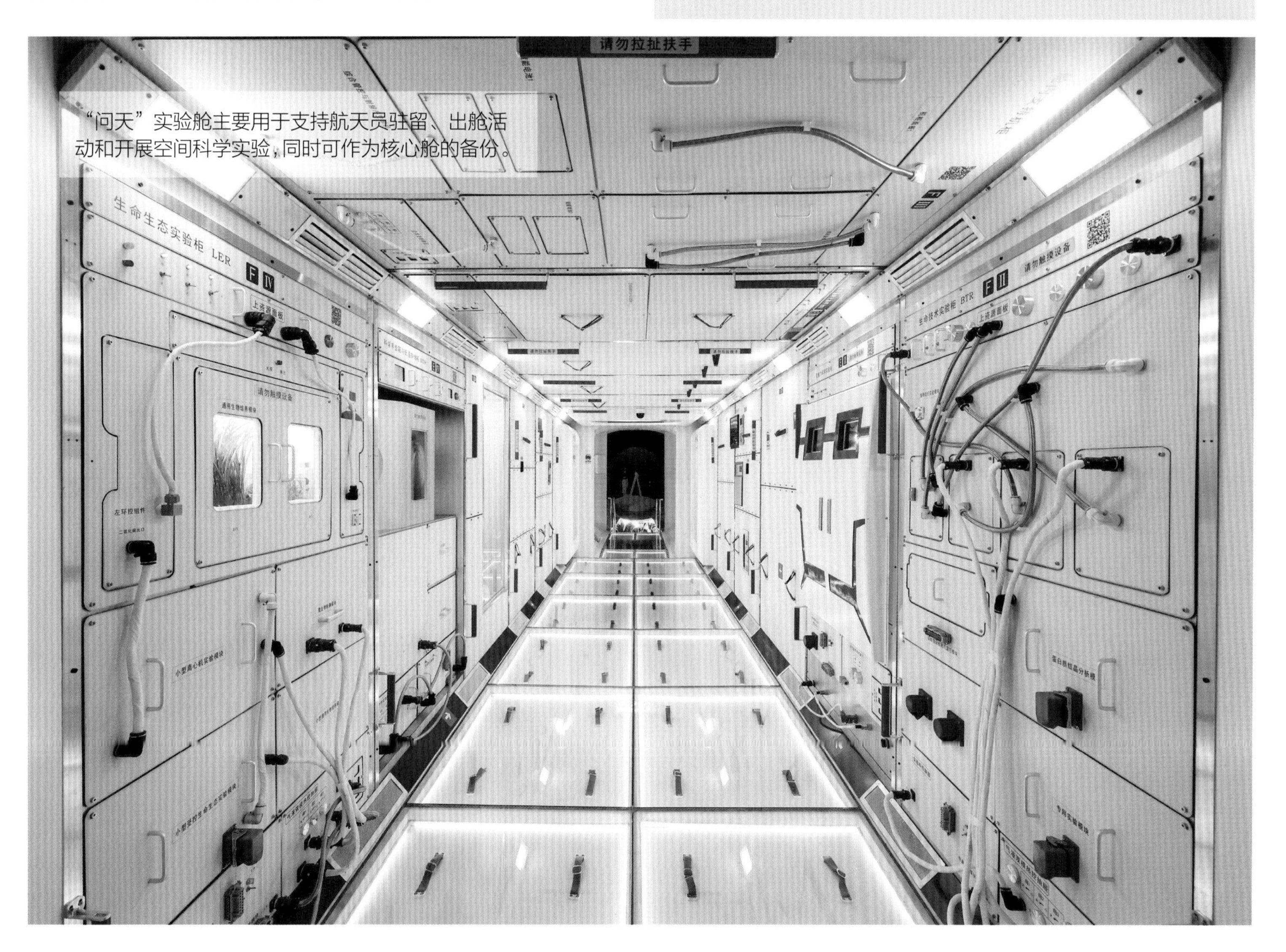

“问天”实验舱主要用于支持航天员驻留、出舱活动和开展空间科学实验，同时可作为核心舱的备份。

中国航天员

成为航天员，不仅要符合文化程度、身体状况、飞行技术等基本条件，还要有对特殊环境的良好适应能力，能够临危不乱。20 年来，中国人民解放军航天员大队共执行 13 次载人航天飞行任务，22 名航天员代表国家遨游苍穹。

为了提高对失重环境的适应能力，航天员需要接受血液重新分布训练。

艰苦的训练

航天员经常挤在狭小的飞船模拟舱内，进行飞行程序和应急工况训练，每次训练长达三四个小时，脱掉航天服时，汗水早已湿透内衣。进行离心机耐力训练时，他们要承受 4 ~ 8 倍重力加速度，相当于身上压了高于体重 4 ~ 8 倍的沉重巨石，不仅难以活动，而且呼吸困难，心跳加快。如果挺不住，航天员可以按暂停按钮，但没有一个人碰过这个按钮。

模拟失重

由于地球引力的存在，在地面上几乎无法获得持续长时间的失重环境。为此，科学家们建造了一个圆筒形的大水槽，水槽里面放置了 1 ∶ 1 的航天器模型。航天员穿上水下训练航天服，加上配重或配浮装置，沉入水下后会达到中性浮力状态。此时，航天员感到的漂浮感与太空失重状态非常相似，可以进行出舱活动训练。

中国航天员群体被授予“时代楷模”荣誉称号，杨利伟、费俊龙、聂海胜等12名航天员代表在仪式现场庄严宣誓。

飞天航天员

从“神舟五号”飞船到“神舟十六号”飞船，中国航天员大队共有22人35人次出征太空，他们是：杨利伟、费俊龙、聂海胜、翟志刚、刘伯明、景海鹏、刘旺、刘洋、张晓光、王亚平、陈冬、汤洪波、叶光富、蔡旭哲、邓清明、张陆、朱杨柱、桂海潮、唐胜杰、江新林、李聪、李广苏。为了更好地完成空间站建设任务，除了从飞行员队伍选拔的航天员以外，目前中国航天员之中，还有从与载人航天工程相关的研制部门选拔的工程师，和来自科研院校的专家。

中国飞天第一人

1983年，18岁的杨利伟考入了空军第八飞行学院。1997年，他在临床医学、航天生理功能指标、心理素质的测试中都达到了优秀，成为预备航天员。2003年，经载人航天工程航天员选评委员会评定，杨利伟已具备独立执行航天飞行的能力，被授予三级航天员资格。2003年10月15日，中国第一艘载人飞船“神舟五号”成功发射，航天员杨利伟成为浩瀚太空的第一位中国访客。

“神舟五号”航天员杨利伟

翟志刚顺利出舱

中国太空行走第一人

2008年9月25日～27日，航天员翟志刚、景海鹏、刘伯明乘“神舟七号”飞船飞向太空。9月27日16点43分24秒，翟志刚开始出舱。16点45分17秒，翟志刚在太空迈出第一步，并向地面报告他的身体感觉良好。16点59分，他结束太空行走，返回轨道舱。翟志刚圆满完成中国首次空间出舱任务，成为第一位出舱活动的中国人。

中国探月工程

中国探月工程又称“嫦娥工程”，是探测、研究、开发和利用月球的系统工程，规划实施分为“月球探测”“载人登月”和建设“月球基地”三个阶段。第一阶段“月球探测”的科学任务可概括为“绕”“落”“回”，即绕月探测、落月探测和取样返回。

“月球探测”阶段

“月球探测”阶段为无人月球探测。一期工程“绕月探测”由“嫦娥一号”和“嫦娥二号”承担。“嫦娥一号”于2007年发射，完成各项使命后按预定计划受控撞月；“嫦娥二号”于2010年发射，圆满并超额完成各项预定任务。二期工程“落月探测”由“嫦娥三号”和“嫦娥四号”承担。“嫦娥三号”于2013年发射，成功软着陆于月球表面并陆续开展“巡天”“观地”“测月”等探测任务；“嫦娥四号”于2018年发射，实现人类首次月球背面软着陆并开展月球背面就位探测及巡视探测。三期工程“取样返回”由“嫦娥五号”承担。“嫦娥五号”于2020年发射，完成月球表面自动采样任务后已成功返回地球。“嫦娥六号”于2024年发射，前往月球背面的南极-艾特肯盆地，进行形貌探测和地质背景勘察等工作，并带回了月球样品，这是人类首次从月球背面采集月壤样本。

1

一期工程“绕月探测”

- 发射绕月探测器
- 探测月球空间和月球表面环境
- 探测月球土壤成分与厚度分布
- 探测月球地形地貌并获取月球表面三维影像
- 探测撞击坑的特征与分布
- 探测岩石成分、类型及分布
- 探测月球上的有用资源成分和分布特征
- 对月球进行全球性、综合性、系统性近距探测

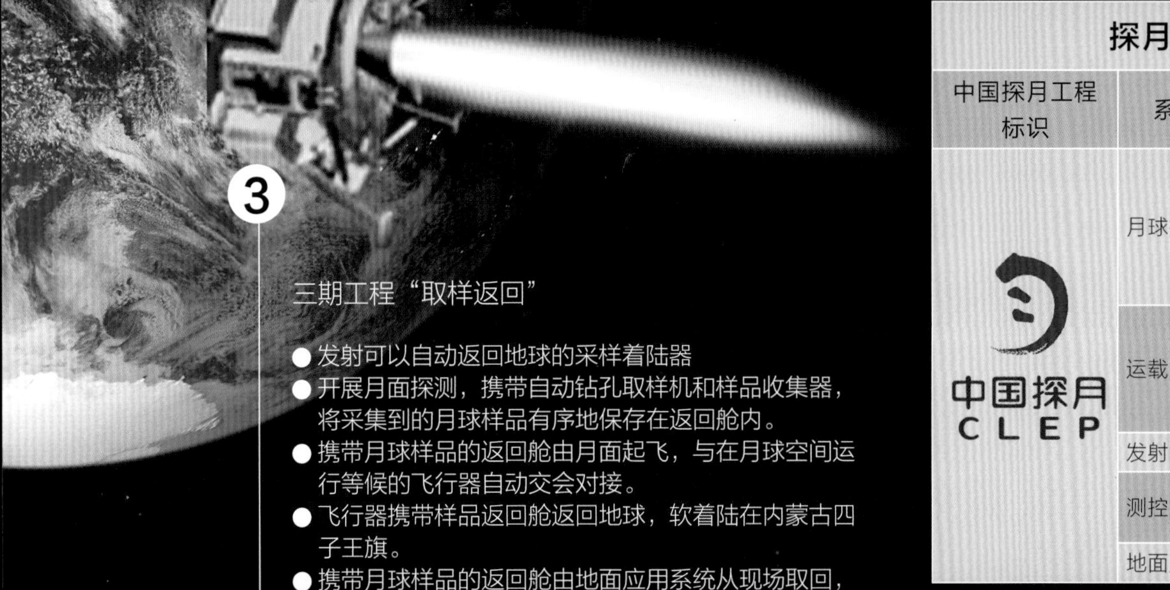

三期工程“取样返回”

- 发射可以自动返回地球的采样着陆器
- 开展月面探测，携带自动钻孔取样机和样品收集器，将采集到的月球样品有序地保存在返回舱内。
- 携带月球样品的返回舱由月面起飞，与在月球空间运行等候的飞行器自动交会对接。
- 飞行器携带样品返回舱返回地球，软着陆在内蒙古四子王旗。
- 携带月球样品的返回舱由地面应用系统从现场取回，在洁净的实验室内对月球样品进行处理、测试、分类、分装、分发和保存。

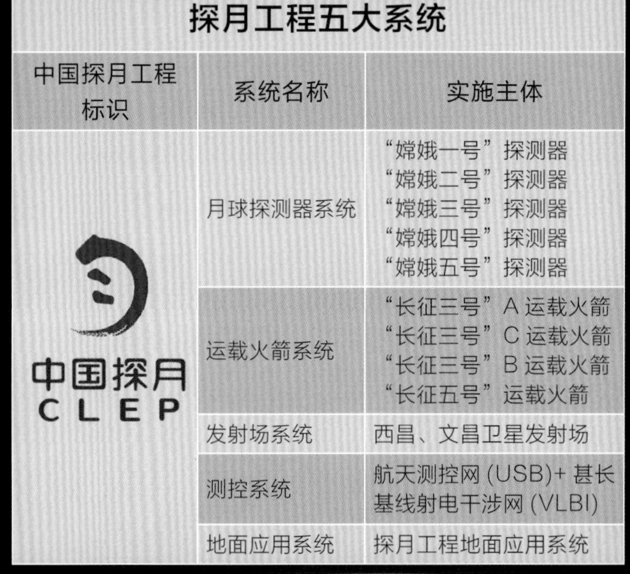

探月工程五大系统

中国探月工程标识	系统名称	实施主体
中国探月 CLEP	月球探测器系统	“嫦娥一号”探测器 “嫦娥二号”探测器 “嫦娥三号”探测器 “嫦娥四号”探测器 “嫦娥五号”探测器
	运载火箭系统	“长征三号”A 运载火箭 “长征三号”C 运载火箭 “长征三号”B 运载火箭 “长征五号”运载火箭
	发射场系统	西昌、文昌卫星发射场
	测控系统	航天测控网（USB）+ 甚长基线射电干涉网（VLBI）
	地面应用系统	探月工程地面应用系统

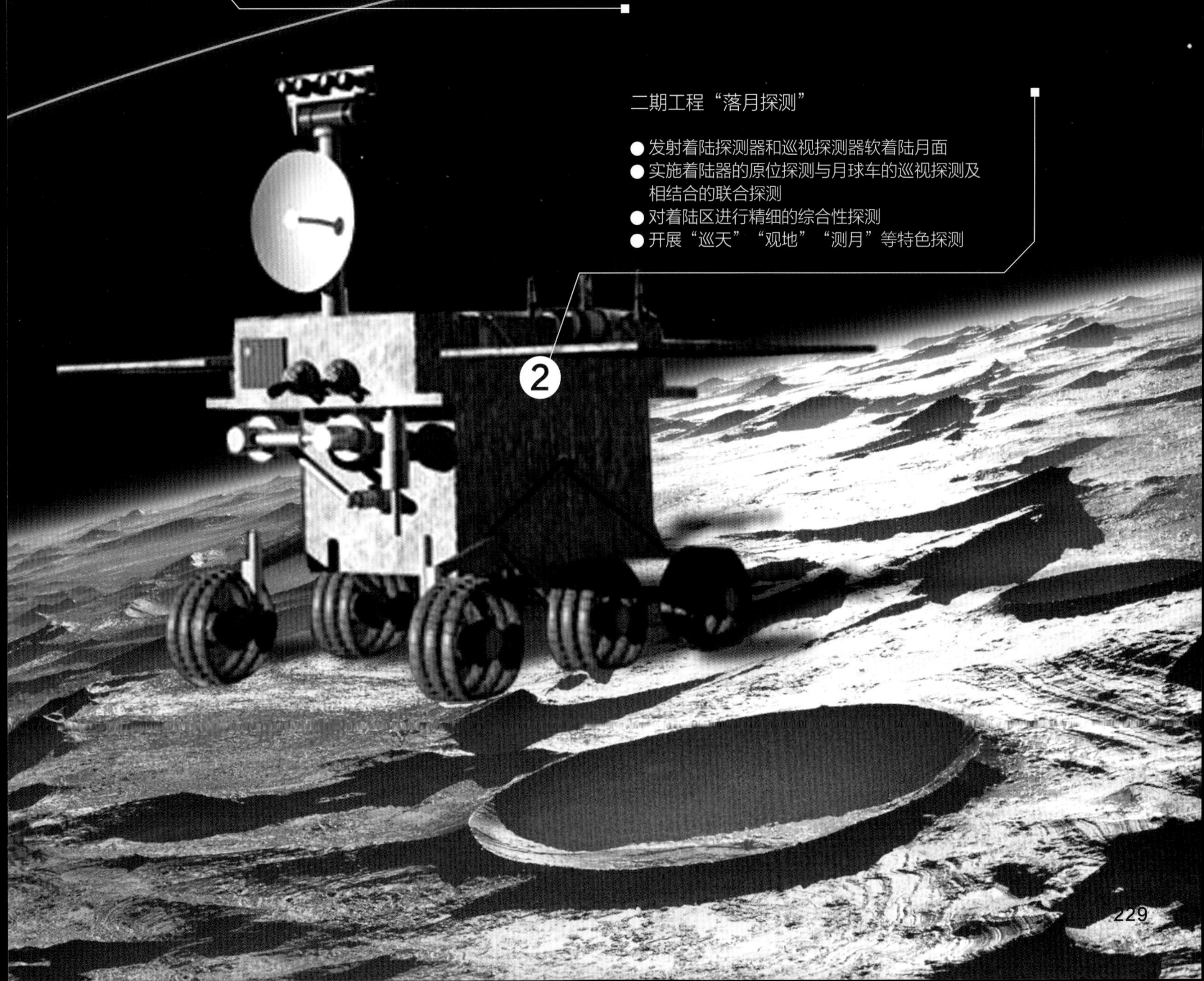

二期工程“落月探测”

- 发射着陆探测器和巡视探测器软着陆月面
- 实施着陆器的原位探测与月球车的巡视探测及相结合的联合探测
- 对着陆区进行精细的综合性探测
- 开展“巡天”“观地”“测月”等特色探测

绕月探测

“嫦娥一号”是中国第一个绕月探测器，于 2007 年 10 月 24 日发射，在离月球表面 200 千米高度的极月轨道上绕月球飞行，对月球进行了为期 16 个月的探测。“嫦娥二号”是中国第二个绕月探测器，也是中国探月工程二期的技术先导星，于 2010 年 10 月 1 日成功发射。“嫦娥二号”升空后，历时 5 天到达月球，被月球捕获后调整轨道，在距离月面 100 千米的极轨圆轨道上运行。“嫦娥二号”运行 8 个月，全面完成绕月科学探测任务，之后完成了一系列拓展探测任务。

“嫦娥二号”的技术进步

“嫦娥一号”和“嫦娥二号”就像一对双胞胎姐妹，“长”得几乎一模一样。探测器为长 2.22 米、宽 1.72 米、高 2.2 米的六面体，两侧各装有一个展开式太阳电池翼，翼展最大跨度为 18 米，重量为 2350 千克。但“嫦娥二号”比“嫦娥一号”在许多方面都更先进。比如“嫦娥二号”比“嫦娥一号”飞得更快，仅用 5 天即到达目的地，比“嫦娥一号”少用了 9 天时间。“嫦娥二号”环月轨道高度为 100 千米，比“嫦娥一号”距月面近了 100 千米。

“嫦娥一号”的成果

“嫦娥一号”累计飞行 494 天，其中环月飞行 480 天，其间经历了 3 次月食和 5 次正 / 侧飞姿态转换，共传回 1.37TB 有效科学探测数据，圆满完成了工程目标和科学目标，获得了丰硕的科学成果。

“嫦娥一号”成果			
获取了全月球图像，在几何配准精度、数据完整性与一致性等方面均达到国际先进水平。	获得了铀、钍、钾三种元素的全月球含量分布图和镁、铝、硅、铁、钛五种元素含量的局部分布图。	在国际上首次利用微波遥感技术探测月壤的特性，获得了全月球亮度、温度分布图，并反演了月壤厚度与全月球氦 -3 资源的分布与资源量。	获得了太阳高能粒子时空变化图、太阳风离子能谱图和时空变化图，以及特征量时空变化图等。

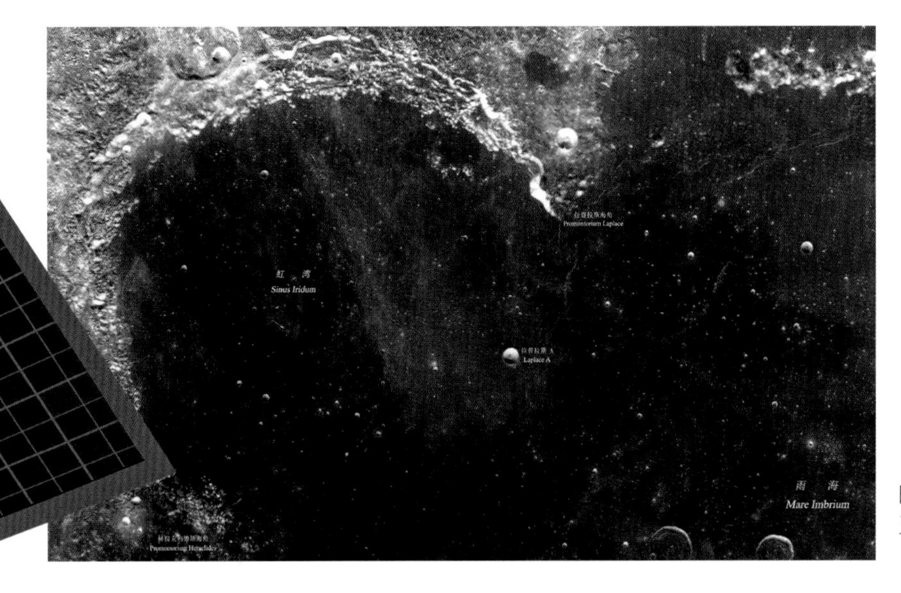

“嫦娥二号”的任务

“嫦娥二号”携带了 7 种科学载荷，获取了高分辨率全月球影像、虹湾地区局部影像以及地月空间等约 6TB 原始数据。完成探测月球任务后，“嫦娥二号”飞往距离地球 150 万千米的日地拉格朗日 L2 点位置，探测太阳活动与爆发情况。之后，它又飞往距离地球 700 万千米的深空，与图塔蒂斯小行星以 860 米的间距交会，首次探测到这颗小行星的形状、表面特征和运行速度。现在，“嫦娥二号”已成为一个围绕太阳运行的人造小天体，翱翔在太阳系空间。

“嫦娥二号”拍摄的月球虹湾地区的图片非常清晰，是提供给“嫦娥三号”软着陆用的高清地形侦察图。

“嫦娥二号”拍摄的图塔蒂斯小行星

7 米分辨率全月图

2012 年 2 月 6 日，中国发布了“嫦娥二号”绕月探测器 7 米分辨率全月球数字影像图（简称全月图）。探测器环绕月球一周所拍摄的影像图称为一轨数据图。全月球影像图是由“嫦娥二号”探测器 CCD 立体相机拍摄的 384 轨影像数据，经辐射校正、几何校正和光度校正后镶嵌制作而成，分辨率为 7 米。影像数据获取于 2010 年 11 月 1 日至 2011 年 5 月 20 日，覆盖全月球。

“嫦娥二号”探测图塔蒂斯小行星

“嫦娥三号”落月探测

2013年12月2日，“嫦娥三号”探测器发射升空。12月14日，“嫦娥三号”成功软着陆于月球雨海西北部虹湾。12月15日，“嫦娥三号”完成着陆器、巡视器分离，并陆续开展“巡天”“观地”“测月”等科学探测任务。“嫦娥三号”是中国第一个月球软着陆的无人登月探测器，拍摄了大量清晰的月面照片，所获数据和照片向全球免费开放共享。

2013年12月15日，“嫦娥三号”着陆器和巡视器顺利完成互拍成像，标志中国探月工程二期取得圆满成功。

“玉兔一号”巡视器

“嫦娥三号”探测器

2013年12月2日，“嫦娥三号”探测器由“长征三号”B运载火箭送入太空，于14日成功软着陆于月球雨海西北部的虹湾，成为中国第一个在月球软着陆的无人探测器。“嫦娥三号”肩负着月球表面形貌、地质构造调查，月球表面物质成分、可利用资源调查等科学探测任务。2015年11月，国际天文学联合会宣布，中国“嫦娥三号”探测器着陆点周边区域命名为“广寒宫”，附近三个撞击坑分别命名为“紫微”“天市”“太微”。

“玉兔一号”巡视器

“嫦娥三号”月面巡视器又称“玉兔一号”月球车。巡视器为箱形结构，箱体两侧各有一个太阳电池翼，可将太阳光能转为电能，还能叠起来扣在箱体上。箱体内设置有原子能电池提供热源，作为月夜休眠时的保温盖。箱体四周有导航相机、全景相机、[illegible]粒子激发X射线谱仪、测月雷达、避障相机、机械臂等。巡视器脚踩六个“风火轮”，可前进、后退、转弯和爬坡，平路直线移动的最快速度约200米/小时，能够在着陆器5千米半径范围内活动。

月面软着陆

“嫦娥一号”和“嫦娥二号”都是环绕月球飞行，从外围端详月球容貌，而“嫦娥三号”是真正软着陆到月面上“登门拜访”的。月面软着陆是人类探月历程中的一个“大台阶”，其中的关键技术是“太空刹车减速”。如果“刹车”减速过猛，探测器会一头撞向月球，变成硬着陆；如果“刹车”减速不足，探测器会与月球擦肩而过，进入环绕太阳飞行的轨道。软着陆技术是航天员登陆月球并返回地球必不可少的技术基础。

主减速段
利用 7500 牛变推力发动机进行制动，将探测器的速度降至 57 米 / 秒；采用惯性导航并引入激光、微波测距和测速信息进行修正。

快速调整段
发动机维持一定推力，高度下降 600 米。

距月球表面 15 千米

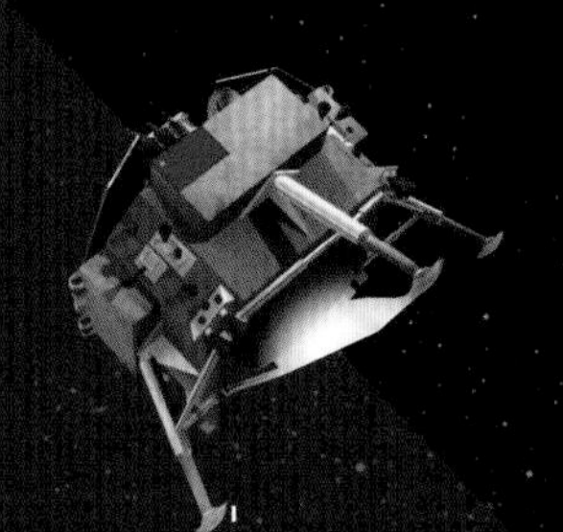

接近段
发动机维持一定推力，通过光学成像敏感器对着陆区进行监测，确定安全着陆区并避障。

距月球表面 3 千米

悬停段
着陆器在悬停点移动，拍摄了 3764 张月面地形图，着陆器智能选择安全着陆位置。

缓速下降段
发动机维持一定推力缓慢下降，降至距月面 4 米附近时发动机关闭，着陆器依靠自身重力在月面软着陆。

距月球表面 100 米

距月球表面 30 米

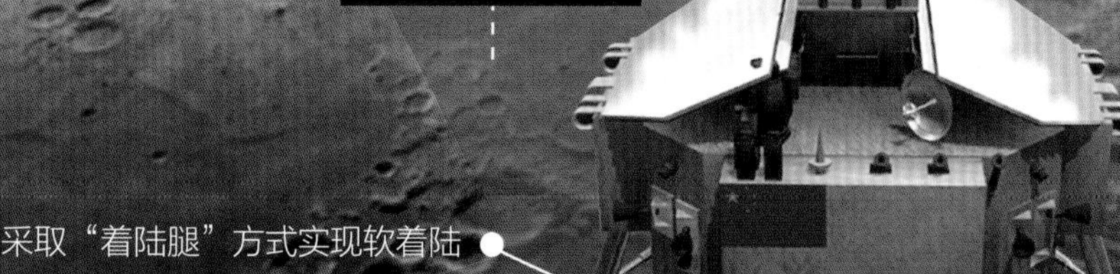

采取“着陆腿”方式实现软着陆

攻下高温高寒难关

月球表面光照变化大，昼夜温差超过 300℃，白昼时温度高达 120℃，黑夜时温度急剧下降到 -180℃。月球上的一个夜晚相当于地球上的 14 天，“嫦娥三号”面临着月昼高温下的热排散问题和月夜高寒时如何保证“正常体温”的问题。为了应对如此恶劣的环境，“嫦娥三号”采用全球首创的热控两相流体回路和可变热导热管技术，月夜生存采用核电源，攻克月面生存的难题。

“嫦娥四号”落月探测

2018 年 5 月 21 日，“嫦娥四号”中继星“鹊桥”发射升空。2018 年 12 月 8 日，“嫦娥四号”探测器发射升空。随后“嫦娥四号”经历了地月转移、近月制动、环月飞行，最终实现人类首次月球背面软着陆，开展月球背面就位探测及巡视探测。通过实施“嫦娥四号”任务，中国实现了第一次人类探测器在月球背面的软着陆，第一次人类航天器在地月拉格朗日 L2 点对地对月中继通信。“嫦娥四号”的科学任务主要是开展月球背面低频射电天文观测与研究，开展月球背面巡视区形貌、矿物组份及月表浅层结构探测与研究，试验性开展月球背面中子辐射剂量、中性原子等月球环境探测研究。

“嫦娥四号”开启月球探测之旅

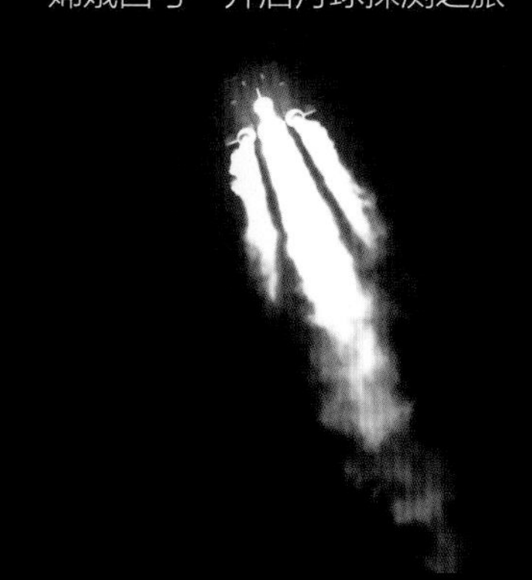

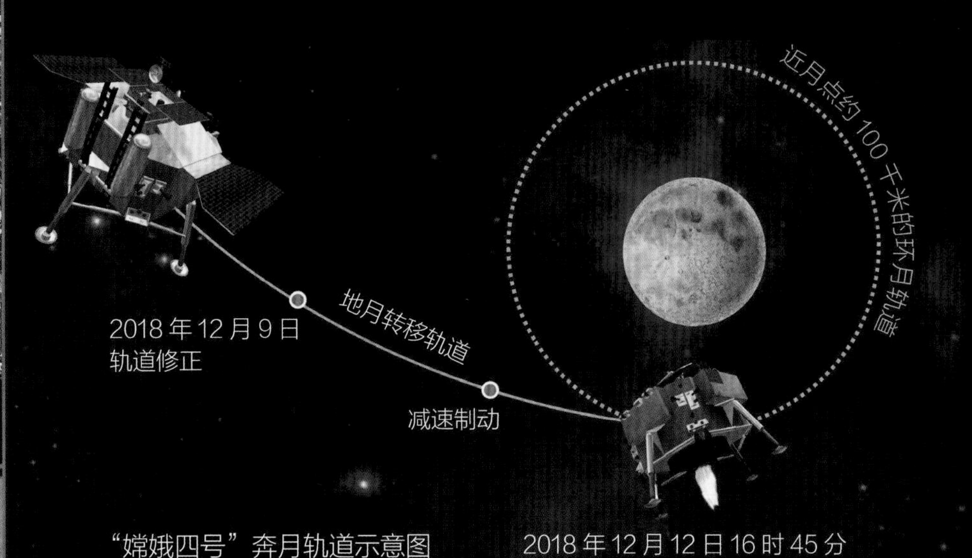

“嫦娥四号”奔月轨道示意图

“嫦娥四号”环月飞行

2018 年 12 月 8 日，“长征三号”B 运载火箭拔地而起，托举着“嫦娥四号”探测器奔向太空。火箭飞行约 20 分钟后器箭分离，“嫦娥四号”被准确送入地月转移轨道。12 月 12 日，“嫦娥四号”经过约 110 小时的奔月飞行，到达月球附近，成功实施近月制动，顺利完成“太空刹车”，被月球捕获，进入近月点约 100 千米的环月轨道。12 月 21 日，“嫦娥四号”在环月过程中与中继星“鹊桥”建立连接，开始进行在轨信号测试。

“玉兔二号”巡视器

2019 年 1 月 3 日，“嫦娥四号”成功着陆在月球背面南极艾特肯盆地冯·卡门撞击坑的预选着陆区，着陆器与巡视器顺利分离，“玉兔二号”巡视器驶抵月球表面。第二天，“玉兔二号”巡视器与中继星“鹊桥”成功建立独立数传链路，完成环境感知与路径规划，并按计划在月面行走到达 A 点，开展科学探测。着陆器地形地貌相机拍摄了“玉兔二号”在 A 点的影像图。

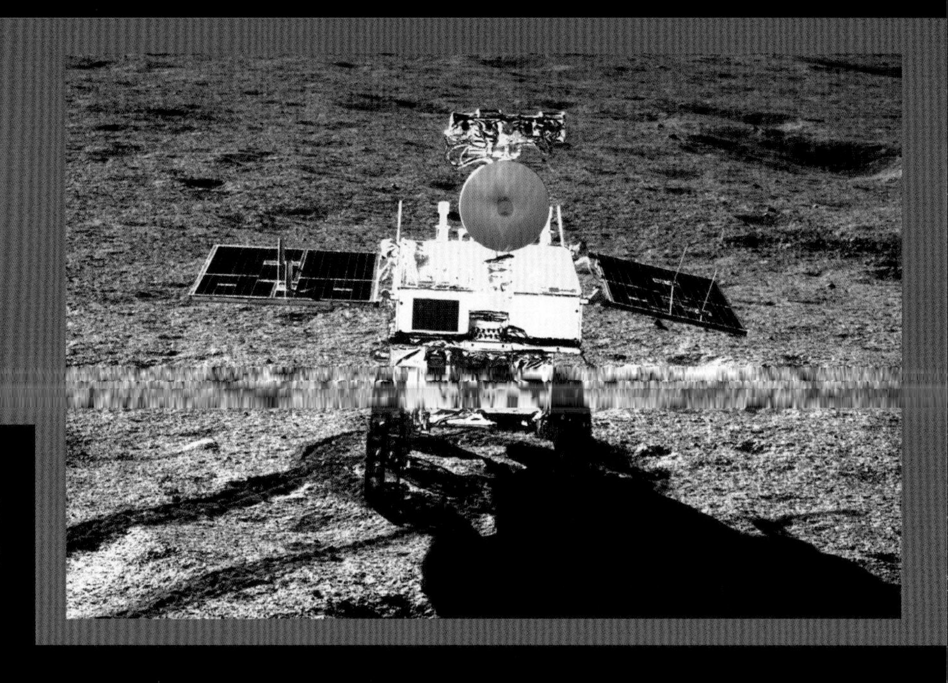

“玉兔二号”与“玉兔一号”非常相似，但比“玉兔一号”更轻盈、更自主、更健壮、更可靠，它已在月球上行驶了 400 多米。

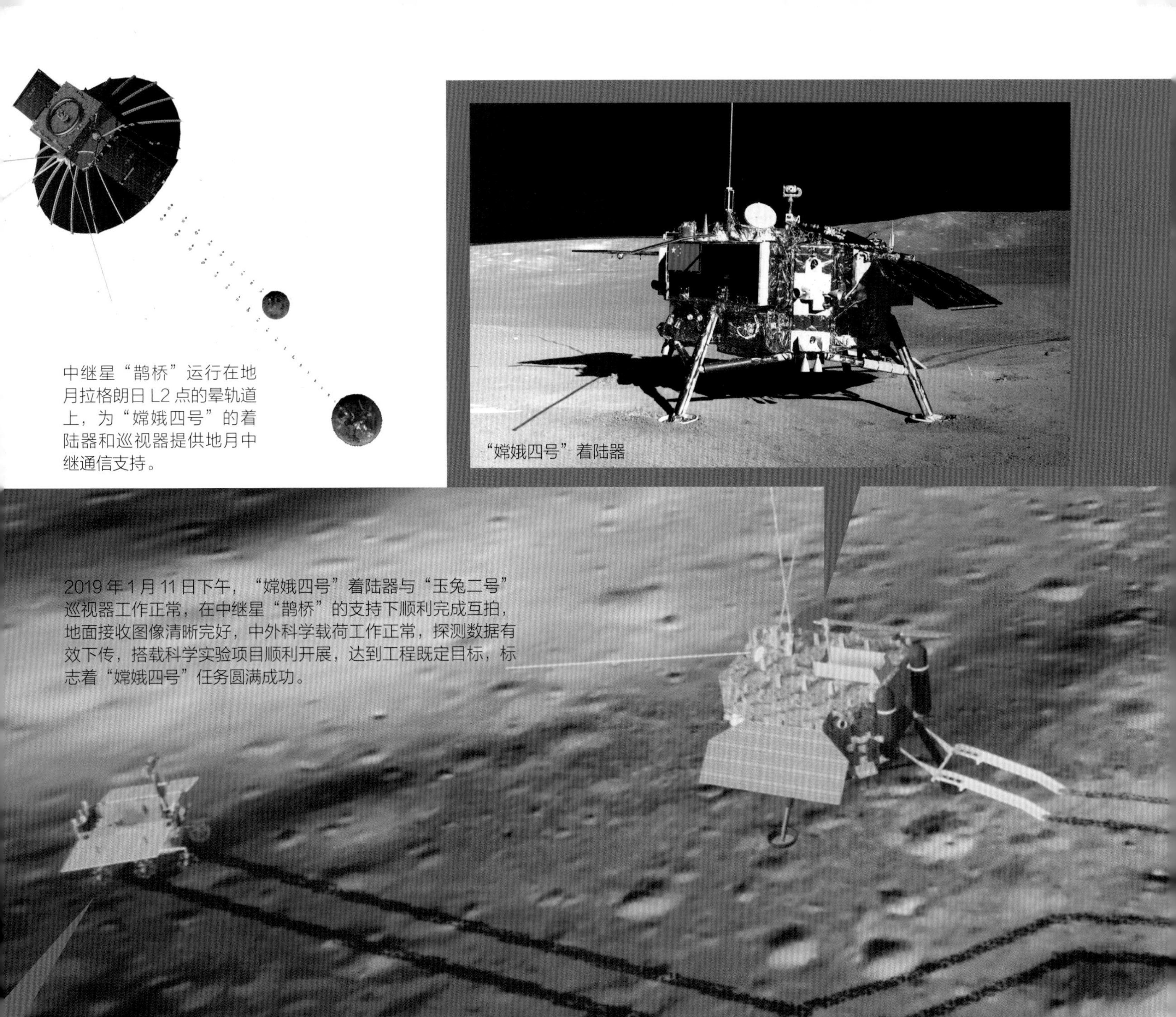

“嫦娥四号”着陆器

“嫦娥四号”探测器

“嫦娥四号”由中继星、着陆器和巡视器组成，中继星与着陆器、巡视器组合体分两次发射。着陆器与巡视器组成的“着巡组合体”发射质量约 3780 千克，它们一起降落月面，随后释放巡视器。着陆器和巡视器基本继承了“嫦娥三号”的状态，并根据新的任务需求进行了适应性更改。“嫦娥四号”除了太阳能板之外，还带了一块“核电池”，可以在夜晚时进行一些科研观测，而不必像“嫦娥三号”那样一到晚上就要“睡觉”。

“嫦娥四号”有效载荷

“嫦娥四号”探测器配置了 9 台科学载荷，包括 6 台国内研制载荷和 3 台国际合作载荷。其中着陆器配置了国内研制的降落相机、地形地貌相机、低频射电频谱仪以及与德国合作研制的月表中子与辐射剂量探测仪。巡视器配置了国内研制的全景相机、红外成像光谱仪、测月雷达以及与瑞典合作研制的中性原子分析仪。中继星配置了与荷兰合作研制的低频射电探测仪，用于探测来自太阳系内天体和银河系的 0.1 ~ 80 兆赫低频射电辐射，可为未来太阳系外的行星射电探测提供重要的参考依据。

“嫦娥五号”月球取样返回

2020 年 11 月 24 日，“嫦娥五号”探测器发射升空，进入预定轨道。12 月 17 日，“嫦娥五号”返回器安全着陆在指定着陆区，地面工作人员回收返回器。至此，中国探月工程“绕、落、回”三步走规划如期完成。“嫦娥五号”经历两次发射起飞、两次着陆、近月空间无人自动交会对接、在月面铲取和钻孔取样品后，首次将 1731 克月壤和月岩碎块带回地球。“嫦娥五号”是中国无人月球探测收官之作，执行的是中国月球探测最复杂、最艰巨的任务。

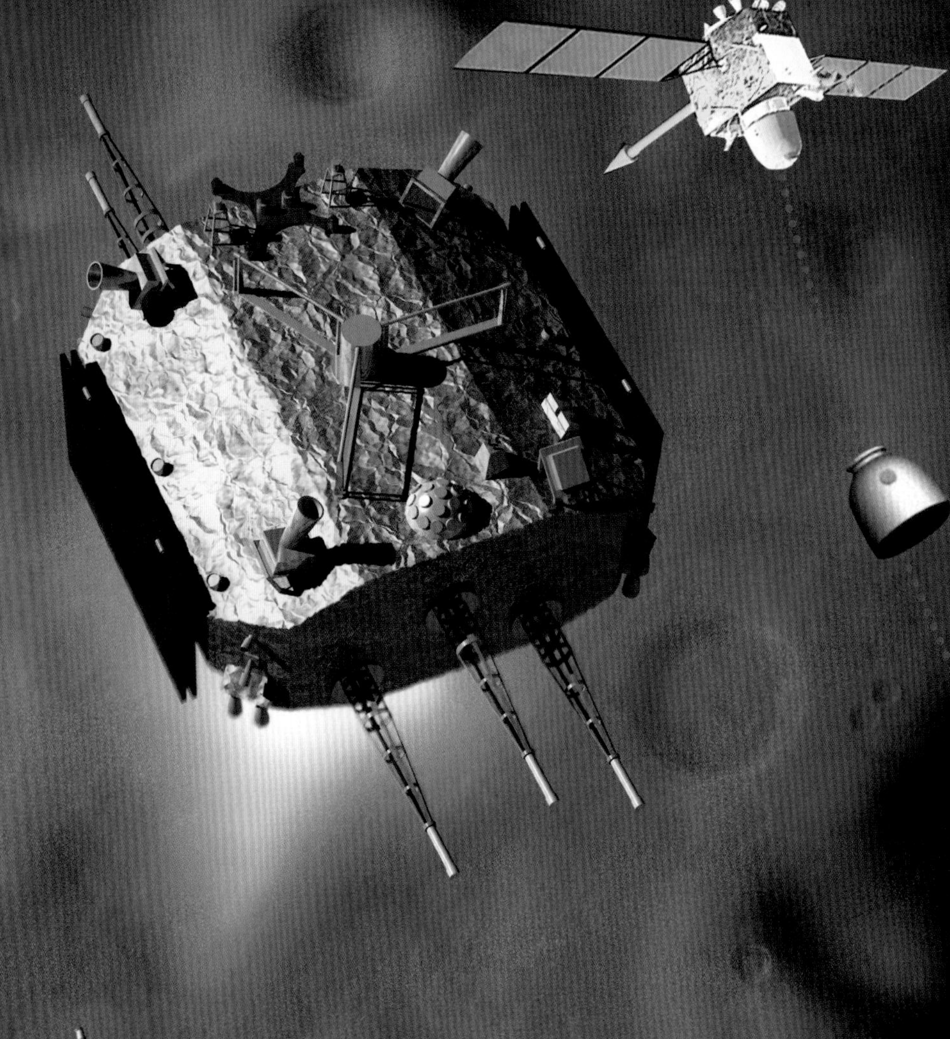

“小飞”返回

“嫦娥五号”任务面临取样、上升、对接、高速再入四个主要技术难题。取样、上升、对接可在地面上进行模拟试验，只有高速再入——从月球轨道返回地球无法在地面上模拟。2014 年 10 月 24 日，为“嫦娥五号”回家探路的再入返回飞行试验器“小飞”发射升空。4 天后，“小飞”完成月球近旁转向飞行，离开月球引力场，进入月地转移轨道。11 月 1 日，“小飞”以“弹跳式”再入返回技术着陆预定区域，突破了探月航天器再入返回的关键技术，为“嫦娥五号”任务提供了技术支持。

“嫦娥五号”探测器在月球正面风暴洋软着陆，其携带的机械臂和地下钻探机械提取月面和地下的岩石土壤，并通过返回器把土壤样品带回地球。

“嫦娥五号”探测器

“嫦娥五号”探测器由轨道器、返回器、着陆器、上升器四部分组成，[illegible]，“嫦娥五号”是中国首个实施无人月面取样返回的月球探测器，其系统设计面临“分离面多、模式复杂、细节严酷、温度控制、瘦身压力”五大挑战。“嫦娥三号”等只有两个部分需要分离，即两个分离面；而“嫦娥五号”有五个分离面，这些分离面都必须“一次性成功”。“嫦娥五号”经历多个飞行阶段，且需完成月面采样、月面起飞上升等关键环节，其中上升器与轨道器需在距地球 38 万千米的月球轨道上完成对接，在这里无法借助卫星导航的帮助，需依靠探测器自身实现交会对接。无人采样器采样后将样品转移到上升器，由上升器与轨道器对接，最终把样品转移到返回器，整个环节必须分毫不差。

“嫦娥五号”着陆器和上升器组合体全景相机环拍成像，五星红旗在月面成功展开，图像上方可见已完成月表取采样的机械臂及采样器。

“嫦娥五号”任务历程

“嫦娥五号”探测器发射后历经 20 多天，完成了 10 多个阶段性任务，实现月球取样，安全返回地球。“嫦娥五号”升空后，探测器组合体进入地月转移轨道，转入奔月轨道；探测器近月制动；着陆器携带上升器与轨道器、返回器组合体在近月空间分离；着陆器携带上升器动力下降到达月面；着陆器和上升器组合体在月面进行铲取样品及钻孔钻取样品；取样任务完成后，上升器携带样品升空；上升器与轨道器、返回器组合体交会对接，实施样品转移；上升器与轨道器在近月空间分离；轨道器携带返回器进入月地转移轨道，在近地空间轨道器与返回器分离；返回器高速冲进地球大气层，采用半弹道跳跃式再入返回大气层，并在近地空间打开降落伞；返回器安全着陆在指定区域，地面工作人员回收返回器。2021 年 3 月，“嫦娥五号”轨道器在地面飞控人员精确控制下，成功被日地拉格朗日 L1 点“捕获”，成为中国首颗进入日地拉格朗日 L1 点探测轨道的航天器。轨道器距地球 93.67 万千米，将在日地拉格朗日 L1 点探测轨道运行，运行一圈周期约 6 个月。

2020 年 12 月 17 日，“嫦娥五号”携带月球样品的返回器安全着陆于内蒙古四子王旗着陆场。

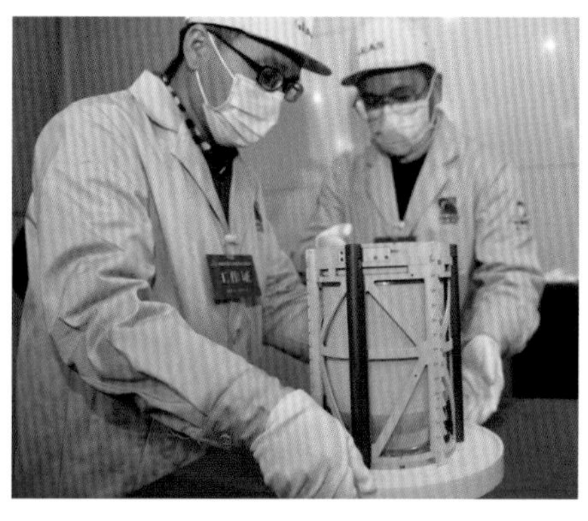

2020年12月19日，工作人员在“嫦娥五号”月球样品交接仪式上搬运月球样品容器。

半弹道跳跃式返回

“嫦娥五号”返回器返回地球时的速度约 11.2 千米 / 秒，是飞船从未有过的再入速度。如此高速进入大气层，空气摩擦产生的高温势必烧毁“嫦娥五号”返回器。为了避免这种情况，科学家选择了“弹跳式”再入返回技术，即半弹道再入返回技术，让“嫦娥五号”返回器以计算好的角度与大气层接触。“嫦娥五号”返回器与大气层产生的相互作用力会使其像小石子碰触水面时弹跳起来一样。如此一来，“嫦娥五号”返回器就能以“打水漂”的方式减速返回了。

中国首次自主火星探测

中国行星探测任务命名为“天问系列”，首次火星探测任务命名为“天问一号”。火星探测的思路为“一步实现绕、落、巡，二步完成取样回”。2020 年 7 月 23 日，火星探测器“天问一号”发射升空。2021 年 5 月 15 日，“天问一号”着陆巡视器成功着陆于火星乌托邦平原南部预选着陆区。5 月 17 日，“天问一号”环绕器进入中继轨道，为“祝融号”火星车科学探测提供中继通信。在中国航天发展史上，“天问一号”任务实现了六个首次：首次实现地火转移轨道探测器发射，首次实现行星际飞行，首次实现地外行星软着陆，首次实现地外行星表面巡视探测，首次实现 4 亿千米距离的测控通信，首次获取第一手的火星科学数据。

中国行星探测工程“揽星九天”图形标识

“天问一号”火星探测器

“天问一号”探测器包括环绕器、着陆器、火星巡视器，总重量约 5 吨。“天问一号”到达火星开展科学探测需经历探测器发射段、地火转移段、火星捕获段、火星停泊段、离轨着陆段和科学探测段。飞行途中经过 4 次轨道修正，“天问一号”执行近火制动，“刹车”后被火星“捕获”，正式开启火星探测之旅。2021 年 5 月 15 日，“天问一号”运行到选定的进入窗口，探测器进行降轨控制与停泊，释放着陆平台着陆火星表面。“天问一号”在火星上首次留下中国人的印迹，首次成功实现了通过一次任务完成火星环绕、着陆和巡视三大目标，充分展现了中国航天人的智慧，标志着中国在行星探测领域跨入世界先进行列。

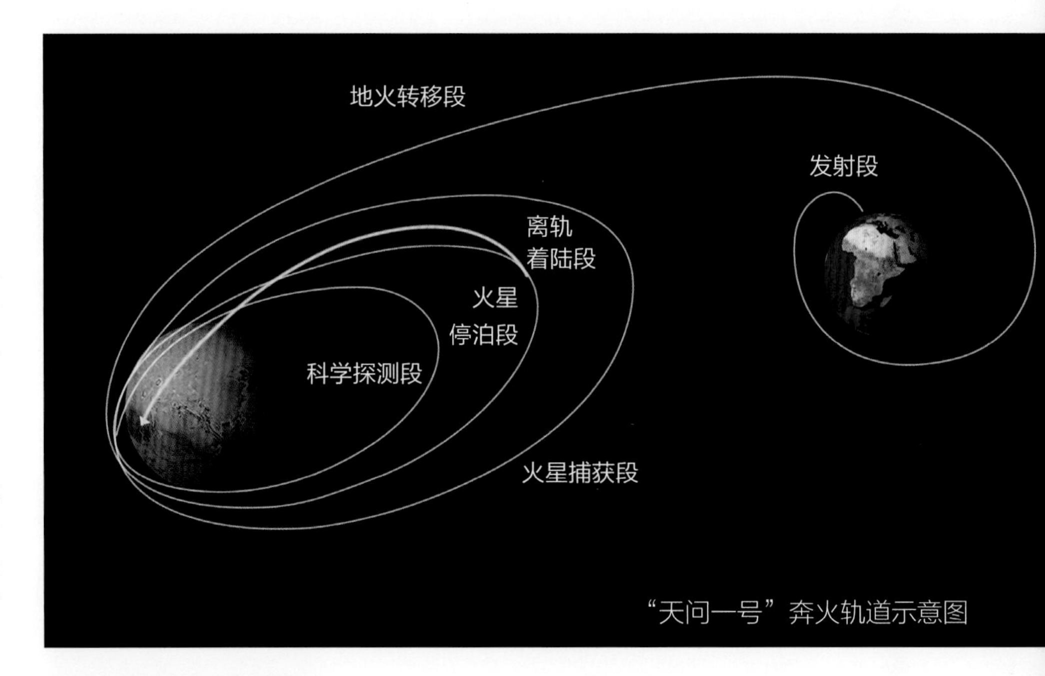

“天问一号”奔火轨道示意图

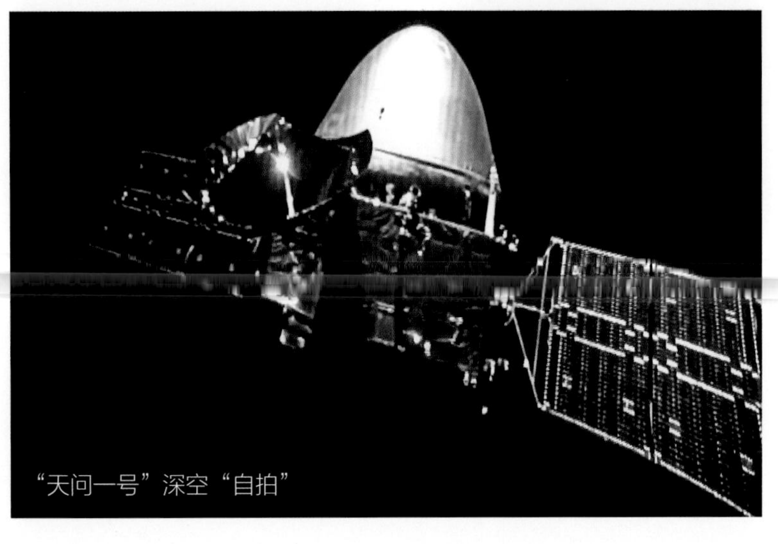
“天问一号”深空“自拍”

“天问一号”探测任务

“天问一号”的探测任务包括环绕器的全球性、综合性探测，巡视器的区域精细勘测，以及全球性与区域性探测相结合的联合探测；环绕器还为巡视器提供中继通信链路。“天问一号”环绕器和巡视器分别具有全球性探测优势与区域性勘测优势，针对科学目标的要求配置不同的探测仪器。

“天问一号”着陆点全景图

“祝融号”火星车

火星巡视器“祝融号”高 1.85 米，重约 240 千克，设计寿命为 3 个火星月，相当于约 92 个地球日。2021 年 5 月 22 日，“祝融号”火星车安全驶离着陆平台，到达火星表面，开始巡视探测。“祝融号”火星车搭载了 6 台探测仪器，在火星上拍摄了着陆点全景、火星地形地貌、“中国印迹”和“着巡合影”等影像图。火星车携带的前避障相机拍摄了驶离着陆平台过程影像。

“祝融号”火星车拍摄的“中国印迹”图

“祝融号”火星车驶离着陆平台，到达火星表面，开始巡视探测。

“天问一号”环绕器探测科学任务

探测科学任务	探测仪器配置
火星大气电离层分析及行星际环境探测	火星磁强计 火星离子与中性粒子分析仪 火星能量粒子分析仪
火星表面和地下水冰的探测	环绕器次表层探测雷达
火星土壤类型分布和结构探测	环绕器次表层探测雷达 火星矿物光谱分析仪 中分辨率相机
火星地形地貌特征及其变化探测	中分辨率相机 高分辨率相机
火星表面物质成分的调查和分析	火星矿物光谱分析仪

“天问一号”巡视器探测任务

探测科学任务	探测仪器配置
火星巡视区形貌探测	导航地形相机
火星巡视区表面元素、矿物和岩石类型探测	多光谱相机 火星表面成分探测仪
火星巡视区土壤结构（剖面）探测和水冰探查	次表层探测雷达
火星巡视区大气物理特征与表面环境探测	火星表面磁场探测仪 火星气象测量仪